本书研究获得武汉市科技局课题《武汉市生物质能源开发利用支撑体系构建研究(编号:20062009135—02)》支持

聚焦三农：农业与农村经济发展系列研究（典藏版）

中国生物质能源开发利用探索性研究

王雅鹏 等 著

科 学 出 版 社

北 京

内 容 简 介

本书在分析生物质能源开发利用的背景和特点、开发利用的机遇和挑战、开发利用对农村经济社会发展的影响的前提下，站在现实需求和可能需求的角度，对生物质能源开发利用的理论基础进行了分析，对国内外生物质能源开发利用的进展进行了评述；然后，在借鉴发达国家生物质能源开发利用的经验、剖析我国生物质能源开发利用的现状和问题、分析我国现有几种主要的生物质能源开发利用方式和已有政策支撑体系的基础上，构建了我国的生物质能源产业发展支撑体系，并对实现和完善这一体系提出了对策与建议；最后，对武汉市的生物质能源产业发展和三峡库区后续发展中的生物质能源林的开发利用进行了典型实证研究，以期对我国的生物质能源开发利用及其产业兴起有所促进和帮助。

本书适合生物质能源开发利用领域的研究人员、相关政府管理部门、高等院校师生以及关注生物质能源开发利用问题的人士参考。

图书在版编目（CIP）数据

中国生物质能开发利用探索性研究／王雅鹏等著. —北京：科学出版社，2010（2017.3 重印）

（聚焦三农：农业与农村经济发展系列研究：典藏版）

ISBN 978-7-03-028378-8

I. 中… II. 王… III.①生物能源 – 能源开发 – 研究 – 中国 ②生物能源 – 综合利用 – 研究 – 中国 IV. TK6

中国版本图书馆 CIP 数据核字（2010）第 140715 号

责任编辑：林 剑／责任校对：包志虹
责任印制：钱玉芬／封面设计：王 浩

科学出版社 出版
北京东黄城根北街 16 号
邮政编码：100717
http://www.sciencep.com

北京京华虎彩印刷有限公司 印刷
科学出版社发行 各地新华书店经销

*

2010 年 7 月第 一 版 开本：B5（720×1000）
2010 年 7 月第一次印刷 印张：17 7/8
2017 年 3 月印 刷 字数：345 000

定价：108.00 元
（如有印装质量问题，我社负责调换）

总　序

农业是国民经济中最重要的产业部门，其经济管理问题错综复杂。农业经济管理学科肩负着研究农业经济管理发展规律并寻求解决方略的责任和使命，在众多的学科中具有相对独立而特殊的作用和地位。

华中农业大学农业经济管理学科是国家重点学科，挂靠在华中农业大学经济管理学院和土地管理学院。长期以来，学科点坚持以学科建设为龙头，以人才培养为根本，以科学研究和服务于农业经济发展为己任，紧紧围绕农民、农业和农村发展中出现的重点、热点和难点问题开展理论与实践研究，21 世纪以来，先后承担完成国家自然科学基金项目 23 项，国家哲学社会科学基金项目 23 项，产出了一大批优秀的研究成果，获得省部级以上优秀科研成果奖励 35 项，丰富了我国农业经济理论，并为农业和农村经济发展作出了贡献。

近年来，学科点加大了资源整合力度，进一步凝练了学科方向，集中围绕"农业经济理论与政策"、"农产品贸易与营销"、"土地资源与经济"和"农业产业与农村发展"等研究领域开展了系统和深入的研究，尤其是将农业经济理论与农民、农业和农村实际紧密联系，开展跨学科交叉研究。依托挂靠在经济管理学院和土地管理学院的国家现代农业柑橘产业技术体系产业经济功能研究室、国家现代农业油菜产业技术体系产业经济功能研究室、国家现代农业大宗蔬菜产业技术体系产业经济功能研究室和国家现代农业食用菌产业技术体系产业经济功能研究室等四个国家现代农业产业技术体系产业经济功能研究室，形成了较为稳定的产业经济研究团队和研究特色。

为了更好地总结和展示我们在农业经济管理领域的研究成果，出版了这套农业经济管理国家重点学科《农业与农村经济发展系列研究》丛书。丛书当中既包含宏观经济政策分析的研究，也包含产业、企业、市场和区域等微观层面的研究。其中，一部分是国家自然科学基金和国家哲学社会科学基金项目的结题成果，一部分是区域经济或产业经济发展的研究报告，还有一部分是青年学者的理论探索，每一本著作都倾注了作者的心血。

本丛书的出版，一是希望能为本学科的发展奉献一份绵薄之力；二是希望求教于农业经济管理学科同行，以使本学科的研究更加规范；三是对作者辛勤工作的肯定，同时也是对关心和支持本学科发展的各级领导和同行的感谢。

李崇光
2010 年 4 月

前　　言

随着经济的快速发展，能源消耗量大幅度增加、石化能源的枯竭及环境污染问题的日趋严重，缓解能源供求矛盾，寻求和开发新的清洁性替代能源被提上了议事日程，使得生物质能源的开发利用应势而生。

生物质能源源于太阳储于生物，是以农林等有机废弃物和利用边际性土地种植的能源植物为原料，以农作物淀粉、油脂为调剂，生产的可再生性清洁能源。现在被广泛开发利用的沼气、燃料乙醇、生物柴油、农作物秸秆气化等都属于生物质能源。

21 世纪以来，我国在能源供求矛盾加剧和能源供给对外依存度日益提高，开发利用水电能、太阳能、风能需要付出大量的成本和代价，农村能源结构变化，以及商品性能源利用比例日益提高的背景下，开始进行生物质能源的开发利用。但是，生物质能源的开发利用是一个跨农业、工业、能源多个部门，事关农民、企业、政府多个利益主体的新生产业，当前开发利用中既受到原料供给因素的制约，又受到生产规模及成本因素的制约，同时还受到人们的认识观念和政策、体制方面的制约，要使其能够真正担当起替代石化能源、缓解能源供求矛盾的重任，实现开发利用的最初目标，必须对其开发利用问题进行深入系统的研究，真正建立一个能够支持其开发利用的支撑体系，以推动其健康有序的发展。

本书在分析生物质能源开发利用的背景和特点、开发利用的机遇和挑战、开发利用对农村经济社会发展的影响的前提下，站在现实需求和可能需求的角度，对生物质能源开发利用中的可持续发展理论、循环经济理论、产业结构优化升级理论的基础进行了分析，对国内外生物质能源开发利用的实践进展进行了评述；然后，在借鉴发达国家（如美国、德国、日本等）生物质能源开发利用经验、剖析我国生物质能源开发利用的现状和问题、分析我国现有几种主要的生物质能源开发利用方式和已有的政策支撑体系的基础上，构建了我国生物质能源产业发展的支撑体系，包括政策支持体系、技术支持体系、市场支持体系和组织管理体系，并对实现和完善这个支撑体系提出了对策与建议；最后，对武汉市的生物质能源产业发展和三峡库区后续发展中生物质能源林的开发利用进行了典型实证研究，以期能对我国的生物质能源开发利用有所促进和帮助。

本书的研究得到了武汉市的资助和支持，得到了湖北省农业厅、宜昌市财政局的帮助。课题调研中武汉市东、西湖区，咸宁市委、市政府，宜昌市点军区、夷陵区、秭归县、兴山县、谷城县及枣阳市的有关部门和领导，都给予了协助。在本项研究实施过程中，与作者合作研究的王宇波博士，作者指导的研究生丁文斌博士、孙凤莲博士、邓玲博士、陈娟博士、吴娟博士、周耀辉硕士、李平硕士等都先后参与了实地调研，有的还在相关杂志和会议上发表了一些论文，孙凤莲博士还把其博士论文的有关章节贡献给了本书。在研究报告成书之际，对各级领导、部门的帮助和支持以及各位所付出的辛劳表示深深的感谢！

本书是一个集体研究成果的结果，王雅鹏对全书结构和章节进行了系统构思及设计，并撰写了第一章和第五章；孙凤莲撰写了第二章、第三章、第四章、第八章，并对全书初稿进行了系统修改；丁文斌撰写了第六章、第九章；吴娟撰写了第七章、第十章，并对全书进行了校对。这里特别要说明的是，这样按章划定撰写人并不完全正确，因为有些章的个别节可能就是课题组其他成员的论文或调研报告，请予以谅解。

从量变到质变、从低级到高级是一切事物发展和变化的规律，对前人成果的继承和发扬才能有所前进。在本项目研究任务完成和本书付梓之际，特别要说明的是：第一，本书吸收了国内同行的一些已有研究成果；第二，本书中有的章节是作者和课题组成员已公开发表论文的节选与修正完善；第三，由于生物质能源的开发利用历史很短，许多问题缺乏实践佐证，许多矛盾和问题还没有暴露，因而我们的研究和认识也很肤浅，仅属于探索性研究。将本书印刷出版，只是希望能为本领域的研究提供一个系统的背景材料，起到奠基铺路作用，绝无哗众取宠之意。只希望能以本书答谢那些支持和帮助过我们的社会各界同仁和朋友，答谢那些其研究成果、观点、方法被我们所吸收和借鉴了的人们。感谢武汉市科技局、武汉市财政局的资助！感谢华中农业大学农业经济管理国家重点学科建设项目的资助！感谢华中农业大学科技处的领导和同志们！希望本书能为我国生物质能源产业的兴起和发展作出点滴贡献，能为华中农业大学农业经济管理国家重点学科的巩固和提升尽绵薄之力。

王雅鹏

2010 年 3 月 27 日

目　　录

中国生物质能源开发利用探索性研究

目

录

vii

第一章
生物质能源开发利用概述

　　20 世纪 80 年代以来，随着石化能源价格的不断上涨和对资源无节制地开采，使得石化能源地下资源储量迅速下降，能源危机正悄然向我们走来。同时，又因大量使用石化能源还造成了严重的全球性环境问题。据美国能源部和世界能源理事会预测，全球石化类能源的可开采年限分别为石油 39 年、天然气 60 年、煤 211 年，而其分布主要在美国、加拿大、俄罗斯和中东地区（黄天香，2006），使得我国等东亚地区发展中国家倍感能源紧缺。我国自 1993 年由石油净出口国转变为净进口国以来，石油进口量逐年上升，目前对石油进口依存度已超过1/3，2005 年进口依存度高达 42.9%（杨明，2006），预计 2010 年石油进口依存度达 50%（郭紫纯等，2006），2020 年将超过 60%（林旭，2006）。其中进口石油中约 80% 要通过马六甲海峡，90% 需要外籍油轮运输（陈耕，2004），风险很大。而随着我国经济建设的快速发展，石油消耗还要增大。1991~2004 年，中国的石油消费量从 1.18 亿吨增长到 2.9 亿吨，年均增长幅度达 12% 以上。2002 年中国石油消耗量超过日本，成为仅次于美国的世界第二大石油消费国。面对经济建设快速发展带来的高能耗和我国石油资源的相对匮乏，有专家测算，我国石油稳定供给不会超过 20 年，很可能在我们实现"全面小康"的 2020 年，也就是石油供给丧失平衡的"拐点年"。

　　面对能源供给的压力，世界各国都在积极寻找石化能源的替代能源，使得可再生能源越来越受到重视。2005 年在北京国际可再生能源大会上，国家主席胡锦涛向大会发来书面致辞，强调加强可再生能源开发利用，是应对日益严重的能源和环境问题的必由之路，也是人类社会实现可持续发展的必由之路。国际社会应该在可再生能源研究开发、技术转让、资金援助等方面加强合作，使可再生能源在人类经济社会发展中发挥更大作用，造福各国人民。

　　当前，中国经济正在高速增长和持续发展，能源需求和环境保护压力日益增加。如何缓解压力、寻求新的能源、实现经济效益和生态效益双赢是全社会都在思考的问题。生物质能源作为一种新能源，有着广阔的开发利用前景，对缓解经济发展中的能源压力、延缓石化能源危机的到来，有着十分重要的意义。我们应该认真分析、研究其开发利用的现状和问题、理论基础、对农村经济社会的影响，以及有效途径，真正建立必要的开发利用的支撑保护体系，支持生物质能源发展。

第一节　生物质能源开发利用的背景

一、能源危机是一个不可回避的事实

能源是人类社会进步和工商业文明程度得以提升的动力，从地球诞生之日、人类起源之时，能源就开始为万物的生长、生命的繁衍提供了必要的保证。然而，随着人口的增加和工商业文明程度的提高，不可再生性的石化能源消耗量越来越大，能源危机问题接踵而来（表 1-1）。

表 1-1　不可再生能源占全球能耗比例及可用年限

能源种类		占全球能耗的比例/%	可使用时间/年
化石能源	煤	25.0	220
	石油	32.0	40
	天然气	17.0	60
核能（裂变）		4.0	260
总　和		78.0	

资料来源：张无敌等，2000

（一）煤炭资源储量有限

新中国成立以来，中国的能耗以年均 8.25% 的速率增长。由统计数据外推，如果我们维持历史惯性，至 2010 年，我们需要的一次能源约为 30 亿吨标准煤，最高为 40 亿吨标准煤，最低不少于 20 亿吨标准煤；到 2020 年可能需要 60 亿吨标准煤，最高为 80 亿吨标准煤，最低不少于 40 亿吨标准煤。根据最新统计，中国探明可利用的煤炭总储量接近 1900 亿吨，人均煤炭储量 17.36 吨，以 2003 年 17.36 亿吨的煤炭产量除以 40% 的煤矿资源回收率计算，每年所耗储量为 50 亿吨，1900 亿吨可利用储量也支撑不到 40 年。

（二）石油供求形势日益严峻

1982 年以后，中国石油消费维持着平均每年 5.6% 的增长速度，至 2003 年中国消费石油达到 27 126.09 万吨。如果按此惯性，到 2020 年我们的石油消费将是 2004 年的 2.38 倍，达到 10 亿吨标准煤，而 2003 年中国地质科学院《矿产资源与中国经济发展》报告警告：中国油气资源的现有储量将不足 10 年消费，最终可采储量勉强可维持 30 年消费，因此，中国石油消费的对外依存度大幅度提高。1985 年我国石油出口占消费的 39.6%，而进口微不足道；到 2003 年，石油进口量占消费需求量的 48.62%，出口量则下降到消费量的 9.37%，石油供求形势日益严峻。

（三）水电开发代价太高

根据中国水电工程顾问集团公司网站提供的信息及中国水力资源复查结果，中国水力资源理论蕴藏量在 1 万千瓦及以上河流的年可发电量为 60 829 亿千瓦时，单站装机容量 500 千瓦及以上水电站的技术可开发装机容量为 54 164 万千瓦，年发电量为 24 740 亿千瓦时，其中经济可开发水电站装机容量为 40 179 万千瓦，年发电量为 17 534 亿千瓦时，分别占技术可再开发装机容量的年发电量的 74.2% 和 70.9%。而中国的水能资源高度集中于藏东、川西高山峡谷地区，地质活动强烈，地震、泥石流、滑坡、塌方、雪崩、飞石和洪水频繁。此地水能资源开发利用一方面要承担巨大的地质突变风险；另一方面 2003 中国发电总额为19 105.75亿千瓦时，其中水电为2836.81 亿千瓦时，即使我们把经济可开发水电站全都建起来，新增的年发电量也仅为 2003 年一次能源消耗的 36.3%，在年均 8.25% 的能源需求增长率面前，可以说是杯水车薪，而且所付出的地质资源、生态资源、民族文化资源成本代价太高。

（四）风能、太阳能望梅止渴

中国气象局在 20 世纪 90 年代，根据中国 900 多个气象台站实测资料，做出了多年平均风能密度分布图，首次完整、细致地估算出中国地面 10 米高度层上的风能资源总储量为 32.26 亿千瓦，可开发量为 2.53 亿千瓦。但是，风能的开发利用并不容易，截至 2004 年中国风电装机容量仅 76.4 万千瓦，仅占中国电网装机容量的 0.17%。根据国家发展和改革委员会能源局计划，到 2010 年，中国风电装机容量也只能达到 400 万千瓦，仅占中国电网装机总容量的一个零头。中国太阳能资源丰富，中国气象局风能太阳能资源评估中心提供的数据显示，总储量为 1.47×10^8 亿千瓦时/年，相当于 2.4 万亿吨标准煤，但太阳能的开发利用目前却微乎其微，2006 年 12 月 22 日中国新能源网上刊登的清华大学核能与新能源技术研究院关于《促进可再生能源大规模发展战略与政策》报告显示，即使到 2050 年，太阳能发电的装机容量也仅为 2 亿千瓦，其所发电量也不足 2003 年中国发电总量 19 105.75 亿千瓦时的一半。可以说，依靠以上能源解决中国能源供求矛盾只能是望梅止渴。

（五）节约能源动力不足

面临能源供给紧缺与危机，人们自然而然地会想到有效地节约能源，把单位国内生产总值（GDP）的能耗降下来。但是，实际上目前在政策层面和经济层面都缺乏引导大家节约能源的动力。在政策层面上，我们以出口退税政策来鼓励企业对电解铝、钢铁等高能耗产品出口，这实际上是等于用中国紧张的能源和脆弱的生态环境为发达国家生产它们需要而又不愿生产的产品。在经济层面上，我们的石化能源价格普遍偏低，比生物质清洁能源价格低很多，这实际上等于鼓励企业和个人选择价格较低的一次性能源和化石能源，使得节能缺乏有效的动力支持。

二、开发利用生物质能源是历史的必然选择

生物质能源源于太阳储于生物，是以农林等有机废弃物和利用边际性土地种植的能源植物为原料，以农作物淀粉、油脂为调剂，所生产的可再生性清洁能源。现在被广泛使用的沼气、秸秆气化、燃料乙醇和生物柴油，都属于生物质能源。在石化能源供应日益紧缺，水电能、太阳能、风能开发利用需要付出大量的成本和代价，中国经济整体实力（人均 GDP1700 美元）还无法支撑大量开发利用水电能、风能、太阳能的历史背景下，选择开发利用生物质能源就成为历史的必然。

（一）中国生物质能源资源丰富、开发利用前景广阔

沼气是把有机废弃物通过微生物分解转化的一种具有较高热值的气体，是生物质能开发利用的重要组成部分。据统计，自 2000 年农业部提出以沼气为纽带的"生态家园富民计划"以来，各级政府对农村的沼气建设投入力度加大，沼气发展速度加快。2001～2006 年，中央累计投入 60 多亿元，直接支持农村建设户用沼气池 600 多万口，并引导各地自发建设农村沼气池，已形成了新增农村户用沼气池 200 多万口的发展势头。同时，支持建设集约化畜禽养殖场大中型沼气工程近 200 多处，使沼气产业化、商品化开始起步。截至 2005 年年底，全国已推广应用农村户用沼气池 1807 万户，年生产沼气 70 多亿立方米；建成养殖场大中型沼气工程 3556 处，年处理畜禽粪便 8710 万吨。农村沼气建设潜力巨大，畜禽粪便、农作物秸秆、生活垃圾都是沼气生产的原料。据统计，中国目前每年养殖出栏猪 7 亿多头，蛋、肉鸡 85 亿只，其粪便排放量高达 32 亿吨；每年的农作物秸秆产量为 6.5 亿吨，农村每天产生的生活垃圾为 100 多万吨；有各类分散养殖而能为沼气生产提供原料保证、适宜发展的沼气的农户 1.46 亿（生猪分散养殖户 1.07 亿户，奶牛、肉牛分散养殖户 0.18 亿户，蛋、肉鸡分散养殖户 1.17 亿户，羊分散养殖户 0.28 亿户，役畜分散养殖户 0.22 万户），有猪、牛、鸡规模化养殖场 240 万处（其中养猪年出栏 500～3000 头以上规模的 6.5 万处，年出栏 3000 头以上规模的 9000 处）。粪便、生活垃圾通过资源化、无害化和清洁化

的集中处理，秸秆通过粉碎、添加生物菌剂都可以作为沼气的原料。但目前已建成沼气池的农户只占适宜建沼气池的农户的12.4%，规模养殖场建沼气池的仅有1/600，沼气还有很大的发展空间。

燃料乙醇是利用化学方法把玉米、木薯、甜高粱等加工转化而成的液体燃料，一般采用水解法把生物质中的纤维素、半纤维素转化为多糖，然后再利用生物技术发酵成为乙醇。"十五"期间中国在部分地区试点推广燃料乙醇，取得了良好的社会效益和生态环境效益，液体生物燃料产业已取得了阶段性的发展，从21世纪初国务院决定在吉林、安徽、河南等4省以陈化粮为原料进行燃料乙醇生产开始，历经5年，到2005年燃料乙醇产量已经达到102万吨。2006年国家财政开始对燃料乙醇生产企业给予每吨乙醇1373元的补贴，更进一步拉动了其发展。据统计，中国可以作为能源等专业植物种植的土地约1亿公顷，可人工造林的土地311.1万公顷，按20%的可用作种植能源植物的土地被利用计算，每年可生产10亿吨生物质能原料；如果把其中20%的土地用于能源作物木薯、甜高粱的种植，并用于生产燃料乙醇和生物柴油，每年约可生产乙醇、生物柴油1亿吨，相当于两个大庆油田的产量。

生物柴油素有"绿色柴油"之称，其概念由德国工程师鲁道夫于1895年提出，是指以动植物油脂为原料，与甲醇和乙醇类植物经过交脂化反应改性，转换成的长链脂肪酸甲酯。生物柴油是一种可以单独或以任何比例与柴油混合使用的燃料，它完全符合柴油的理化指标，是清洁的可再生能源和石油、柴油的代用品。使用生物柴油，柴油机不需做任何改动或零部件更换。生物柴油可以直接作为汽油的添加剂使用，且燃烧充分、污染少、闪点低，有利于安全运输和储存。由于生物柴油燃烧充分，普通柴油机使用可以节油15%~30%；并且原料来源广，各种动植物油脂都可以做原料，目前发展速度很快。2006年以来，上海、福建、江苏、安徽、重庆、新疆、贵州、湖北等都陆续立项投入生物柴油加工生产。例如，武汉中国农业科学院油料作物研究所年生产2000吨的中试线、华中农业大学年生产200吨的一步法中试线都于2006年底开始投产；安徽国风生物能源有限公司的60万吨/年生物柴油（一期5万吨/年生产线已于2006年11月投产）、南京清江生物能源科技有限公司的75万吨/年生物柴油、江苏省的3个20万吨/年生物柴油项目都已启动。据不完全统计，目前全国大大小小的生物柴油投资项目已有近百个，在建、拟建项目总产能超过了300万吨/年。制备生物柴油的原料很多，但目前最主要的原料是油菜籽。我国黄淮海河流域、西北、东北等广大地区都适宜种植油菜，仅长江流域和黄淮地区适宜种植油菜的冬闲地就有3亿亩以上，生物柴油发展原料丰富。全国1998年油菜种植面积6475千公顷，2003年达到7221千公顷，增长11.5%。长江中游的湖北省1998年油菜种植面积886千公顷，2003年达到1250千公顷，增长40.1%。2004年油菜种植面积 1178 千公顷, 亩产 123.47 千克, 总产达到 220 万吨, 已成为全国名副其实的油菜生产大省。

(二) 开发利用生物质能源, 有利于生态环境的保护

大量使用煤炭、石油、薪柴等一次性能源, 不仅造成了能源危机, 更重要的是破坏了生态环境, 温室气体效应、二氧化碳过量排放、二氧化硫过量排放和酸雨等问题接踵而来。中国气象局网站公布的各城市 1951 ~ 2000 年平均气温, 无一例外都表现为上升态势。中国气象局发布的《2006 年中国气候公报》显示, 2006 年是 1951 年以来最暖的一年。世界气象组织把 2006 年命名为 "全球有记录以来的第六个暖年"。英国政府目前公布的一份 700 页的报告指出, 现在情况远比制定《京都议定书》时的预期严重, 如果温室气体的排放按目前的速度增长, 海平面升高引发的洪水可能使 1 亿人被迫离开家园, 冰川消融可能导致全球 1/6 的人口缺水, 而干旱可能造成数千万的 "气候难民"。今后两个世纪内全球为此付出的成本将达 GDP 的 5% ~ 20% (《上海证券报》2007 年 1 月 31 日)。2007 年 2 月 2 日, 联合国发布了政府间气候变化专门委员会 (IPCC) 的一份由 130 多个国家和地区的 500 名专家历时 3 年形成的报告警告: 目前地球上产生温室效应的气体比过去 1 万年中任何一段时期都高, 大气中二氧化碳的含量比过去 65 万年中任何时候都高, 比工业革命前高了 35%。对于过去 50 年来的全球暖化现象, 人类活动要负 90% 的责任。一般来说气温只要上升 2 摄氏度就会对全球环境造成伤害, 除了冰雪融化、生物灭绝, 上升的海平面更会淹没许多岛国或临海的土地, 让无数人无家可归, 而中国和澳大利亚则会面临严重缺水的问题 (表 1-2)。

表 1-2　全球生态环境恶化的具体表现

项　目	恶化表现
土地沙漠化	10 公顷/分
森林消失	21 公顷/分
草地减少	25 公顷/分
耕地减少	40 公顷/分
物种灭绝	2 个/时
土壤流失	300 万吨/时
二氧化碳排放	1500 万吨/天
垃圾产生	2700 万吨/天
由于环境污染造成死亡人数	10 万人/天
各类废水或污水排放速度	60 000 亿吨/年
各种自然灾害造成的损失	1200 亿美元/年

资料来源: 张无敌等, 2000

相关统计显示,世界能源消耗的 32% 来自石油,25% 来自煤炭,17% 来自天然气,5% 来自核能,14% 来自各种生物质能。而中国 1998 年的能源消费构成中煤炭占 71.6%,石油占 19.8%,天然气占 2.1%,其他生物质能占 6.5%。与世界相比,中国是个以消耗煤炭为主的国家。煤炭燃料除排放大量的二氧化碳外(中国二氧化碳的排放量已由 1980 年为美国的 30.6% 上升到 2004 年的为美国的 79.6%,已成为超过欧洲仅次于美国的全球第二大排放源),还排放大量的二氧化硫,据吴辉 2003 年对京西北电力走廊,鄂尔多斯盆地,陕北榆林、乌海,甘肃河西走廊,新疆的考察证明,华北地区的荒漠化根源于燃煤发电排放的二氧化硫,它造成大面积的植被死亡、生态环境退化、蓄水能力下降。燃煤发电是山西、内蒙古生态退化的罪魁祸首,是北京沙尘暴的主要原因(王卉,2000)。2006 年 8 月 3 日国家环境保护总局表示,2005 年全国二氧化硫排放总量高达 2549 万吨,居世界第一位,比 2000 年增加 27%。有关研究表明,中国每排放 1 吨二氧化硫所造成的经济损失为 2 万元,这就意味着 2005 年中国因二氧化硫排放造成的经济损失为 5098 亿元(新华社 2006 年 8 月 4 日)。

生物质能属于清洁能源,大大减轻了人类使用能源造成的环境危害。沼气是有机物在厌氧条件下经微生物分解、发酵而生成的一种可燃气体,其主要可燃成分是甲烷,含热值约为 21 520 千焦/立方米,燃烧时对环境污染小。农村使用沼气炊事,减轻了室内空气污染和眼疾、肺病、煤烟型地氟病的发生率。推广以沼气为纽带的秸秆气化集中供气、一池三改(沼气池,改厨、改厕、改圈)生态家园、生物链循环经济 3 种农村清洁能源开发利用模式,将人畜粪便和生活污水归入沼气池内发酵生产沼气,有效地抑制了蚊蝇孳生,基本杀死了人畜粪便的病菌和某些寄生虫卵,已成为农村防控血吸虫病、猪链球菌病等疾病、疫病的有效措施。同时,一口沼气池的建成,可以使一户农民在一年内炊事免烧薪柴 3000 千克,相当于保护了 3 ~ 4 亩森林的年生长量,为广大山区封山育林提供了根本保证,有利于生态环境的恢复。再则沼气的使用,从根本上改变了农村的"脏、乱、差"状况,成为推动社会主义新农村建设、实现村容整洁的重要手段。生物柴油和燃料乙醇氧含量高,燃烧充分,直接燃烧,减少了尾气和黑烟的排放,二氧化碳排放比柴油减少 10%,可使二氧化硫和硫化物的排放减少 30%(有催化剂时可减少 70%);生物柴油中不含对环境造成污染的芳香族烷烃,因而对人体的损害很小;大量使用生物柴油,可使空气毒性降低 90%,人的患癌率降低 94%;由于生物柴油燃烧时排放的二氧化碳远低于该植物生长过程中所吸收的二氧化碳,可以实现二氧化碳的平衡,从而改善了由于二氧化碳大量排放导致的气候变暖这一对人类有害的重大环境问题,有利于环境保护。

(三) 开发利用生物质能源经济效益良好

生物质能源开发利用不仅具有良好的生态环境效益,还具有很好的经济社会效益。以目前在农村广泛推广的沼气为例,建一个8立方米的户用沼气池,平均可解决一个4口之家80%的炊事用能。我国截至2005年底有1800万户用沼气,相当于替代1090万吨标准煤的能源消耗和396万公顷林地的年蓄积量。据我们在武汉市新洲区的调查,一口8立方米的沼气池,按每天每立方米产沼气0.2立方米计算,年可产沼气584立方米,可满足3~4口之家的炊事用能,年可节约燃料和电费250~350元;8立方米的沼气池年产沼肥25吨左右,相当于2.5吨复合肥,沼肥中的全氮含量比堆沤肥高40%~60%,全磷含量比堆沤肥高40%~50%,全钾含量比堆沤肥高80%~90%,作物利用率比堆沤肥高10%~20%。农作物长期使用沼肥,可减少化肥和农药使用量,节约开支150~200元;建立猪—沼—渔—种植模式,养殖业增效150~200元,种植业增效150元。一口沼气池一年带来的直接效益在800元左右,不到两年即可收回成本。而沼气池的使用年限一般为15年,建池成本分摊每年不到100元,加上维修更换沼气使用配件费50元,这样一个农户使用沼气池带来的直接经济效益一年就是700元,等于人均增加收入200元。地处鄂西北山区的十堰市,截至2003年兴建沼气池10万户,等于为10万农户提供80%的生活用能,每年可节约薪柴20万吨,相当于保护了2.33万公顷山林植被,有效地防止了水土流失和服务了南水北调工程;每年可处理130万吨人畜粪便,为1.93万公顷耕地提供优质沼肥9500吨,直接为农户节资增收7600万元以上。他们测算,沼气综合利用如果抓得好,一户年收益可达2000元。

以农产品为原料的燃料乙醇和生物柴油的开发利用除了有利于缓解能源供求矛盾和保护生态环境以外,其经济效益和社会效益也是不可忽视的。据华中农业大学研究开发的油菜籽直接生产生物柴油,并综合利用其副产品菜籽饼粕的工艺效益核算,一套总投资6000万元左右的年加工3万吨油菜籽的生物柴油综合处理装置,可制备生物柴油1万吨、甘油1000吨、菜籽饼粕2万吨。对菜籽饼粕进行进一步加工,可生产浓缩蛋白8500吨、无毒精饲料7000吨、植酸钠400吨。年销售收入可达14000万元,利税总额为2500万元,利润空间很大。同时,农民种植油菜在长江流域充分利用了冬闲地,油菜后茬又具有很好的肥田效果,有力地促进了农业生产结构的调整,由于油菜籽生产比较效益高,加上冬春油菜收菜薹作为蔬菜的收入,农民种油菜每亩可比种粮增收100多元。同时,油菜生产总加工有利于农业产业化的经营和发展。湖北省天颐科技股份公司、湖北日月油脂股份有限公司、湖北华益油料产业科技股份有限公司、洪森公司沙洋县三月花油脂分公司和湖北嘉禾粮油有限公司的油菜籽总加工能力为120万吨,2004年销售收入达10.48亿元,利税达7200多万元,油菜籽订单收购面积36万多公顷,带动农户1700多万户。

中国目前人均GDP1700美元,农民人均纯收入3578元人民币,城镇居民的可支配收入 11 759 元人民币，正处于从工业化中前期向中后期的转型阶段，产业结构的调整、基础设施的建设与完善都需要有足够的资金投入。因此，对于水电、风能、太阳能的开发投入力不从心，以致起步早而推进慢，加之面对能源消耗 8.5% 的递增速度，对其的开发短期内也难以缓解能源供求矛盾。面对 2004 年我国一次能源消费总量 19.7 亿吨标准煤，其中农村能源消费量 8.39 亿吨标准煤，占总能耗 42.6% 的能源消费结构，我们必须重视农村生物质能源的开发和利用。同时，农村生物质能源具有巨大的开发利用潜力。据专家预测，只要有良好的宏观环境和政策支持，再经过 10 年的努力，到 2020 年中国油菜种植可以达到 0.29 亿公顷，每公顷产量可平均达到 3000 千克，含油量达到 50% 左右，届时每年依靠能源作物油菜就可以生产 6000 万吨的生物柴油（其中 4000 万吨来源于油菜籽，2000 万吨来源于油菜的秸秆），可以对缓解能源供求矛盾作出应有的贡献。生产燃料乙醇的主要原料玉米是粮食作物的主要组成部分，把玉米从饲料原料、人的口粮开发转化为能源，为玉米找到了新的市场需求，在短期内无疑会对玉米的稳定发展和农民种植积极性及收益的提高起到推动作用。此外，中国有 4529.68 万公顷的灌木林（占林地总面积 16.02%），其中生物量 2.02 亿吨/年，有 5700 万公顷宜林地和荒沙、荒地，有 1 亿公顷不适宜发展农业的边际性土地，可以大部分用于灌木林营造，具有巨大的发展林木生物质能源的潜力。因此，在现阶段选择生物质能源开发利用，具有一定的历史必然性和经济可行性。

第二节　生物质能源开发利用的特点

一、生物质与生物质能源概念界定

生物质是地球上最广泛存在的物质，是迄今已知在宇宙行星表面生存的特有的一种生命现象，是通过光合作用而产生的各种有机体，它包括所有的动物、植物和微生物，以及由这些有生命物质派生、排泄和代谢的许多物质。事实上，生物质能源存在于历史上，并为人类利用已有几千年，如至今在我国广大农村地区仍使用的薪柴、秸秆等传统生物质能源。由于其获取较为容易、成本较为低廉，已形成一种自然而然的历史习惯，因而从未引起人们的重视，对"生物质能源"这个概念也并没有太多的认识。"生物质"（biomass）一词真正超越其物质本身，并被世人所不断关注、不断定义是石油危机爆发以后，能源短缺对经济发展的制约越发明显，世界各国开始寻找替代能源时，此时将"累积在动物中的资源与来源于动植物废弃物中的能量与矿物燃料"相关联起来的生物质能源定义多了起来。特别是随着近些年经济发展和科学技术水平的提高，通过现代化的生物技术将传统生物质能源中所累积的化学能提炼成与煤、石油等矿物燃料内部结构和特性极为相似的燃料成为可能，并实现对石油、煤炭等化石能源的有效替代，生物质能源更加被世人所关注，并被赋予新的内涵，即生物质是通过光合作用形成的各种有机体，生物质能源则是以生物质为载体的能量，即蕴藏在生物质中的能量，是绿色植物通过叶绿素将太阳能转化为化学能而储存在生物质内部的能量形式，它直接或间接地来源于植物的光合作用。在各种可再生能源中，生物质极为独特，它储存的是太阳能，是唯一可再生的碳源，加之其在生长过程中可以吸收大气中的二氧化碳，因此就构成了生物质中的碳循环（石元春，2008）。通过现代化的能源转换加工技术将这些具有能源价值的植物或有机废弃物等生物质为原料生产出的各种形式的能源就称为生物质能源，它成为唯一一种可储存和可运输的可再生能源。

　　来源于生物体所产生的生物质多种多样，它们大多都可以作为生物质能源产业的原料，但考虑到原料资源的经济性、可获得性与可利用性，能够形成生物质能源产业资源基础的生物质主要包括木质素、牲畜粪便、农业废弃物、油料作物、水生植物、城市垃圾等。据生物学家估计，地球上每年生长的生物总量为1400亿~1800亿吨（干重），若全部转化为能源相当于当前世界总能耗的10倍。中国的生物质资源也相当丰富，现在每年农村的秸秆量就有6.5亿吨，到2010年达7.26亿吨，相当于3亿吨标准煤。城市垃圾和生活废水、畜禽粪便等方面的生物质能源可达6亿吨标准煤以上，林业废弃物每年达3700万公顷（彭武厚等，2005）（图1-1和表1-3）。

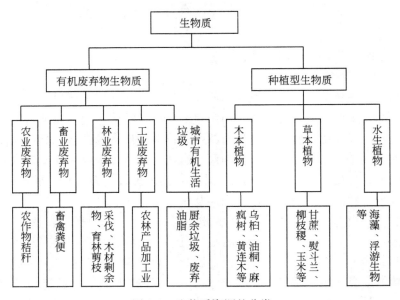

图 1-1　生物质资源的分类

表 1-3　生物质基本数据

生物体总量（包括微生物）		2 拍千克
陆地生物质	植物总量	1.8 拍千克
	森林总量	1.6 拍千克
	人均量	0.4 兆千克
	内能	25 000 艾焦
	年均净产量	0.4 拍千克
	能量产率	3000 艾焦/年（95 太瓦）
	能量总耗	400 艾焦/年（12 太瓦）
生物能量消耗		55 艾焦/年（1.7 太瓦）

资料来源：叶新晔等，2004

二、生物质能源应用广泛

生物质能源应用广泛，从家庭取暖到汽车驱动，从计算机及通信设备的运行到医疗设备（如心脏起搏器）的维持，生物质能源都起到了重要的作用。除薪柴直接燃烧外，生物质能源经技术转化，可生产沼气、制取乙醇、固体燃料、发电等。特别是在我国广大农村，生物质能源的开发、沼气的利用具有很强的普及性，在一些沼气开发使用较早的地方，几乎家家户户有沼气池，炊事、照明每天都要使用沼气。

三、生物质能源可再生性强、污染小

生物质能源是通过植物光合作用将太阳光的物理能转化为化学能，并储存在生物体内的能量。它通过植物吸收太阳能，将水和二氧化碳合成有机物，然后释放出氧气。因此，生物质能源可永续使用。同化石能源相比，生物质能源可以通过植物生长发育过程中吸收二氧化碳，利用光合过程中减少二氧化碳排放两个方面降低温室效应，能够减缓气候变化、土壤侵蚀、水污染和垃圾堆积的压力，提供野生生物居住环境，能够固定空气中的二氧化碳，每增加 1 吨生物质能源的消费可以减少相当于化石能源 2 吨温室气体的排放（匡廷云等，2005）。当前，面对世界性的能源危机和环境危机，特别是温室气体效应的日益增多，生物质能源的开发利用得到了普遍重视，许多国家和地区都制定了生物质能源开发利用规划和技术开发路线图，使生物质能源每年都以 10% 递增，发展势头强劲。

第三节　生物质能源开发范围

一、生物质产业结构

随着科学技术的发展，人们已经知道，各种生物质都有一定的能量，所以由生物质产生的能量称为生物质能。人们肉眼看不到的微生物，其能量却很惊人，它能够引起有机质发酵，进而酿成酒，提炼出乙醇，成为可以燃烧的液体燃料，这比薪柴燃烧时发出的热能要大得多。

科学家们从研究中发现，尽管生物质千变万化，形态不一，然而其产生都离不开太阳的辐射能。这就找到了能源之本。据气象学家分析，进入大气层的太阳辐射能，起码有万分之二是被植物吸收进行了光合作用。这万分之二，折算起来就有 400 多亿千瓦的能量。据生物学家估算，现在地球上每年生长的植物总量为 1400 亿~1800 亿吨（干重），把它换算成燃料，大约相当于目前世界总能耗的 10 倍。然而，人类自从发明火以来，至今仍在大量消耗薪柴等生物质，特别是发展中国家的农村，由于技术落后，生物质能的利用率极低，每年不知白白浪费了多少生物质。从目前世界总能耗的比重来看，生物质能按能量计算仅占 15%左右。但是生物质资源巨大，技术潜力更大，是生生不息的可再生能源，足够人类在一个相当长的时期内开发利用。

现在世界上的已知生物多达 25 万多种，生物质能的种类也很繁多。目前人们可以利用的大致分为六大类：第一类是木质素，主要包括木块、木屑、树枝和根、叶等；第二类是农业废弃物，主要是秸秆、果核、玉米芯、蔗渣等；第三类是水生植物，如藻类、水葫芦等；第四类是油料作物，如棉籽、油菜籽、花生、蓖麻、麻籽、乌桕、油桐等；第五类是加工废弃物，包括食品、屠宰、酒厂、纸厂的排泄物和垃圾等；第六类是禽畜粪便，包括养猪、养牛、养羊养鸡的粪便及排泄物。这些东西看来都是很不起眼的，甚至是无用的废物，对环境也有污染，但从能源角度看，却能变废为宝，成为人类可以利用的再生性能源。

生物质能是蕴藏在生物质中的能量，是绿色植物通过叶绿素将太阳能转化为化学能而储存在生物质内部的能量。它一直是人类赖以生存的重要能源，仅次于煤炭、石油和天然气而居于世界能源消费总量第四位，在整个能源系统中占有重要的地位。生物质能是由植物的光合作用固定于地球上的太阳能，随着人类环境保护意识的增强和一次性石化能源的耗竭，它最有可能成为 21 世纪主要的新能源之一。据估计，虽然植物每年储存的能量约相当于世界主要燃料消耗的 10 倍，但作为能源的利用量还不到其总量的 1%。这些未加以利用的生物质，为了完成自然界的碳循环，其绝大部分通过自然腐解将能量和碳素释放，回到自然界中。

事实上，生物质能源是人类利用最早、最多、最直接的能源。至今，世界上仍有15亿以上的人口以生物质作为生活能源。生物质直接燃烧的传统利用方式，不仅热效率低下，利用过程中污染严重，而且为了收集和运输这些生物质能源，需要大量的劳动力。如果我们通过生物质能转换技术，生产出各种清洁燃料，替代煤炭、石油和天然气等燃料，就可以减少人类对矿物能源的依赖，保护国家能源安全，减轻能源消费给环境造成的污染。有专家认为，生物质能源将成为未来持续性能源的重要组成部分，到2015年，全球总能耗将有40%来自于生物质能源。

生物质产业（沈兆邦，2005）是指利用可再生的生物质原料和农村生物质资源，通过工业加工转化，进行生物基产品（biobased product）和生物质能源（bioenergy）生产的一种新兴产业（图1-2）。伴随着世界石化能源渐趋枯竭，各国在对保护环境、可持续发展和循环经济的探索中，开始将目光聚焦到可再生能源，特别是以丰富的、可再生的生物质为原料，生产更安全、更环保和高性价比的能源、材料和其他加工制成产品，以部分替代石化资源。专家预言，20世纪形成了石油经济及其技术体系，21世纪将会出现生物质经济及其技术体系。这一技术体系与人类创造的各种组织体系的有机结合，就使生物质产业得到了有效的发展。我国石油储量只有世界储量的2%，自1993年就成为石油净进口国，10年中进口增加了30倍，进口依存度接近40%。据预测，2010年我国石油进口依存度将达50%（郭紫纯等，2006），2020年我国石油进口依有度将超过60%（林旭，2006）。

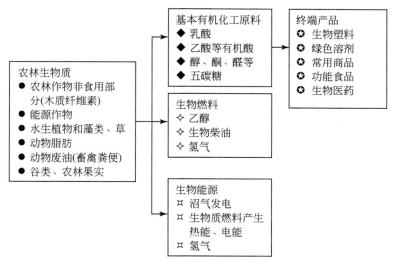

图1-2 生物质能产业构成

原油的短缺将引发塑料等石化产品的短缺和价格上涨，使以此为原料的工厂企业生产成本增加，消费品价格上涨，影响民众的生活消费水平。更重要的是，由于石油资源的短缺，使我国在此方面受制于人。大力发展生物质绿色能源，有利于缓解这种状况，能够大大改变我国石油短缺、受制于人的局面。我国生物质能源产业目前发展势头良好，生物质能源资源丰富，已可生产燃料乙醇、生物柴油、生物塑料，也可以利用沼气发电，利用生物质资源及各种作物秸秆、林木枝干等通过固体成型制备成各种生物质燃料，可以说生物质能产业的发展在我国方兴未艾。

二、生物质能源产业发展的机遇和挑战

（一）石化能源的日益短缺，拉动生物质能源产业的兴起

人类社会在长期的经济发展过程中几乎走了一条能量物质转化之路，为了获得人们所需要的物质及能量，不得不以消耗和转化自然界的常规能源为代价。然而，自然界的常规能源——煤炭、石油、天然气的储量是有限的，又是不可再生的。随着人类经济社会活动的日益加剧，其消耗殆尽之日迟早会到来。据估计，全球的煤炭最多可再开采60年，石油最多可再开采40年。这给人类社会提出了一个新的问题，必须寻找、开发代替性、持续性的新能源。

生物质能源是近年来兴起的一种新能源。它具有可再生性特征，经过开发，可以持续性地生产和利用。如果将生物质能源的开发、利用兴办成一个产业，将会具有其他产业不可比拟的生命力。第一，把可再生的农林业资源转换成能满足人类需求的电能、燃料能，需要以强有力的新技术、新工艺为支撑，而这些技术的研发、创新、推广和应用，将会成为一个新的科学技术体系。第二，可转化为新能源的农林资源是可以通过人类劳动而源源不断地生产出来。生物质能源产业的兴起，农林资源用途的扩展，给农民、林业生产经营带来了新的机会，为其产品找到了新的销路。第三，生物质能源产业的兴起，为农、林、牧废弃物找到了新的商机，使之有机会和有可能进入经济循环体系之中；给未利用的土地带来了经济机会，使之可以投入生物质能源的原料生产。

从我国的经济增长与能源供求状况看，随着经济的增长、时间的推移，常规能源供给的保证程度越来越低（表1-4），急需要新的替代性能源来补充。

表1-4　我国常规能源的保证程度

年　份	生产总量/万吨标准煤	消费总量/万吨标准煤	保证率/%
1957	9 861	9 544	102.25
1978	62 770	53 144	109.84
1991	104 844	103 783	101.02
1992	107 258	109 170	98.24
1996	132 616	138 948	95.4
2000	109 000	128 000	85.15

（二）全球气候变迁与倡导节能减排催生生物质能源产业兴起

自 1992 年世界环境保护大会提出可持续发展理念和公布 21 世纪议程之后，环境问题得到了人类社会的普遍关注。生态环境危机、粮食危机、能源危机、资源危机成了人们谈论的热门话题。面对这样的危机，如何节能减排，减轻人类经济活动对资源环境的侵染和危害，如何延缓能源危机到来的时节，寻找新的既可以替代一次性、耗竭性石化能源，又可以减轻对环境造成污染的新能源，则成了人类社会的共同目标。1999 年，克林顿发布的"开发和推进生物基产品和生物能源"的总统执行令中指出："目前生物基产品和生物能源技术有潜力将可再生农林业资源转换成能满足人类需求的电能、燃料、化学物质、药物及其他物质。这些领域的技术进步能在美国乡村给农民、林业者、牧场主和商人带来大量的、鼓舞人心的商业雇佣机会；为农林业废弃物建立新的市场；给未被充分利用的土地带来经济机会；以及减少对进口石油的依赖和温室气体的排放，改善空气和水的质量。"该总统令还提出了"生物基产品和能源到 2010 年增加 3 倍，2020 年增加 10 倍；每年为农民和乡村经济新增 200 亿美元的收入，同时减少 1 亿吨碳排放量"的宏大目标。连美国这样的世界经济最强大、最发达的国家对生物质能源都如此看重，足见在节能减排、缓解能源危机和环境危机的矛盾方面，生物质能源具有不可忽视的作用，也正是人们对客观世界认识的深化、对生物质能源的看重，才使得生物质能作为一个新兴的产业在全世界迅速崛起。

（三）生产成本过高，使生物质能源产业发展受到挑战

尽管生物质能源产业作为一种新生产业，具有可再生性、节能减排和环境友好的优势。但是，由于它是人类加工制备而获得的能源，与天然的一次性石化能源相比，在市场竞争中不占据价格竞争优势。第一，它投入了人类的活劳动，是人类的一种劳动成果，按照马克思主义的劳动价值论来判断，它是有价值的，而且价值相对较高。如果说价格是价值的表现形式的话，其价格就相对较高，在市场竞争中不占据价格竞争优势。第二，生物质能源是可再生和可循环的有机物质，包含以能源为目的的农作物、粮食和饲料作物的残体，水生植物、树木和树木残体，动物粪便和其他废弃物通过加工（液化、汽化、固化成型）而生产的新能源。在这一加工转化过程中机器设备的运转以及新产品的产生，都需要消耗一定的能源，即欲将取之，必先予之。这就使得生物质能源产业与石化能源相比，不具有运行优势。第三，在发达国家，由于地多人少，农产品过剩，因而鼓励农民对农业生产结构进行调整，对一些土地进行休耕。而我国情况恰恰与之相反；地少人多，种植能源作物和开发利用新能源，政府提出的目标是"不与粮食争地，不与人争粮"。所以种植能源作物往往被边缘化，以致其发展遇到了资源

和政策约束，在市场中处于不利地位。

第四节　生物质能源开发利用对农村发展的影响

一、农村能源利用与发展现状

（一）农村能源消耗量日益增多

20世纪50年代初期，农村农田耕作和收获基本上使用人力和畜力，灌溉则使用人力、风力、畜力等较为原始的动力，家庭炊事取暖的燃料主要是农作物秸秆和薪柴。这种自给自足的经济模式，几乎没有外界能源的输入和使用，直至20世纪70年代，占全部人口总数80%的农民，消耗的商品性能源却只有全部商品性能源的15%，约折合1亿吨标准煤。农村用电也只有330亿千瓦时，人均只有40千瓦时。但是，随着农村人口的增加、工业化的不断推进、农村能源需求量日益增多，到2002年农村生产、生活用能约达到14亿吨标准煤，生活用电达到915亿千瓦时，生产用电达到8000亿千瓦时，2004年农村能源消费量已经达到8.5亿吨标准煤，占全国能源消费量的42.5%，预计到2015年，我国农村能源消费总量将占到全国消费总量的1/2以上，能耗量将大幅度增加。

（二）农村能源结构发生了重大变化

在20世纪50年代由于人口少，生产供应压力小，农村的生活用能及许多农产品加工生产用能，主要靠燃烧秸秆和薪柴，能源结构单一，主要是农业生产的副产品、废弃物。可是到了2000年，这种单一的结构迅速改变，出现了能源多样化的格局。据估计农村能源消耗总量达3.7亿吨标准煤。其中薪柴占21.76%，秸秆占33.41%，液化气、沼气等占1.58%。原有的农村能源自给自足的局面被打破，出现了商品化与自给相结合的格局。2002年与1980年相比，商品性能源从占总能耗的30.25%上升到63.3%；生产用能中的92.7%都为商品性能源。同时，在广大农村能源消费结构也发生了变化，生活用能比例下降，生产用能比例上升，生产用能占总能耗的比重从1980年的20.4%上升到2002年的42.1%。2004年，我国农村生活用能中煤炭占34%，生物质能（薪柴、秸秆、沼气）占56%，其中沼气仅占1%；在农村生产用能中煤炭占53%、电力占16%（卢春恒，2004），预计到2010年农村总能耗将达到12.6亿吨标准煤，约是2006年的1.5倍，其中商品能源将占83.1%（李京京等，1998）。由此可见，农村能源结构在不断变化，变化的趋势是生产用能、商品性能源日益增加。

（三）新能源普遍得到重视，开发利用发展速度较快

由于农村能耗大量增加，消费量大大超过了农业生产和自然森林再生可以提供的生物能源量。在能源短缺，商品性能源供给有障碍（交通障碍、收入支付能力障碍）的地区，出现了对生物质能源（薪柴）过度采伐、破坏森林、引起水土流失和地质性灾害的问题。为此，中央政府十分重视农村新能源的开发和利用。一是积极发展农村小水电，使农村小水电从无到有，从小到大，从单站发电到联网运行，逐步向前发展。到 2003 年年底，中国建设小水电站 42 266 处，设际发电量 3586 亿千瓦。2003 年小水电实际发电量 1037 亿千瓦时，有 1600 个县建设了农村水电站，形成了比较完善的农村电力配送网络，全国有 800 多个县以农村小水电供电为主，小水电的覆盖面约占 1/2 的地域、1/3 的县（市）、1/4 的人口。二是十分重视农村沼气的发展，把农业和农村产生的秸秆、人畜粪便、枯叶杂草等有机废弃物，在沼气池的厌氧环境中，通过沼气微生物分解转化为沼气，用以农村生活中的照明、取暖、炊饮燃料等。1992 年，中国农村中有沼气池的用户达到 498.2 万户，年产气 11.55 亿立方米；沼气集中供应站 439 处，年供气 4147 万立方米；城镇净化沼气池 19 355 个，年供气 1417 万立方米，有 2000 万人口使用这种洁净的气体燃料。进入 21 世纪，政府将发展沼气技术列为重点科技攻关项目，实施了一大批沼气利用研究项目和示范工程，新建大中型沼气池 3 万多个，总容积超过 137 万立方米，年产沼气 5500 万立方米，仅 100 立方米以上规模沼气工程就达 630 多处，其中供气站 583 处，用户 8.3 万户，年均每户用气 431 立方米。截至 2000 年年底，全国户用沼气池已有 1541 万个，年产气 55.68 亿立方米，农业养殖场大中型沼气工程 2492 处，总池容 222.2 万立方米，产气 0.89 亿立方米。到 2005 年年底户用沼气池则达 1800 万个，年产沼气 65 亿立方米，折合 464 万吨标准煤（中国能源网）。三是大力开发风能和太阳能，在西部的新疆、内蒙古等地，风力发电、太阳能取暖已经成为农民生活不可缺少的部分；在湖北的洪湖地区，风力发电船为渔民解决了生活用能的全部。

二、农村能源利用的问题与特征

在中国由于经济落后，农民的生活生产主要依靠当地资源，特别是生物质能源来解决能源供给问题。在农耕地区主要依靠农作物秸秆，牧区主要依靠畜粪，山区和林区则主要依靠砍伐薪柴，其利用的方式主要是一次性的直接燃烧方式。这种能源获得和利用方式存在有一定的问题，对农村经济发展造成了一定的影响。

（一）过度依赖薪柴，导致森林被破坏和地质灾害发生

据调查在 20 世纪 80 年代，中国落后的西部地区生物质能源消费占农村能源总消费量的 80% 以上，其中云南、贵州、四川等西南地区薪柴量占农村能源总消费量的 60% 左右，陕西、甘肃、宁夏、青海、新疆等西北地区薪柴消费占农村能源消费量的 40%。直到目前，农村仍然是我国薪柴类生物质能源消费的主要地区，尤其是西部地区农村，农作物秸秆、薪柴等几乎全部被作为能源而消费。2001 年西部地区 11 省（自治区、直辖市）乡村人口数量占全国的 28%，而消费的薪柴则占全国的 37%；薪柴消耗占农村能源使用总量的比重：西部地区为 23%，而东部、中部则为 14%；西部地区的人均薪柴消费量折合 172 千克标准煤，分别比东部、中部地区高 51% 和 46%。尤其是西南地区，人均薪柴消费量平均高达 205 千克标准煤，贵州省更是高达 271 千克标准煤，是全国最高的地区。近年来，随着西部大开发和退耕还林、天然保护林工程建设等政策措施的实施，这一问题有所减轻，但是长期形成的靠山吃山、靠水吃水的习惯仍然难以从根本上改变，靠砍伐林木取薪柴仍然是当地农民获得能源的主要途径。

生物质能源的过度直接消耗，尤其是对林草植被的过度樵采，一方面，造成了林草植被的破坏和森林的严重退化，使西部地区生态环境进一步退化、恶化；另一方面，林草植被的破坏，引发了严重的水土流失、山体滑坡、泥石流、荒漠化、沙尘暴等自然灾害。据调查统计，西南地区一半以上的次生林草植被破坏是由过度樵采引起，40% 的水土流失是由过度樵采引起；西北地区 1968~1982 年新增的 270 万公顷沙漠化土地面积中，有 27.8% 也是因为过度樵采所引起的。

（二）农村能源利用手段落后，转化效率低，利用不充分，浪费严重

农村能源是以家庭为单位的手工性自产、自采、自用为主。农村以秸秆、薪柴、家畜粪便为主的生物质能源的自身特点是体积大、笨重、热值低，能源自身价值低而采集运输成本高。按用途分类，农村能源可以分为生产用能和生活用能。在生产用能方面，由于全国农村机械化水平低，机械作业受到经营规模、土地耕作条件和耕作环境的制约，耗能多而效率低，有人形象地说，农业不高的产值是靠高能耗和低能效换来的。在生活用能方面，农村灶具节能工艺落后，许多地方依然靠土炕、火墙、炉火取暖，浪费相当严重。在西部地区和北部地区，每到寒冬季节，千家万户直接燃烧薪柴或作物秸秆取暖，烧的烟雾缭绕，遮天蔽日。据估计，西部农村仅生活用能一项，每年因直接燃烧秸秆、薪柴而造成的能源浪费约有 1 亿吨。同时，由于技术落后，对包含于人畜粪便、生活垃圾、生活废水中的生物质能源转化利用率低，甚至没有利用而造成的浪费在内的能源，每年也约为 1 亿吨。这两项共计为 2 亿吨生物质能源，相当于 0.56 亿吨标准煤。

此外，生物质能源的不科学、浪费性、直接燃烧式一次利用，也造成了严重的环境污染，危害居民的身体健康。西南山区的农民因终年烤火而烟熏火燎，呼吸系统病变和眼疾发生率很高。

（三）农村能源供给的社会化程度低，农民获取能源用工多

广大农村地区既是传统生物质能源的生产地，也是生物质能源的消费地，这些传统生物质能源并不进入商品化环节。同时，由于商品化程度低，社会化服务体系不健全，农民消耗能源的 80% 都要靠自己生产和采集。在内蒙古草原，农牧民们樵灌打草、铲草皮、挖草根以作燃料，每年因采集燃料而所花费的劳动量占全年总用工量的 1/4 ~ 1/3，贫困而严重缺能的地区，在能源方面的用工量要占到 2/3 以上。这不仅给农户造成了过重的劳动负担，同时也影响了劳动力的向外转移和经济发展。另外，由于农村社会化服务程度低，商品性能源煤炭、液化气、电力等供应不足，致使农村能源缺乏。在一些贫困地区，农民除了缺乏粮食、衣着以外，能源每年也有 3 ~ 6 个月的缺口。20 世纪 80 年代末的一项调查表明，全国每年有 47.7% 的农户每年缺少燃料 22%，需要自己采集生物质能源来补充。

（四）农村能源缺口大，结构不合理、造成的环境污染问题严重

我国目前经济水平与发达国家相比依然较低，因而人均耗能也相对较低，约 1000 千克/（人·年），与美国的人均用能 11 000 千克/（人·年），日本、德国、俄罗斯等国的 5000 ~ 6000 千克/（人·年）相比，尚有很大的差距。其中，农村的差距更大。随着经济社会的发展，农村能源需求也必然会向发达国家水平靠近，缺口也会更大。同时农村能源供应结构不合理，2000 年全国农村农作物秸秆、煤炭和薪柴加起来占农村全部生活用能的 88.54%，新疆、内蒙古和山东农作物秸秆消费都占农村生活用能的 50% 以上，新疆更高，超过 74%，云南的薪柴占生活用能的比例超过 40%，山西的煤炭占农村生活用能的比例达 70%。这种能源结构不仅利用效率低，而且污染物排放量大，是造成空气污染的主要原因，直接危害人民健康。同时，也带来不少社会问题，有些地方为了解决能源供应，把胸径 20 厘米以上的林木砍伐用于炊事和取暖，造成了严重的生态破坏。

（五）农村能源相对贫乏，解决难度大

在我国农村，生物质一次能源几乎是农村能源的全部来源。但是，广大农村可提供耗用的生物质能源仅为年人均 400 千克标煤左右，而要基本满足农户的需要，其能源资源量至少在年人均 600 千克标准煤以上。可是，农村生物质能源的后备资源储备量不足，生物能单产很低的牧草地和难以利用的各类荒漠占了国土

面积的 59.5% ，人均森林面积也小，不及世界人均水平的 1/6 ，除少数林区外，生物质能实际可供量远远低于人们的基本需求量。同时，我国农村的能源供求系统基本上是一个自产自销的封闭系统，既不与全国的能源供求形势相结合，更不与西方国家的能源危机相联系。西方的石油危机涉及整个世界经济，但它们只计算石油账户，而没有计算林木秸秆，如果像我们这样把可供燃用的各类生物质能源都计算在内的话，可能它们的缺口不会太大。相比之下，恐怕我国农村的能源危机要比西方严重得多。而且，凡农村能源危机严重的地区，常常也是生态环境脆弱区和经济上的贫困区、交通区位上的偏远区，故缺能问题的解决难度也较大。

三、农村生物质能源开发利用的意义及潜力

能源是经济增长和发展的基本动力，能源问题关系政治稳定和社会发展，世界各国都在为保护能源安全不遗余力地进行努力。对于一个人口大国和农业大国来说，农村能源问题既是一个经济问题，也是一个社会问题。一般，一个地区农村能源消费水平应与本地资源条件、经济条件、生活条件、社会条件相适应。同时，能源的供求，包括生物质能（秸秆和薪柴）和水能、风能、太阳能、地热能、潮汐等自然资源，具有多元性和替代性。其中生物质能源是一种可再生能源，它不仅是我国广大农村能源的主要来源和重要组成部分，而且具有来源广泛、成本低廉的特点。利用现代化的生物质能源，不仅可以提高能源安全水平，还有利于减缓因石化能利用所带来的全球气候变暖及生态环境保护问题，有利于促进农业结构调整和提高农民生活质量。中国是一个农业大国，历来重视生物质能源的开发与利用。然而，传统的开发利用方式仍是一种低水平的利用，需要发展和开发现代化的利用技术。在农村发展和开发现代化的生物能源利用技术，是农村现代化和农民小康生活水平的重要体现，具有十分重要的战略意义。

（一）有助于提高农村生活水平

发展与开发现代化的生物质能源利用技术，改善了以往烟熏火燎的炊事环境，如利用沼气可净化室内外空气。室内外空气质量与厨房燃料的燃烧造成的废气污染关系很大，河南省卫生防疫站的监测结果表明，生物质能在传统直接燃烧利用方式下居室内一氧化碳、二氧化硫、二氧化碳、总悬浮颗粒物的浓度分别比现代化利用方式（沼气利用）下的浓度高 73.94% 、83.8% 、27% 、77% （表1-5）。同时，沼气池在处理粪便方面还具明显的卫生效果。沼气村的地下水细菌总数合格率和大肠杆菌合格率均为 56.1% ，对照村则分别为 32.6% 和 28.0% 。沼气村的苍蝇密度下降 80% 左右。2005 年，在四川省发生的因链球菌感染所造成

的人畜共患病流行区内，凡是建设有沼气池的用户，无一例人畜患病，专家分析认为，主要是生产沼气通过厌氧环境杀灭了有害病菌。此外，沼气的利用，减少了农户对薪柴的依赖。据调查，建一口8立方米的沼气池，每户每年可节约2.5吨左右的薪柴，相当于保护3~4亩林地免遭砍伐。如果按每年砍伐山林3亩，以4年轮伐期计算，建设一口沼气池相当于保护了12亩林地，同时又可减轻劳动强度。随着直接燃烧方式的生物质能用量减少，节约了大量的收集生物薪柴和采樵砍柴工，解放了农村劳动力，尤其是减轻了妇女的劳动强度。

表1-5 沼气户和燃煤户的室内环境质量比较　　单位：千克/立方米

项　　目	一氧化碳	二氧化硫	二氧化碳	总悬浮颗粒物
沼气户	2.138	0.116	0.057	0.238
燃煤户	8.203	0.718	0.078	1.056

资料来源：吴创之等，2003

（二）有助于缓解农村能源短缺的形势

我国农村能源缺乏，一般缺能22%左右，有的地方更缺一些，短缺3~6个月。因此，作为基础能源的生物质能源新技术的开发利用与发展，对农村具有特殊意义。中国80%的人口在农村，秸秆和薪柴等生物质能是农村的主要生活燃料。尽管在农村煤炭、天然气、液化气等商品能源使用迅速增加，但是受资源条件和供应渠道的限制较大，生物质能则因为搜集成本低、利用技术水平差，造成很大的浪费。如果能对生物质能源有效地开发利用，采取现代化的利用方式，不仅可以节省资源，而且在一定程度上可以大大缓解国家能源危机。据调查统计，一个5口人的农家，采取传统的直接燃烧方式，其生活用能每天燃烧掉的农作物秸秆为17.5千克，若直接燃烧薪柴也需要11.25千克，才能满足其基本生活用能。若通过沼气发酵而烧沼气，按每口沼气池每千克总固体有机质产沼气0.45立方米计算，则每天只需要2.8千克总固体有机废弃物即可。小型高效沼气池的主要原料是人畜粪便、垃圾、废物等所含的有机质，这其中有许多有形的生物质能源长期以来被白白浪费掉了，而且还因利用不当和直接燃烧污染了生活环境。如果开发发展现代生物质能源利用技术，大力发展沼气，一般农户的人畜粪便、生活废水等通过沼气发酵即可解决生活用能问题。而作物秸秆等则可以用作饲料或其他用途。目前，全国的农作物秸秆每年有7.2亿吨，其中有6亿吨被当作基本生活用能而燃烧掉了。如果通过推广沼气，估计可以节约6亿吨优质农作物秸秆，如以此作为专用饲料饲喂兔、鸡，兔、鸡粪便喂猪，猪粪进入沼气池制作沼气，沼气作燃料、沼液养鱼、沼渣做食用菌培养或繁殖蚯蚓喂鸡；节约的秸秆既可以作为轻工业原料，生产纸箱、纸板、纤维板等包装、建筑装饰材料，还可以作为养菇的菌糠，沼渣可以作肥料还田。同时，生活用能的解决，可以减少甚至停止对森林和草原的破坏。

（三）有助于改善生态环境

近年来温室效应的危害日益出现，二氧化碳是主要的温室气体，在所有温室气体中二氧化碳的温室效应约占60%，因此，二氧化碳成为温室气体效应削减与控制的重点。中国每年二氧化碳总排放量在30亿吨左右，约占世界总排放量的13.2%，人均排放量达2.4吨/（人·年），尽管人均排放量和发达国家相比还相差很多，但排放总量已经大大超过了除美国以外的其他国家。温室气体效应是全世界十分关注的问题，作为一个负责任的大国，必然要承担一定的义务，也就是说《京都议定书》迟早会对中国产生一定的约束。因此，为了可持续发展，避免将来为能源问题付出更高的代价，我们应该及早为减少二氧化碳排放做准备。生物质能的利用有利于减少碳排放，从而缓解全球变暖趋势。研究观测表明，生物质能源对温室气体的减排作用表现在：矿物燃料是把原为固定的碳通过燃烧使其流动化，并以二氧化碳的形式累积于大气环境中造成温室效应；而生物质中的碳是来自空气中的二氧化碳，如果利用合理、速度合适，二氧化碳甚至可以达到平衡，通过生物质能循环利用，就能实现二氧化碳零排放，从根本上解决矿物能源消耗带来的温室效应问题。

（四）有利于提高农民的生活质量和增产增收

开发利用生物质能源新技术，使生物能源从一次性直接燃烧利用转化为秸秆—畜粪—沼气的二次重复循环利用，不仅可以促进农民的生活习惯改变，提高生活质量，还可以增产增收。农村生物能源高效开发利用，如能做到农户修建一栋楼房，修一口沼气池，改建一个省柴灶，然后配套养一栏生猪，喂一群鸡鸭，种一园蔬菜（水果），养一池鱼，视经济条件建一座家庭小作坊，形成庭院经济和以沼气为纽带的种植业—养殖业—加工业—市场有机结合的生态农业体系，一方面可以走出一条追求高产、优质、高效、低耗的农业可持续发展之路；另一方面沼气池把猪牛圈、厕所连为一体，配套改建灶具、厨房与饮用水，使烧水煮饭、洗热水澡都更加方便，一改从前的脏、臭、差景象。人畜粪便进入沼气池经厌氧处理后，杀灭了寄生虫卵和致病细菌，使臭气变成了清洁高效的燃料，不仅从根本上改变了农村居民的生活环境、生活习惯，而且提高了生活质量和健康水平。此外，生物质能源的沼气化利用，还有利于农业增效和农民增收。据调查，农民建一口10立方米的沼气池，建池成本约为1500元，建成使用后，年产沼气约300立方米，沼气价值216元，农户开展沼气、沼液、沼渣综合利用，可以增产增收 500 多元，这样沼气价值加上"三沼"综合利用，合计增收节支 800 余元，投入使用后 3 年就可收回成本，每口沼气池按正常使用寿命 20 年计算，可获纯收入 1.3 万元，投入产出比为 1 : 9。如果推广 1 万户建沼气池，就将产生 1500 万元的社会需求。同时，沼气的使用又会拉动一个新兴的市场，每台沼气灶配套管线及灯具需要 250 元，推广 1 万套就为企业增加销售收入 250 万元，从而不仅使农户增产、节支、增收，推动了农村能源问题的有效解决和发展，而且还将带动整个国民经济的发展。

（五）农村生物质能源开发利用的潜力

中国农村地域辽阔，生物质能源资源丰富，蕴藏有很大的潜力和良好的开发利用前景。1993 年调查，全国大约年产农作物秸秆 6 亿吨，折合 22 172.62 万吨标准煤，薪柴资源量约为 10 659.95 万吨标准煤，每年可产人畜粪便 1.8 亿吨，是生产沼气能的重要资源。目前，随着农业的发展和产量的增加，秸秆大约有 7 亿吨，其中仅有 1/2 农作物秸秆直接用作燃料，另外 1/2 主要用于饲料、工业原料或直接还田作为肥料。薪柴是农村能源的重要组成部分，森林、灌木丛、草根等在合理的管理下，具有再生性强、密度大、产量高、生物质热值高、见效快的特点。而且，大力发展薪炭林还可以改善小气候，提供特殊的生态环境，农村荒山荒沟、屋前屋后、田边路旁都可以发展薪炭林，潜力很大。沼气是一种高热值（23 017.5 千焦/立方米）气体能源，它是以人畜粪便、作物秸秆和生物质为主的工业废料，经厌氧发酵、有机物分解，产生出的以甲烷为主的气体，其燃烧的主要产物为水和二氧化碳，燃烧充分，品质较高，使用沼气既可以减少薪柴需求，保护森林，又可以避免室内烟尘对人体的伤害，还可以杀灭病菌。但我国目前把粪便转化为沼气而作为能源的量不到 1/100，因此，沼气能源发展潜力巨大。

四、生物质能源开发利用对产业结构调整的影响

随着生物质能源产业的发展，将有很大一部分农作物成为能源作物。几千年来，传统农业一直从事着稻、麦、棉、猪、牛、羊等初级农产品的生产，满足人类生活的基本需要。工业化社会里，农业在提供初级农产品的同时，又以棉毛麻丝、烟酒茶糖、果菜皮革等向着食品工艺和农产品加工业方向延伸。进入 21 世纪，生物质产业则从原料到产品为农业开创了第三战场，即一个与能源、环境并举，具有高附加值和市场潜力的能源产业战场。与此同时，种植结构也开始调整，进行升级换代，种植业结构由粮、经、饲三元结构升级为粮、经、饲能四元结构。对于能源作物的结构布局，根据我国的气候地域性和作物的适宜性，可以

在东北调整建设以甜高粱和林木废弃物为主体的绿色能源基地，在西北调整建设以旱生灌草和甜高粱为主体的绿色能源基地，在华北调整建设以甜高粱为主体的绿色能源基地，在西南调整建设以麻风树和甜高粱为主体的绿色能源基地，在东南调整建设以多种木本能源植物和草本能源植物为主体的绿色能源基地。这无疑对促进农业结构调整，构建和谐社会主义新农村产生一定的积极影响。

（一）改变了农业生产结构各部门的组合比例关系

能源作物的发展，改变了农作物生产各品种间的比例关系，增加了农业生产的内容，扩大了农业生产的领域范围，为农民创造了更多的劳动就业机会。例如，在我国西南地区，一些油料灌木林的生产，本来完全处于一种自然状态，并没有人为地进行改造、种植。当被作为能源植物开发利用以后，一系列育种、选育、栽培、果实采集等人类活动也随之展开。在中部地区的广大农区，随着油菜籽作为能源被普遍重视以后，很多原先的冬闲地开始被用来进行油菜籽生产。土地资源的利用率明显提高。同时，生物质能源产业的开发，人为的延长了农业产业链，许多木本油料被人工收集，加工用以生产生物柴油，许多农业废弃物被再利用，在改变农业生产的产品产值结构的同时，也改变了农业生产的劳动就业结构。

（二）加速了农业生产结构调整的进程和速度

结构决定功能，功能影响结构。随着人类需求的变化，农业生产的功能结构也会随之变化，这一过程就是我们经常所说的农业生产结构调整。经济社会的发展、人类对能源需求的增加、石化能源危机的到来，迫使人们寻求新的替代能源，使农业中的能源作物生产被提上了议事日程。能源作物进入农业生产结构体系之内以后，一方面改变了农业生产结构中各种作物的组合比例关系；另一方面也促进了农业的产业化、商品化进程，推动了农业产业的发展和产品的升级换代。原因是能源作物的产品都需要加工转换以后作为能源来满足人类需求，而农户很难做到自给自足，必须进入市场通过交换流通，与一般农产品相比，具有更强的商品经济属性，有利于带动农业生产结构调整。

五、生物质能源开发利用对农民增收的影响

（一）促使土地资源及农林废弃物充分利用，使农民能源支出减少

我国每年有 7 亿多吨作物秸秆，相当于农田生物量的 70% 或 3.5 亿吨标准煤没有很好利用，其中 2 亿吨被就地焚烧，污染大气；每年有 2 亿多万吨林地废弃物未被利用和构成火灾隐患，每年有 250 余亿吨畜禽粪便及大量有机废弃物，相

当于 3 亿吨标准煤未被利用和成为水体的污染源；每年有 1000 多万公顷农田因覆盖的石油基塑料地膜不能被消解遗留于土壤之中而导致土壤被污染和肥力衰退。目前尚有 1 亿多公顷不宜垦耕农田，是属于可种植高抗逆性能源植物的边际性土地（全国土地资源调查办公室，1999 年；国家林业局调查设计院，2003 年）。若种植菊芋、木薯、红薯、甜高粱、薪炭林等高产能源作物，可年产出或替代 6 亿吨燃油（相当于目前全国石油年消费量的 1 倍）。农林废弃物可年产出 8 亿吨标煤能量（相当于目前全国年商品能源消费量的 70%），是一笔巨大的财富。对土地贫瘠、偏远的农村来讲，大力发展生物质能源，不仅可以变废为宝，使废弃的资源得到充分利用，而且能充分利用土地资源，增加农民的收入；同时还能为贫困地区人们提供廉价、清洁的能源，减少能源消费支出，降低生活成本，相应的增加农民收入。这对于有效解决农村贫困和农村能源供应短缺问题，提高贫困地区农民生活水平，也是一条有效途径。

（二）推进生物质源基地建设，为农民创造更多的就业岗位

我国农村仍然有大量富余劳动力，创造农民就业机会一直是解决"三农"问题的瓶颈。利用我国农业生产秸秆和山区林木种植的资源优势，开发绿色能源，调整种植业结构，启动农业生物质转化工程，在有条件的县（市）逐步建设秸秆能源转化基地，发挥乡镇一级组织、加工、协调的主导作用，以千家万户的农民为载体，建立秸秆的回收、整理、运输产业体系。实现秸秆中 60% 的纤维素和半纤维素糖化胺化和生物质能加工利用，形成良好的"农户＋企业"的协作机制，保障农民利益，形成利益共同体，促进生物质能源产业大发展。据专家测算，通过有效的技术输入，加上生物质能产业的技术进步，粮食基燃料乙醇的成本可从 3800 元/吨降低到 3000 元/吨以下；甜高粱基生物质能的成本可从 3500 元/吨降低到 2600 元/吨，如以木质纤维素为原料成本更低。利用 5～6 吨的秸秆转化为 1 吨生物质能源，加工成本为 4000～4300 元/吨，每亩农田可以得到 200～300 元的收入。全国农民按此建立秸秆资源的开发利用体系，可新增 400 亿元和至少 1000 多万个就业岗位。如果生物质能产业体系得以发展，既可推动中小城镇的发展，减少大中型城市的就业压力，又可缩小工农及城乡差距，为农民创造就业新岗位，为农民增收创造新途径。据农民日报记者李亚玲 2010 年 1 月 6 日报道，在 2008 年和 2009 年中央下达的拉动内需投资中，分别有两批共 80 亿元用于新增农村沼气项目，使全国沼气用户达到 3000 万户以上。新增沼气项目共采购水泥 416 万吨，钢材 8 万吨，砂石 1000 多万立方米，砖 32 亿多块，参与沼气项目建设的施工人员达到 182 万人，拉动了内需，缓解了农村劳动就业矛盾，增加了农民收入。

（三）推进生物质能产业发展，创造农业经济新的增长点

（1）生物质能产业发展，升华了传统的农业经济

我国推进新农村建设，促进农村经济的发展，难点之一是剩余劳动力过多，劳动力转移困难；难点之二是农民增收门路狭窄，增收困难。农业同非农产业之间的差距再扩大，不利于"三农"问题的解决及社会经济的稳定和发展。因此，急需开辟新的朝阳产业，为农民增收寻找新的致富门道。实践表明，经过选择适当的能源作物生产，在投入上，种植过程中所需的能源、肥料、农药和灌溉水，比玉米、甘蔗类作物要少得多，因而其生产成本要比常规庄稼低；在产出上，这些经过选择的树和草类，所生产出的有用能源是种植这些作物所需能源的10倍。因此，大力种植能源作物，能显著提高农业生产的投入产出率，提高农民收入。同时，通过转化作物废料，充分利用农业资源发展新能源，既美化了环境，又提高了农作物的利用率，具有一举数得之功效。

（2）发展绿色能源材料，振兴加工制造业

我国已经成为世界上公认的制造业大国，但是近年来我国的加工制造业出现了加工能力过剩、缺乏新的加工渠道等弊端，阻滞加工业继续发展。若生物质能源产业得以开发利用，可正好为加工制造业的发展提供一个契机。

生物质能开发利用可得到生物柴油、燃料乙醇，发展潜力很大。生物柴油的原料广泛，除废食用油可用以生产柴油外，油菜、向日葵、大豆等油源作物也可用以制造生物柴油。燃料乙醇可以由玉米、甘蔗等多种不同作物酿造，可以不断再生，不像石油挖光了就没有了。在石油价格越来越高的今天，乙醇价格相对低廉，且乙醇汽油辛烷值高，引擎爆发力强，污染又少，的确是值得开发的绿色能源。而且，对燃料乙醇深加工，将燃料乙醇脱水，把农产品生物质当作工业原料加工石油替代产品，还可以得到乙烯。乙烯是"石化之母"，是人们日常生活中离不开的化工产品，在生物质没有开发之前都是通过石油来生产的。现在开发利用生物质能以后，则可以通过玉米、薯类、秸秆等原料生产出乙烯。乙烯又可生产出一系列化工产品，这样，我们就可以由农产品生产燃料乙醇和乙烯，全方位地替代石化资源，既为缓解加工制造业能力过剩又为原料不足作出贡献。

（3）将绿色能源经济变成农村经济增长的新亮点

我国拥有丰富的农林生物质资源（孙振钧，2004；孙振钧等，2004），农村每年产生的畜禽粪便约260亿吨，农作物秸秆7.0亿吨，蔬菜废弃物1.0亿吨，乡镇生活垃圾和人粪便2.5亿吨，肉类加工厂和农作物加工厂废弃物1.5亿吨，林业废弃物（不包括薪炭林）0.5亿吨，其他类的有机废弃物约有0.5亿吨。长期以来开发生物质技术没有重大突破，农村的加工业仅停留在米、面、油、糖等食品用途上，没有突破传统农业范畴，农民难以致富，农村生产、生活受以下条

件制约，农民增收缓慢。

第一，农业自身的特性制约。农业为弱质产业，产业经济效益低；农业产业结构不合理，传统农业生产能力出现过剩，而新兴农业产业又相对缺失；农业市场化程度不高，农产品商品率和转化率低；农业社会化服务体系不健全，生产成本高，使得农业生产出现比较效益不高的现象。

第二，国家政策原因制约。国家采取工业发展优先战略，导致粮食主产区价值流失，削弱了其经济发展基础。特别是国家实施重工业优先发展战略，需要积累大量原始资本，在我国早期工业化水平不高的状况下，国家只能通过实施工农产品价格剪刀差，将农业资本转移到工业领域。在这个过程中，这些价格剪刀差价值流入了城市工业、粮食消费区或消费者。而粮食主产区因粮食价格低而利益受到损害。另外，主产区粮食的调出基本上是以商品原粮的方式调出，粮食加工或转化增值的价值也随着粮食的调拨流入了粮食调入区，与此同时，粮食主产区还失去了大量向第二、第三产业转移农业劳动力的机会，经济发展受到约束。再者，粮食产销政策使得粮食主产区不能获得社会平均利润。长期实行的粮食统购统销政策，形成的是行政性的、纵向分配调拨的流通体制，其首要任务是保障粮食的安全供给。因此，粮食主产区的商品粮主要由政府支配调拨，价格由政府指定，而且粮食主产区还因出售商品粮承担着巨额的流通费用，以致主产区大部分是高产穷省。此外，在粮食主产区商品交换过程中，国家对于粮食生产者也没有采取有效的措施给予经济补偿。

第三，农产品供求格局发生变化，制约农民收入增长。进入20世纪90年代中后期后，我国经济由短缺状态进入过剩状态，市场有效需求不足成了经济发展的突出问题。经济的发展和人民收入水平的提高，导致城乡居民的恩格尔系数逐步下降。同时生活水平提高，人们对食物消费的品质要求逐渐增加，在质和量两个方面都有了新的要求，"既要吃饱，又要吃好"的原则，直接导致人们对农产品消费结构提出了新要求。城乡居民的食品消费总量，特别是原粮的直接消费明显下降。消费需求形势和消费结构的变化，使农业的增长越来越受到需求的制约，主要农产品收入弹性下降，由此而产生了农产品"卖难"。这种情况充分表明，农产品供求的矛盾在现阶段已由以总量为主转向了以结构为主，由以数量为主转向了以质量为主。由此可以清晰地看出，目前和今后相当一个时期内，靠增加农产品总量来提高农民收入是不现实的。

第四，农业生产的小规模经营，农业投入产出效益下降制约农民收入增长。农业劳动生产率长期处于低水平状态，究其主要原因，一是农业生产总体水平提高不快。二是家庭经营导致土地细碎化，规模不经济。三是从事农业劳动者人数众多，数量庞大。四是农业生产成本大幅度上升，实际投入产出效益严重下降。农业发展已从主要依靠劳动投入，转向依靠资金、物质、技术投入，要进一步提高农业的综合产出能力，必须增加新的要素投入，这样一来，就在农业发展的过程中有形无形地加大了农业生产的物质消耗总量，使得农业生产成本持续上升，结果农民收益减少，收入增长缓慢。

第五，农民增收受价格下降的制约。虽然国家在通过提高价格促进农民收入增长方面曾经起到过积极而显著的作用，但从长期来看，靠国家再度大幅度提价的可能性很小。这主要是因为：①市场作用的影响。随着市场经济体制的建立，大部分农产品价格已经开放，农产品的价格高低变化已主要受市场供求关系和供需规律决定。②受国家财力的制约。国家直接调控的农产品不断减少，大幅度提高农产品收购价格的机会减少。③经济全球化的影响。加入 WTO 后，受 WTO 规则的制约，通过政府提高农产品价格的做法已难以为继。

第六，农民增收受农村工业化发展缓慢的制约。乡镇企业曾是增加农民收入的重要渠道。但乡镇企业发展速度逐年减缓，原因在于：其一，市场需求拉动不足。20 世纪 80 年代中期，乡镇企业快速发展得益于市场需求的拉动。到了 20 世纪 90 年代，国内工业品市场趋于饱和，由此造成了乡镇企业产品库存增加，大部分企业开工不足，发展速度明显放慢。其二，乡镇企业发展资金不足。随着银行体制改革步伐的加快和整顿农村金融秩序的影响，乡镇企业融资困难，流动资金不足，固定资产投入增长乏力，加上原有债务，反映到企业财务上，主要效益指标均呈恶化趋势。其三，乡镇企业矛盾的暴露。主要有：①体制问题，一方面是社区行政组织与乡镇企业的权责关系不清，从而弱化了乡镇企业的内部激励机制；另一方面是企业的社区所有制壁垒，也限制了生产要素和资产存量的跨地区流动和重组。②结构性问题，企业布局高度分散，技术设备落后，不能产生积聚效益，由此产生了数量型扩张、低水平重复、结构趋同等一系列问题，导致乡镇企业发展缓慢，吸纳农村剩余劳动力的能力降低，农民就业不充分，工资性收入减少，收入结构不优，增收困难。

第七，城镇化滞后，农村劳动力转移受阻，制约农民增收。城镇化进程滞后不利于人口结构与资源占用的合理分配，也不利于就业结构同产业结构的合理搭配。目前，我国第一产业增加值占 GDP 的比重不足 20%，而第一产业劳动力占社会劳动力的比重却达 50%。第一产业发展不足，第三产业发展滞后，极大地削弱了我国经济在产业结构推移过程中吸纳农业剩余劳动力的能力，使农民的就业领域得不到充分扩展，农民的非农收入来源减少。

第八，农业产业结构单一，农民收入来源有限。人们对农产品需求的多样性及其需求升级变化，使农业生产结构调整具有必要性，农业生产资源和要素的多宜性，使农业生产结构调整具有可能性。结构决定功能，长期以来，我国农业生产结构是以粮食单一生产为主，产出能力不强，但在农业及粮食生产结构调整和产品加工转化过程中，第二、第三产业依然滞后，优质、专用农产品发展不足，优质品种的产量不高，结构调整力度不大。农民生产的粮食除作为口粮外，大部分用于直接销售，加工转化的份额很小。农民的生产经营结构基本上还是传统的"种养型"结构。这种结构适应市场和抵御市场风险的能力较弱，市场形势稍有变化，农民获得收入的能力就将遭受巨大的打击，收入增长也会发生剧烈的波动。另外产业结构调整较慢，第二、第三产业发展滞后，直接导致农民增收缓慢。

通过发展绿色能源经济，突破农村的加工业仅停留在米、面、油、糖等食品用途上的局面，创造农业经济新的增长点，使农民在继续提供粮食、饮料和纤维的同时，还为能源工业提供原材料，开辟农业发展的第三战场，生产生物质能源产品，实现农业和生物质能源生产、加工和销售的一体化，促进农村地区生活水平进一步提高、生活环境进一步改善，既能缓解石油资源短缺的矛盾，又能大力推动农业发展，这将是我国振兴农村经济的新的增长极。国内外的实践证明，新的朝阳产业的产生和发展，都将带动一方经济的发展，增加一方的财政收入，造福一方百姓。面临着国内外发展生物质产业的新形势，我们要紧紧抓住生物质产业发展的新机遇和新挑战，积极改造和升华农村的传统产业，尽快地生产更多的绿色能源，让绿色能源经济创造农村经济的新时代。

（4）发展生物质能源，可改善生态环境

新农村建设中提出"生产发展，生活宽裕，乡风文明，村容整洁，管理民主"的二十字方针。其中，村容整洁，便是树立崭新形象，创造良好环境。村容整洁，就是要从根本上治理农村脏、乱、差状况，改善农村生态环境、人居环境，打造拥有新房舍、新设施、新环境、新风尚、新秩序的农村新面貌（王伟光，2006）。村容整洁，一方面，要整治乡村环境，把房子盖得漂亮一点，道路修得宽一点、直一点，树草多种一点，力争村村通电、通邮、通公路、通广播。另一方面，是要按照城乡一体的要求搞好基础设施建设，合理规划布局居住区、农林区、工业加工区；更多的是要重视生态保护和建设，防止水土流失和污染，保持能源洁净、饮水安全、环境卫生。在新农村建设中，在处理物质文明与生态文明的关系时，既要建设整齐清洁美观的村庄，又要保持秀美的田园风光，让农村真正拥有清新的山水、洁净的空气，宜农、宜工、宜居的环境、使人们真正拥有一个能够享有幸福感的美好家园。

对于农村环境的改善，集中表现在对农村的畜禽粪便、生活垃圾、农村工业有机废弃物、农作物秸秆等方面的脏、乱、差的治理上。开发生物质能源恰恰能使上述环境污染物得到充分利用，并通过加工转化为优质能源。据估算，我国现有的农林废弃物约合7.4亿吨标准煤，可开发量约为4.6亿吨标准煤；预测2020年将分别达到11.65亿吨标准煤和8.3亿吨标准煤。治理新农村的环境污染，改善农村环境，发展生物质能产业潜力极大。但是，目前对于农作物秸秆等农作物废料的处理，一个传统的方法便是焚烧。这样不仅造成了秸秆资源的浪费，而且还造成了烟尘污染，使城乡居民因烟尘污染而感染呼吸道疾病的概率增加。若烟覆盖高速公路，致使能见度降低，还将影响正常的交通运输，可能引发重大交通事故。随着生物质能开发利用技术日臻成熟，将彻底改变这种状况。通过综合利用作物废料，既可生产出有用的能源，又保护了环境。同时，伴随我国工业化进程的加快，机动车辆保存量迅速增加，利用石油基燃料为动力的车辆对大气的污染程度越来越严重，目前汽车尾气对大气的污染程度已达到 60% 左右。将利用农林废弃物转化的新能源，如燃料乙醇、生物柴油加到机动车辆中，将大大减少有害气体的排放，降低温室效应，改善大气环境。波兰的试验表明，生物质燃料燃烧要比石化燃料燃烧排出的有害气体少 20 倍。能源作物（或矮林）生产及利用，要比只是简单地增加新造林面积来固定二氧化碳更有经济和环保意义。能源作物（林）可进行连续短周期种植和收获，吸收二氧化碳的功能经常保持着旺盛的状态。而森林的旺盛生长在 20～60 年后便告停止，吸收二氧化碳，净化环境的作用便几乎停止。据资料报道，种植能源林比粮食作物更能促进鸟类多样性，种植能源林还有利于边际性土地的开发利用及增加收益，有益于空气质量改善等。

六、生物质能源开发利用对粮食安全的影响

生物质能源的开发利用，特别是生物质液态燃料的开发利用，其原料主要是玉米和油菜籽，以及对玉米、油菜籽具有替代作用的其他粮食作物和油料作物，或者是与粮食作物、油料作物具有竞争资源消耗的其他植物，如甜高粱、木薯、木本油料植物等，所以，生物质能源的发展必然会对粮食安全造成影响。

（一）通过有效需求增加拉动粮食价格上涨，有利于种粮农民收入增加

由于生物质液态燃料加工生产的原料主要是粮食、油料作物和与粮食生产具有竞争耕地、水资源性质的其他农作物，因而，对其能源化开发利用，必然导致粮油需求增加。据世界粮食及农业组织报告，生物质燃料生产在近一段时期"吃掉"了近 1 亿吨谷物，成为谷物市场重要消费源之一。其中，用于生产生物质燃料的玉米约为 9500 万吨，占世界玉米消费总量的 12% 左右，这其中消耗最大的是美国。美国预计 2007/2008 年度投入至少 8100 万吨玉米，用于生物质燃料生产，与前一年度相比增加 37%（耿学鹏，2008）。我国的玉米产量为 1.4 亿吨左右，玉米消费的结构为：用于饲料的约占 70%，用于主食消费的约占 15%，用于工业转化的约占 12%（郭庆海，2007）。2005 年以来，受燃料乙醇加工需要的驱使，玉米的消费量不断上升，2005/2006 年度，中国玉米消费量从 1140 万吨上升到 13 700 万吨（陈劲松，2007），玉米深加工从 2004 年的 1650 万吨增加到

3589 万吨，年均增长 29.5%，远高于玉米产量年均增长 7.9% 的增长速度（张红宇，2007）其中，用于燃料乙醇生产的玉米消费量从 2005 年的大约 306 万吨上升到 2006 年的 475 万吨，致使玉米供求形势发生变化，即将从原来的每年出口 500 万吨转变为每年需要进口 1500 万吨。按照市场经济运作的规律，需求增加必然导致价格上升，2007 年全国玉米价格从每千克 1.4 元上升到每千克 1.8 元，每千克增加 0.4 元。全国玉米产量 1.4 亿吨，仅玉米涨价一项，全国农民等于增收 56 亿元，相当于我国 2006 年粮食直接补贴 142 亿元的 39%。与此同时 2007 年全国农民人均纯收入从 2006 年 3587 元增加到了 4140 元，增长 9.5%，是 2003 年以来增幅最大的一年。

（二）有利于农业生产结构调整和农村产业结构调整，促进农业增效

长期以来，我国农业生产结构一直保持了以粮食为主的生产结构，2006 年中国粮食种植面积 1.1 亿公顷，比上年增长 1.1%；棉花种植面积 540 万公顷，比上年增长 6.7%；糖料种植面积 178 万公顷，比上年增长 14.1%；油料种植面积 0.14 亿公顷，比上年减少 3.9%；蔬菜种植面积 0.18 亿公顷，比上年增长 2.6%。在粮食播种面积中，小麦 0.23 亿公顷，比上年增长 2.1%；玉米 0.24 亿公顷，比上年增长 2.1%；稻谷 0.29 亿公顷，比上年增长 0.4%；大豆 0.09 亿公顷，比上年减少 5.1%（张建杰，2007）。分析这一农业生产结构及粮食生产结构，既是一个以粮为主、粮经饲结合的生产结构，也是一个建立在农业产品产量目标基础上的生产结构。生物质能液态燃料的开发利用，将促进玉米、油菜籽、甜高粱、木薯、番薯等能源作物种植面积的增加，使农业生产结构从粮、经、饲三元结构向粮、经、饲、能四元结构演变；结构目标从农业产品产量目标向农产品产量目标与农民收入目标并重演变，从根本上讲是有利于我国农业生产发展和农业生产效益增加的。原因有三，其一，生产结构构成因素的增加等于农业生产从单一经营向多元化经营过渡，必然增加了生产的稳定性和抗风险功能；其二，能源作物的增加和兴起，增加了经济社会对农产品的有效需求，从而促进了农产品价格的上涨和农民收入的增加，农民收入的增加有利于调动农民生产的积极性，为农业的发展奠定了投入增加的基础；其三，生物质能源作物的生产和生物质液态燃料的开发利用，等于加长了农业的产业链，带动了农产品加工业的发展，这样一方面将促进农村工业化步伐的加快和农村产业结构的调整和优化。另一方面生物质液态燃料生产为主的农产品加工业的兴起，将在粮食生产与消费之间形成一种缓冲机制，当粮食供给充足时扩大加工及生物质能源生产，保证粮食价格稳定，当粮食供不应求时减少甚至停止生物质能源加工生产，保证粮食安全供给，这必然有利于稳定粮食价格及粮食安全有效供给，形成粮食安全的稳定长效机制。

(三) 生物质液态燃料的开发利用，加大了政府维护粮食安全的成本

中国的粮食安全最基本的是数量安全。因为长期以来，我国粮食安全始终处于供求平衡的边缘。政策有利、农民生产积极性高、土地和水等资源要素投入多，粮食产量就增加，粮食供大于求，粮食安全水平就提高；政策不利，农民种粮积极性不高，资源要素投入不足或者减少，粮食就减产，粮食安全水平就降低。面对这种粮食供求紧平衡的局势，粮食安全在很大程度上取决于政府的宏观调控和政策性投入。生物质液态能源的开发利用，扩大了对粮食的需求，2006年中国汽油消费量约为460万吨，按照年平均增长率5%计算，到2010年我国的汽油消费量将达到5700万吨。如果按在石油中添加10%的燃料乙醇计算，目前需要燃料乙醇460万吨，2010年需要570万吨。以每吨生物质燃料乙醇消耗玉米3.3吨计算，570万吨的乙醇将消耗1881万吨玉米，需要占用耕地313.5万公顷，按目前的生产水平和人们的生活状况对粮食的需求消费水平测算，313.5万公顷耕地可以养活4700万人口，也就是说大体相当于目前10%的城市人口失去了国内自主生产型粮食安全的保障，使得以保障国家粮食安全为主要职责的政府工作的难度加大，行政成本上升。一方面政府要进一步调动农民生产粮食的积极性，使有限的耕地、水等资源和要素更多的配置于粮食生产，促使农民进行集约经营，求得在有限的资源水平上获得更多的产量；另一方面政府要通过对国际市场的有效运作，利用国际资源和进口调节来保障国内粮食安全。此外，在国际、国内市场开放，国际石油价格高位波动的背景下，市场的价格诱导机制和对资源利用的调节机制都会对液态燃料生物质的开发利用产生影响，市场这只"看不见"的手会促进生物质液态燃料乙醇和生物柴油产业发展，会促使耕地资源向玉米生产和油菜籽生产流动，形成汽车与人争粮食、争食油，能源作物与粮食争耕地的局面，政府必须在保证能源安全和粮食安全之间进行利弊权衡，加大了政府保证粮食安全的经济成本和社会成本。

七、农村生物质能源开发利用的对策和建议

中国能源平均利用率只有30%，而广大农村利用率更低，省柴节能的新技术还没有普及推广，包括生物质能在内的可再生能源开发不够（小水电、地热、风能、太阳能、生物质能的开发不够），利用技术和手段落后，致使能源紧张，对生态和环境破坏很大。为此，建议采取以下对策、措施，以便推动农业和农村经济可持续发展。

(一) 构建农村新型能源体系

农村能源系统是一个多因素耦合的综合体，能源的来源方式和利用方式不仅

与农村的生产条件、生活水平、生活习惯、生态环境有关，而且和能源的种类、来源、获得的难易程度和利用技术等有关，其利用的弹性很大。必须树立科学发展观，强调人与自然环境和谐、强调可持续发展、建立与社会经济结构相协调、对资源环境系统有益而无害的新型能源体系。发展生物质能源、高效的利用生物质能源、建设以生物质能源为主的新型能源体系，不仅有助于缓解农村的能源供需矛盾，而且有利于资源环境系统的保护和经济社会可持续发展，它不仅强调能源效率、经济效益，而且强调生态环境效益。在发展与建立的过程中，一是要遵循整体性的原则，把能源建设放到农村大的生态系统和整个社会经济系统中通盘考虑，要求各要素间和谐适应；二是要遵循清洁生产的原则，力争实现"三废"的零排放，在积极开发绿色生物质能源的同时，加大农村区域内可再生能源的开发力度，如开发太阳能、水电等；三是遵循循环利用和再生性的原则，保证生物质能源的消费量小于再生量，研制开发农村有机废弃物能源转化、再生、重复利用的工艺新流程和生产、生活结合的新模式。

（二）发展沼气等绿色能源，提升农村物质文明和精神文明水平

现阶段的中国农村，一方面能源缺乏，另一方面能源浪费严重。单一的强调使用石化能或者生物质能都是不现实的，必须在强调开发、发展绿色生物质能源的同时，强调能源的利用效率和提高综合效益。沼气是一种把农业和农村产生的秸秆、人畜粪便等有机废弃物转变为有用的资源、能源进行综合利用的绿色能源获得方式。沼气除可作能源外，还可以养蚕，可以保鲜、储存农产品；沼液可以浸种，可以作叶面喷洒，为作物提供营养并杀灭某些病虫害，可以作培养液发展水培蔬菜，可以做果园滴灌，可以喂鱼、猪、鸡等；沼渣可以做肥料，可以作营养体栽种食用菌，可以养蚯蚓等，它既有降本增效的功能，又能改善环境，保护生态，实现农业和农村废弃物的循环利用。有人总结，农村沼气有 14 个好处：推动结构调整，促进养殖发展，降低生产成本，解决化学残留，提高农产品品质，提供清洁能源，保护森林资源，增加农民收入，有效治理污水，开辟保鲜新路，改善农村卫生，治理面源污染，提升文明程度，缩小城乡差别。为此，要在农村大力推广和发展沼气，要从经济上给予扶持，技术上给予指导，管理上给予服务，形成生产、生活结合，改灶、改厕、养畜、洗浴、饮事、种植配套的畜、厕、沼、畜、沼、果等结合的新型能源综合利用体系，推动农村生态文明、物质文明和精神文明同步提高。

（三）加强管理、扩大宣传、增加投入，开创农村能源建设新局面

中国能源建设与经济水平相适应，在社会、经济、文化水平高的地区，人们的消费观念和环境保护意识也较强，清洁能源、绿色生物质能源的发展也较好。

而在偏僻、落后、贫穷的地区，以上意识都相对较差，燃烧秸秆、砍樵薪柴几乎成了能源获得和利用的唯一方式。为此，政府要加强对农村能源的管理，充分认识农村能源对促进农村经济和社会可持续发展的重要性，引导农民群众提供节能意识，改变落后地区秸秆、薪柴直接燃烧的习惯，防止"村村点火、处处冒烟"的能源浪费和污染环境现象持续发生。要借鉴各地的先进经验，推广新型能源获得和利用模式，追加对农村节能工程设施与项目的投资，以有限的财政资源带动社会资源对农村能源的投入，把农村扶贫帮困工程，小流域的综合治理工程，退耕还林、还草、还湖工程，农村绿化和环境卫生工程与农村能源建设工程综合通盘考虑，形成合力，推动农村生物质能源的建设与发展。同时，要重视农村能源开发和利用的科学研究，建设生态家园，推动农业和农村经济可持续发展。

第二章
生物质能源开发利用的理论基础

在刚刚过去的 20 世纪,"可持续发展"思想的形成,是人类最深刻的警醒。自然资源的日益枯竭和环境的不断被破坏,使得人们不得不对传统经济发展模式进行反思。今天,对环境保护的态度和可持续发展观念已经成为衡量一个人、一个民族、一个地区、一个国家"现代化"程度的准绳之一(史蒂文斯和保罗,2004)。面对能源的耗竭和消耗大量的石化能源对环境的污染和破坏,人们以可持续发展理论、循环经济理论为指导,对生物质能源的进行开发和利用,可持续发展理论、循环经济理论为生物质能源及其可再生能源的开发利用提供了坚实的理论基础。

第一节 可持续发展理论

一、可持续发展理论的主张

(一) 可持续发展理论的提出

可持续发展思想的提出及形成源于人们对环境问题的逐步认识和热切关注。在 20 世纪 70 年代以前,各国普遍把经济增长作为国家优先发展的目标。每个个体也都支持增长导向政策,因为他们相信经济增长会给他们带来不断增长的福利。政府把寻求经济增长视为解决所有问题的良方。在富裕世界里,经济增长被视为增加就业、提高流动性及技术进步所必需的。在贫困世界里,经济增长被视为摆脱贫困的唯一出路。政府和企业都在尽最大努力来追求越来越多的经济增长(梅多斯等,2006),使得片面追求经济增长的弊端逐步显现出来,人们每年消耗的资源已经超过了地球当年的资源再生量,国家和企业往往为了追求经济增长,把福利向经济增长体中转移,家庭和厂商并没有伴随着经济增长而相应受益。同时,长期的追求经济增长,并没有使人类的福利增加,相反由于人口和工业的快速增长,使得资源环境的污染程度也在增长,森林不断遭到人类的砍伐,传统的经济循环系统被打破,人类的生活质量下降。直到 1962 年美国海洋生物学家卡尔逊《寂静的春天》一书的出版，现代环境保护运动才开始拉开序幕，从此环境问题由一个边缘性问题逐渐走向全球政治、经济议程的中心。正是在这个背景下，"可持续性"发展的概念得以形成。

到 20 世纪 60 年代末和 70 年代初，对现存增长模式的批判在关于"世界末日"的大辩论中达到高潮（滕藤等，2004）。1972 年以丹尼斯·梅多斯等为代表的罗马俱乐部成员，发表了轰动世界的第一份研究报告，即《增长的极限》。该报告运用数学模型分析得出如下结论：在未来一个世纪中，人口和经济需求的增长会导致地球资源耗竭、生态破坏和环境污染。他指出，人口增长、粮食供应、自然资源、工业生产和污染是决定和限制经济增长的五个主要因素。人口增长会引起粮食需求的增长，经济增长会引起不可再生自然资源耗竭速度的加快和环境污染程度的加深，并且人口、粮食、经济、污染都呈现指数型增长的特征。这种依赖资源的增长最终将会陷入一种虚幻的希望，使增长不可持续，人类或迟或早会达到"危机水平"。这份报告发出的警告启发了后来者。1980 年 3 月，联合国向全世界发出呼吁："必须研究自然的、社会的、生态的、经济的以及利用自然资源过程中的基本关系，确保全球持续发展。"1987 年，世界环境与发展委员会在《我们共同的未来》报告中，第一次阐述了"可持续发展"的概念，即"不损害未来一代需求的前提下，满足当前一代人的需求"，它提供了一个关于经济和环境关系的基本原理，要求在这个原理基础上，检验"发展改善人类生活"的命题。1992 年，联合国在巴西里约热内卢召开了环境与发展大会，会议通过了《里约环境与发展宣言》、《21 世纪议程》和《联合国气候变化框架公约》等一系列文件，确定了走可持续发展的道路，这次会议标志着可持续发展的理论最终形成并成为世界各国人民的共识。

可持续发展的思想是人类社会近一个世纪高速发展的产物，经过了艰苦的探索，凝结了当代人对可持续发展理论认识不断深化的结晶。这一思想从西方传统的自然和环境保护观念出发，兼顾发展中国家发展和进步的要求，在 20 世纪最后 10 年中又引发了世界各国对发展与环境的深度思考。美国、德国、英国等发达国家和中国、巴西这样的发展中国家都先后提出了自己的 21 世纪议程或行动纲领。尽管各国侧重点不同，但都不约而同地强调要在经济和社会发展的同时注重保护自然环境（王革华，2005）。今天，可持续发展观念已经广泛渗透到社会发展的不同领域。在能源领域，发达国家都将技术的重点转向水能、风能、太阳能和生物能等可更新能源上；在交通运输领域，研制燃料电池车或其他清洁能源车辆已成为各大汽车制造商技术开发能力的标志；在农业领域，资源节约型、环境友好型的两型农业成为一种新的理念，注重生产过程的控制与管理，注意产品的质量与安全，无化肥、无农药和无毒害的生态农产品已成为消费者的首选；在城市规划和建筑业中，尽量减少能源和水的消耗、同时也减少废水废弃物排放的

"生态设计"和"生态房屋"已成为近年来发达国家建筑业的招牌。人类社会越来越清楚地认识到经济增长、社会发展和环境保护已经成为可持续发展理论的三个支点，三者之间相互依存，相互影响，形成了一个整体，其中任何一个范畴的缺失，都可能阻断人类可持续发展的道路。

（二）可持续发展理论的基本思想

在传统的新古典经济学当中，衡量资源配置的唯一标准就是效率，即合理或有效的资源配置是使经济体系通过资源的使用达到效益最大化。马尔萨斯的"资源绝对稀缺论"和李嘉图的"资源相对稀缺论"及在此基础上建立的新制度经济学都只是将自然资源作为一种普通的生产要素，只考虑其作为经济资源的稀缺性，没有考虑资源的枯竭性质及人类对耗竭性资源在寻求替代时的不确定性；仅仅考虑的是当代人的生产、消费情况，而忽略了当代人的这种行为对后代人资源消费、贸易和生产造成的不利影响（宋冬林等，2004；黎永亮，2006）。

可持续社会是一个可以世代相传的社会，是一个有非常长远眼光、非常有弹性、非常聪明而不会去破坏支撑它的物质或社会系统的社会（梅多斯等，2006）。但事实上，当代人在自己生命周期内，过度地追求效用和利润最大化，不但不会把自然资源留给后代人，而且会造成后代人没有可消费的资源。而基于新制度经济学基础的通过界定产权来遏制当代人过度使用资源的方法，由于后代人并没有出现在当前的产权市场上，也就无法通过讨价还价来矫正代际外部性，因此，不能很好地解决资源代际最优分配问题。此外，通过对造成资源和环境不可持续供给的经济单位或经济当事人，实行外部效应内部化的方式，也不可能完全克服外部负效应。因为对其征收一定补偿费对受害者虽是一种补偿，对生产者的行为也能起到一定遏制作用，但是由于环境污染并没有因为支付了补偿费而不再存在，其生产过程和消费过程也没有因此而使其废弃物不再排泄，自然资源不再消耗。只要进行生产，就不能没有劳动对象、不能不消耗能源和原材料。如何突破这一障碍呢？只有寻求新的生产和增长方式，即让经济发展的技术水平和设备达到一定规模，通过技术进步去推动经济发展，对自然资源进行新投资，寻求新的、有效代替不可再生资源的替代品，在相应技术支撑的基础上实现保护资源与推动经济发展的双赢。历史发展到今天，可再生能源的出现，特别是以清洁性、环保性、有效替代性为特征的生物质能源的开发利用，成为当前实现可持续发展的一种可能方式和必要方式。

但是，我们也应该看到，风靡全球并被世界各个国家作为经济发展行动指南的可持续发展理论，在不同的经济发展阶段、不同的国家对其的理解是不一样的。发达国家强调环境保护优先，而发展中国家则强调发展权。Barbier 等（1990）、Pearce（1989）以维持自然资本不下降作为可持续准则。最为著名的是基于机会保存为观点的可持续发展概念，即可持续的社会是一个"能够满足当代人的需要而不损害子孙后代满足自身需求的能力的社会"。Solow 指出对于一个具有耗竭性自然资源的经济体系而言，用"分蛋糕"的方法来衡量代际公平是不适用的，因为现代人不能肯定地了解未来人的偏好，也不知道他们将来会拥有什么技术。除非这些因素都已知，否则不可能对资源与环境的代际配置作出什么合理的伦理决策。我们对后代的责任是让他们拥有与我们一样的潜力（黎永亮，2006），如果未来能够开发出更发达的科学技术作为补偿，这将是留给后代的最可持续的自然资源。但大多数经济学家认为，不同要素之间存在某种可替代性。因此，有必要维持一定的资本积累以维持生产机会，而没有必要把某一种特定的要素（不可再生资源）停止使用或保持为非下降的状态。但是在一个可持续社会里强调使用不可再生资源的谨慎和效率，期待它们不会给大自然带来更多的污染，并且能开发出可再生的替代能源是非常必要的。

如果不可再生资源存量减少可以由增加的实物资本所替代，那么生产潜力在某种条件下是可以维持的。另外，知识是不可再生资源最好的替代物，即不可再生资源存量可以为日益增加的人力和智力资本所补偿。同时，它也为可持续发展理论注入了新的活力。当今可持续发展意味着在现存制约条件下，争取环境资源利用效益最大化，同时寻求不可再生资源的替代资源，防止经济系统由于不可再生资源的枯竭而出现萧条、停滞、失业和破产，以保证人们和经济单位能够对资源进行合理配置和迅速对其利用结构进行调整，使其重新在新经济中找到位置；在维持生态系统承载能力的基础上，改善生活质量，解除不均等的分配模式，消除永久性贫困，寻找最佳的生态体系和土地利用形式，支持自然生态环境系统的良性循环；寻求尽可能少的废料与污染物的工艺或技术，以减少能源和自然资源的消耗，充分利用可再生能源。

二、生物质能源开发利用的理论基础与背景

（一）生物质能源开发利用是经济增长非可持续性胁迫与驱使的结果

能源是人类赖以生存和发展的不可缺少的物质基础，在一定程度上制约着人类社会的发展。如果能源的利用方式不合理，就会破坏环境，甚至威胁到人类自身的生存。可持续发展战略要求建立可持续的能源支持系统和不危害环境的能源利用方式（王革华，2005），使人类的人均福利水平在考虑了资源与环境约束的条件下随时间推移不断增长或至少不下降。然而，这种长期发展本身并不一定是社会最优的发展战略。可持续发展对社会并不一定有利。例如，通过放弃所有的能源、资源密集型和污染密集型的生产活动，适当控制资本积累与消费的比率，同样可以实现人均收入和消费的长期缓慢增长，但这种可持续发展大大降低了经

济增长速度，显然不能使人们的福利最大化（孙刚，2004；彭水军等，2006）（图 2-1）。那么到底什么是可持续的、最优的增长发展路径呢？众多学者在该领域展开了相关性研究。结论表明：如果经济中有足够的人力资本积累及较高的研发产出效率，具有有效的研发创新活动，是可以克服自然资源的稀缺和不断耗竭以及消费者相对缺乏耐心等问题，从而保持经济可持续的最优增长；相反，如果缺乏有效的技术创新和合理资源保护与利用，人均消费将出现负的最优增长率，即在不可再生自然资源条件下无限制的消费增长是不可持续的（彭水军等，2006）。随着世界经济的发展，科学技术的不断创新突破，这种观点越来越被证明了其现实的可能性。人类的技术进步与创新，使得粮食作物、经济作物、油料作物转变为生物质能源进而替代不可再生能源成为可能。二氧化碳实现"零排放"，使得经济发展可能突破"增长的极限"。

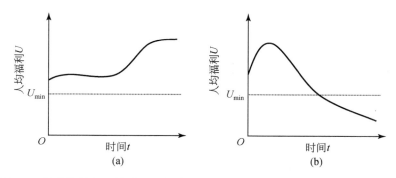

图 2-1　非最优的但可持续的增长路径（a）最优的但非持续的增长路径（b）

随着经济发展和人口增长表现出的对能源的强劲需求，能源消费量逐年增加，能源短缺已经成为影响国民经济发展的瓶颈，并成为制约经济持续发展和增长的因素之一。大量使用煤炭、石油、薪柴等一次性能源，不仅造成了能源发展的不可持续，更重要的是破坏了生态环境，使得温室效应、二氧化碳过量排放、二氧化硫过量排放及酸雨等问题接踵而来，人类追求生活质量的可持续发展变得更加困难。同时，单纯以能源资源的消耗而追求经济增长的发展路径，最终会受到能源资源枯竭的约束，这就迫使人们开发利用可再生的生物质能源。林木生物质能源作为生物质能源的有效表现形式，必将使其开发备受重视。此外，能源在区域间的配置也表现出明显的不可持续性，常规化石能源难以同时满足城市和农村的消费需求。在我国，农村与城市相比，农村并没有获得国家正常的能源公共服务，长期以来生活用能一直以非商品性能源为主。随着农村经济发展和农村生活水平的提高，农村地区对商品能源的需求已经处于快速增长期，实现能源在农村与城市之间的公平分配，实现农村能源的有效供给和可持续发展将是一个很大的难题。因此，必须按照可持续发展理论对生物质能源的开发利用进行指导。

（二）人口数量、能源消耗、大气污染的增长加剧了经济发展的不可持续性

在可持续发展系统中，人口是首要因素。人口作为一种特殊形态的资源，与可持续发展构成了促进与制约并存的关系（洪银兴，2000）。因而处理人与自然的关系也就成为可持续发展所面对和需要处理的矛盾中的核心问题。在过去的一个世纪里，由于片面、过快的追求增长，人类在人口数量、使用的物质和能源流量上呈现出指数型增长的特征。在人口和资本增长的驱使下，粮食、资源消耗以及污染也都在呈现指数型增长（表 2-1）。快速的人口增长，在促进经济增长的同时，也阻碍了经济增长；并且在一定程度上有可能超过地球的承载能力，成为威胁人类可持续发展的制约因素。

表 2-1　全世界 1950～2000 年人口数量和生产增长变化情况

生产增长	1950 年	1975 年	1950～1975 年/%	2000 年	1975～2000 年/%
人类人口/100 万	2 520	4 077	160	6 067	150
汽车保有量/100 万	70	328	470	723	220
石油消费/（100 万桶/年）	3 800	20 512	540	27 635	130
天然气消费/（万亿立方英尺[①]/年）	6.5	44.4	680	94.5	210
煤炭消费/（100 万吨/年）	1 400	3 300	230	5 100	150
发电能力/100 万千瓦	154	1 606	1 040	3 240	200
谷物（玉米）产量/（100 万吨/年）	131	342	260	594	170
小麦产量/（100 万吨/年）	143	356	250	584	160
稻米产量/（100 万吨/年）	150	357	240	598	170
棉花产量/（100 万吨/年）	5.4	12	230	28	150
木浆产量/（100 万吨/年）	12	102	830	171	170
铁产量/（100 万吨/年）	134	568	350	580	120
钢产量/（100 万吨/年）	185	651	350	788	120
铝产量/（100 万吨/年）	1.5	12	800	23	190

①1 英尺 = 3.048×10⁻¹米

资料来源：梅多斯等，2006

我国作为相对落后的发展中国家，为了迅速恢复国内经济，一直以来以追求经济增长作为国家的优先发展目标，采取了"资源耗竭式"的工业发展战略。随着社会生产力和科学技术的飞速发展，人类改造自然的规模空前壮大，从大自然索取的资源越来越多，向大自然排放的废弃物也与日俱增，资源与环境问题已

经成为当前经济发展最重要的问题之一（表2-2）。

表2-2　中国人口总量、能源消费状况及主要大气污染物排放情况

年　份	人口总量/万人	能源消费/万吨标准煤	二氧化硫排放/万吨	烟尘排放/万吨	单位GDP能耗/(吨标准煤/万元)	单位GDP二氧化硫排放/(吨/万元)	单位GDP烟尘排放/(吨/万元)
1989	112 704	96 934	1 564	1 398	2.74	0.044 2	0.039 5
1990	114 333	98 703	1 495	1 324	2.68	0.040 6	0.036 0
1991	115 823	103 783	1 622	1 314	2.58	0.040 4	0.032 7
1992	117 171	109 170	1 685	1 414	2.38	0.036 7	0.030 8
1993	118 517	115 993	1 795	1 416	2.22	0.034 3	0.027 1
1994	119 850	122 737	1 825	1 414	2.08	0.030 9	0.023 9
1995	121 121	131 176	1 891	1 478	2.00	0.028 8	0.022 5
1996	122 389	138 948	2 242.5	1 697	1.93	0.031 1	0.023 5
1997	123 626	137 798	2 346	1 873	1.75	0.029 8	0.023 8
1998	124 810	132 214	2 090	1 452	1.56	0.024 6	0.017 1
1999	125 786	133 831	1 857.5	1 159	1.46	0.020 3	0.012 7
2000	126 743	138 553	1 995.1	1 165.4	1.40	0.020 1	0.011 7
2001	127 627	143 199	1 947	1 070	1.33	0.018 1	0.010 0
2002	128 453	151 797	1 927	1 013	1.30	0.016 4	0.008 6
2003	129 227	174 990	2 159	1 049	1.36	0.016 7	0.008 1
2004	129 988	203 227	2 225	1 095	1.43	0.015 7	0.007 7
2005	130 756	224 682	2 549	1 183	1.22	0.016 3	0.007 6
2006	131 448	24 627	2 588.8	1 088.8	1.21	—	—

注：单位GDP二氧化硫排放、单位GDP烟尘排放量引自左玉辉，孙平，柏益尧的《能源－环境调控》；其他数据引自中国统计年鉴2006和2007、中国能源统计年鉴2007。其中1989～2004年单位GDP能耗国内生产总值按2000年可比价格计算，2005～2006年单位GDP能耗国内生产总值按2005年价格计算

从表2-2中可以看出，随着中国经济的发展、人口的增长，中国的能源消费持续上升，其增长幅度远远高于人口的增长幅度。1997年受东南亚金融风暴的影响，经济发展放缓，能源需求疲软，能源消费量有所下降。此后，虽然单位GDP能耗不断降低，但因经济的快速发展，对能源的强劲需求仍然难以抵挡，以致2003年之后我国能源消费再次出现新高。2006年能源消费量为24.63亿吨标准煤，而国内生产总量仅为22.1亿吨标准煤，能源消费需求出现缺口。到2007年能源供需矛盾继续加大，有3.01亿吨标准煤的能源需要依赖进口。与此同时，二氧化硫和烟尘排放量也在持续上升（图2-2、图2-3和图2-4），居民生活质量安

全和可持续发展受到影响。开发利用生物质能源，实现单位 GDP 能源消耗降低和二氧化碳"零排放"，减少废气排放，变得更加必要和现实。

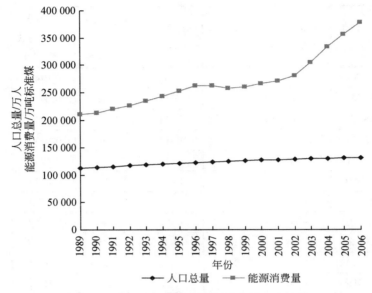

图 2-2　中国人口增长与能源消费量变化情况

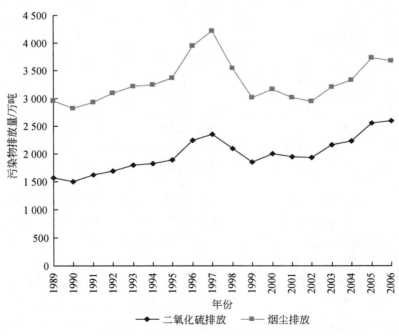

图 2-3　中国大气主要污染物排放情况

（三） 农村与城市地区的能源配置不均衡加剧了经济发展的不可持续

新中国成立后，为了迅速恢复战争给经济带来的创伤，实现国家工业化，政府不仅利用经济手段和国家强制性措施，长期在财政转移体制上实行以农补工政策，过分向重工业、城市、发达地区倾斜投资，而且在能源、资源配置上同样实行以农让工、以农村补城市的政策倾斜。严重制约了农村地区的经济发展，使得农村经济变得更加封闭、落后，产生了二元经济结构。据统计资料显示，近10年来我国城乡居民收入差异拉大，2007年城镇居民人均可支配收入是农村居民人均纯收入的3.33倍，与1997年相比增长了35%（图2-4）。

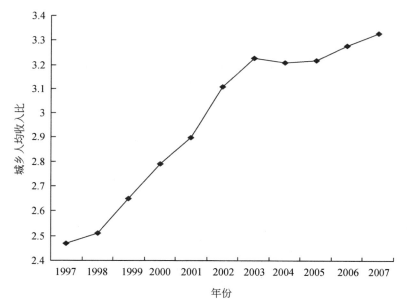

图 2-4　1997～2007 年我国城乡居民人均收入比趋势图

长期的二元经济所形成的城乡货币化消费差异，一方面造成了农村商品经济不发达，另一方面也造成了城乡能源消费结构的差异（于娟，2007）（表2-3）。

表 2-3　1997～2007 年期间城乡能源消费情况对比

年　份	人均生活用能量/千克标准煤			城乡人均生活用能比	农村非商品性能源消费量/万吨标准煤				非商品性能源占全国能源消费比重/%
	全国平均	城镇	农村		全国总计	沼气	秸秆	薪柴	
1997	133.1	237	86	2.76	20 604.3	116.1	12 138.3	8 349.9	15
1998	115.9	207	72.0	2.88	20 799.5	118.9	12 279.7	8 400.9	16
1999	121.4	210	75	2.80	20 436.1	143.1	12 502.4	7 790.6	15.30

年 份	人均生活用能量/千克标准煤			城乡人均生活用能比	农村非商品性能源消费量/万吨标准煤				非商品性能源占全国能源消费比重/%
	全国平均	城镇	农村		全国总计	沼气	秸秆	薪柴	
2000	126.4	215	77	2.792	20 574.32	162.29	12 360.35	8 051.68	14.80
2001	130.3	213	82	2.6	23 058.05	220.00	13 080.77	9 757.28	16.10
2002	136.9	216	87	2.48	25 816.73	267.69	14 147.77	11 401.27	17
2003	153.9	237	99	2.39	26 248.81	330.21	14 284.10	11 634.50	15
2004	164.2	243	109	2.23	27 022.17	398.85	14 579.87	12 043.45	13.30
2005	179	257	122	2.11	26 761.77	492.66	15 959.59	10 309.52	12
2006	194.7	275	131	2.1	27 984.98	508.54	17 790.81	9 685.63	11.40
2007	203.3	282	138	2.04	26 000.56	731.11	15 978.83	9 290.62	10

资料来源：1997 年农村非商品性能源消费量数据引自朱四海（2007），其他数据根据《中国能源统计年鉴》整理计算获得（1991～1996 年，1997～1999 年，2000～2002 年，2003 年，2004 年，2005 年，2006年，2007 年，2008 年）

表 2-3 显示了 1997～2007 年城乡居民生活用能的变化情况。由于城乡经济和城乡居民收入的差异，使得城乡居民在能源消费上表现出较大的差异。2007年，城市居民人均生活用能①为 282 千克标准煤，农村居民人均生活用能则为 138 千克标准煤，城乡商品性生活用能比为 2.04∶1，这与同期城乡居民人均收入为 3.33∶1 是相吻合的。由于长期以来我国农村居民生活用能一直以非商品性能源为主，大多是以低效率直接燃烧的方式，使用传统生物质能源秸秆、薪柴等用以炊事、取暖。2007 年我国农村非商品性能源消费量为 16.08 亿吨标准煤，占全国总能耗的 10%，而 2007 年农村生活用能量（商品性能源和非商品性能源）占全国总能耗的 13.6%，如果将农村的生产用能计算在内，则农村能耗占全国总能耗的数量不可小觑。从表面上看我国农村居民的商品性生活用能需求低，不会给经济社会发展造成压力，但事实并非那么简单，随着经济的发展，这种状态在不断改变。长期以来，由于广大农村具有优于城市获得秸秆、薪柴等资源的地域便利条件，农村剩余劳动力无法充分就业，其劳动的机会成本为零，获取薪柴等传统生物质能源的影子价格，除劳动者本身外其他人不能获知。采用传统生物质能源在很大程度上能够减少家庭为获得商品性能源的支出费用。但是近些年来随着农村剩余劳动力的自由转移，农村劳动力结构发生了变化，青壮年劳动力的外出打工和进城使得农村采集薪柴、秸秆等传统生物质能的劳动机会成本逐年升高，加之进城的农民工不但将获得的收入带回了农村，而且将城市的生活观念和消费

---

① 这里的生活用能量指煤炭、电力、液化石油气、天然气、煤气等商品性能源。

观念也带回了农村，使得农村生产、生活用能不断向商品性能源中转移①。这对我国原本就短缺的能源供给来讲，无疑是一种很大的挑战，未来城乡经济发展受能源的不可持续性供给制约会越来越严重。因此，大力开发农村生物质能源，将所得产品定位在农村，用以替代快速增长的农村商品性能源十分必要，如以生物质固体成型燃料、沼气等替代农村生活用能，燃料乙醇和生物柴油等液态燃料替代农村快速增长的农业机械所需的生产用能，则可以缓解我国能源供给不足的矛盾，减少商品性能源供给的压力，实现城乡协调发展。

三、可持续发展理论对生物质能源开发利用的影响

一个可持续发展的社会是要为未来做好充分准备的，它既要满足当代人的需求，又不损害下一代人的利益。它在积极努力探索为不断减少的石油储量、煤炭储量、野生鱼类、热带雨林准备替代品，防止一旦这些资源枯竭，造成经济发展停滞和人类福利受损等危机情况的发生。当可持续发展的观念深入人心时，形成区域和代际的可持续发展就会成为人类追寻和探索的目标。但是，要实现这一目标只有意愿和理念是远远不够的，必须依靠科技能力、科学精神和理性思维。如今，尽管风能、太阳能、水能、生物质能等可再生能源都已经广泛应用于经济发展和生活中，但是我们还是应理性的看到可再生能源并非没有穷尽，它的利用并不是对环境无害。生物质能只有当农业和林业发展能源不断地获得新的生物产量时才是可持续的（梅多斯等，2006）。随着技术的创新与突破，在今天这已经变为现实，因此，我们可以说生物质能源的开发利用既是可持续发展理论的实践再现，也是人类解决能源危机的使然，可持续发展理论对其有着深刻的影响。

（一）可持续发展理论对生物质能源产业的发展具有导向和引领作用

当今人们普遍认识到生态环境并不是无限供给的，它已经成为制约经济增长的最关键因素。在农业经济时代，制约经济增长的是劳动力和可耕土地的不足；在工业经济时代，制约经济增长的是资本的短缺。但随着物质短缺时代的结束，文明时代的到来，真正制约经济增长的不是劳动力、资本这些人为因素，而是一些自然因素。农业受制于水资源而不是农业机械或劳动力，能源受制于自然储量而不是开采能力，高技术产品的更新换代消费不是受制于技术发明和技术应用能力而是受制于自然环境对技术风险的承受力和对废弃物的降解能力。这些现象都

---

① 家用电器的普及、住房面积的扩大、生活生活的提高，加大了农村用电量的需求；农业机械化程度的提高、农村家庭摩托车、私人汽车的快速增长，加大了对液态汽油的需求。

表明生态负荷及承载力已经成为制约经济增长的主要因素。因此，要进一步推动经济增长，投资的主要方向不再是人造资本（提高生产能力的资本和设备），而应当是自然资本（生态系统的恢复），应当采取必要的政策措施来提高自然资本的供给量及其使用效率（钟茂初，2006）。这就使得生物质能源的开发利用成为世界各国普遍重视和相互攀比的投资项目。

但是生物质能源产业作为一种新型产业，在其未来发展过程中还存在很大的不确定性和风险性。虽然在全球层面，它在减少温室气体排放方面具有巨大的潜在效益，但是防止气候变化努力的收益需要从长远看才会变得明显，而这种努力减少温室气体的费用必须在今天付出，这极有可能诱导生物质能源产业的"资源耗竭式"发展。同时，为了应对气候变暖、减排二氧化碳而发展起来的生物质能源产业具有利益不均衡性。首先，气候变化的影响具有区域性特点，气候变暖可能给一些地区带来发展机遇，给另一些地区带来灭顶之灾，使得发展生物质能源产业的开发利用成本不同。其次，生物质能源产品的生产或消费使一些人受益，并且他们无需向生物质能源的开发投资主体和消费主体付费，造成了生产主体和消费主体的利益不均衡。最后，生物质能源的开发利用可能会缓解能源供给矛盾，有利于促进经济的可持续增长，但也可能由于原料选择的来源不同，不利于国家的粮食安全和生态安全，最终制约经济增长。因此，生物质能源产业的未来发展必须以可持续发展理论为指导，防止在生产过程中出现二次污染和浪费。尽量在原料收集、运输、生产、加工、销售、利用的过程中，实行层层监管，以实现可持续发展。

（二）引导生物质能源产业从农业领域向林业领域转移

从生物质能源产业发展的长期走向来看，由于不确定因素的存在，以玉米等粮食为原料生产燃料乙醇将会对玉米供求形势产生很大的影响，不利于国家的粮食安全。因此，在可持续发展理论的指导下，坚持"不与人争粮、不与粮争地"的方针，用非粮替代品生产燃料乙醇、重点开发利用林木生物质能源，是促进能源安全与粮食安全协调发展的有效途径，也是我国生物质能源开发利用的长期走向。目前，世界上一些发达国家已经形成了林木生物质能源开发利用的成套技术体系，包括林业"三剩物"（采伐剩余物、造材剩余物、加工剩余物）的收集与利用技术、能源林培育及速生丰产技术、成型颗粒工厂化生产技术、林木生物质能源利用发电及其加工制备生物柴油技术等。根据我国第六次森林资源清查结果，林木生物质资源总量（地上部分）为180亿吨以上。根据目前的科学技术水平和经济条件测算，可获得生物质能源的林木生物质资源种类有薪炭林、森林抚育间伐、灌木林平茬复壮、苗木秸秆、经济林和城市绿化修枝、油料树种果实和林业"三剩物"等，其总量为8亿~10亿吨，其中，可作为能源利用的生物量为3亿吨以上，可替代2亿吨标准煤（吕文等，2006）。同时，我国还有5700万公顷宜林地和荒沙荒地，还有1亿公顷不适宜发展农业的边际土地资源，发展林木生物质能源潜力巨大。此外，林木生物质能的开发利用，等于增加了对森林资源的需求，一方面可以加速造林绿化进程，提高生态环境质量，另一方面可以有效促进植被恢复，加快荒山荒沙绿化，提高森林覆盖率。再则，对于生物质能源本身而言，一次种植后可持续利用数十年，不用每年重新种植，可降低原料成本，有效地促进其发展。

（三）引导生物质能源产业通过原料与规模的灵活调节，实现与粮食安全双赢

生物质能源产业发展从短期来看，在经济快速发展、能源短缺、环境日益恶化的背景下，生物燃料乙醇作为常规化石能源的有效替代品，其发展已是大势所趋，政府不可能对生物燃料乙醇产业进行打压和要求彻底的"刹车"。最有效的办法是在可持续发展理论的指导下加强宏观调控，实现能源安全和粮食安全的双赢。在玉米单产增加和粮食产量出现供大于求的形势下，不排除为了降低库存、减轻财政负担，仍会发展以玉米为原料的生物燃料乙醇产业。当国家库存粮食增多、陈化粮需要转化时，可以通过税收、财政手段鼓励、支持加工企业生产生物燃料乙醇；当库存粮食不足、粮食供求平衡紧张时，同样利用税收、财政手段对其限制、控制，甚至"刹车"叫停，保证和实现国家的粮食安全和能源安全双赢，最终实现经济社会的可持续发展。

第二节　循环经济理论

一、循环经济的定义

循环经济的理念是在全球人口剧增、资源短缺、环境污染和生态蜕变的严峻形势下，人类重新认识自然界、尊重客观规律、探索新经济规律的产物，是人类在对可持续发展理论与实践不断探索和总结的基础之上，寻找到的通向可持续发展之路的一种崭新的经济发展模式。目前，循环经济理论研究正处于发展中，不同学者从不同的研究视角，对循环经济给予不同的定义。

（一）循环经济定义

作为学术性概念，最先明确提出循环经济（circular economy）一词的是英国环境经济学家戴维·皮尔斯。自20世纪90年代以来，循环经济作为实践性概念开始出现在德国。1996年出台的《循环经济和废物管理法》中，把循环经济定义为物质闭环流动型经济，明确了企业生产者和产品交易者担负着维持循环经济发展的最主要责任。在20世纪90年代末，循环经济概念和理论进入

我国并开始广为使用。它相对于传统经济而言是一种新的经济形态，是知识经济演进过程中的重要阶段。可持续发展理论强调经济、社会、环境协调发展，注重资源利用的代际均衡和社会各阶层间的公平分配。循环经济注重资源的多次重复利用、经济过程的优化及生产环节的调节，是可持续发展的深化实现的保障。

目前我国理论界认为循环经济是一种新的经济理念，它从大系统分析观念出发，实行总量控制，以资源循环来解决资源短缺问题，是较为可行的办法。但对循环经济的范畴的界定，则有多种不同的角度和方法。曲格平（2001）从生态学角度进行定义：循环经济本质上是一种生态经济，它要求运用生态学规律而不是机械论规律来指导人类社会的经济活动。解振华（2003）从技术范式的角度做出了解释：循环经济是一次范式革命，倡导的是一种与环境和谐的经济发展模式，遵循"减量化、再使用、再循环"原则，是一个"资源—产品—再生能源"的闭环反馈式循环过程，最终实现"最佳生产、最适消费、最少废弃"。马凯（2004）对循环经济的概念给出了一个明确定义："循环经济是一种以资源的高效利用和循环利用为核心，以'减量化、再利用、资源化'为原则，以低消耗、低排放、高效率为基本特征，符合可持续发展理念的经济增长模式，是对'大量生产、大量消费、大量废弃'的传统增长模式的根本变革。"在众多定义中，有的是从反映人与自然的关系去定义，有的则是从反映经济与社会、资源环境的关系去阐述。其中，中国科学院可持续发展战略研究组对循环经济内涵的界定较为全面，其认为：所谓循环经济就是以生态学规律为指导，通过生态经济综合规划、设计社会经济活动，使不同企业之间形成共享资源和互换副产品的产业共生组合，使上游生产过程产生的废弃物成为下游生产过程的原材料，实现废物综合利用，达到产业之间资源最优化配置，使区域的物质和能源在经济循环中得到永续利用，从而实现产品清洁生产和资源可持续利用的环境和谐型经济模式（陈诗波，2008）。它是不同于传统经济以"高开采、低利用、高排放"为特征的"资源—产品—废物"单向流动的线性经济。单向流动的线性经济是人们高强度地把地球上的物质和能源提取出来，然后又把污染和废物大量地排放到水系、空气和土壤中，对资源的利用是粗放的和一次性的，通过把资源持续不断地变成为废物来实现经济的数量型增长。而循环经济倡导的是一种与环境和谐的经济发展模式，它基于生态经济原理和系统集成战略的减物质化经济模式，最大限度地利用进入系统的物质和能量，要求把经济活动组织成一个以"低开采、高利用、低排放"为特征的"资源—产品—再生资源—再生产品"的反馈式流程。所有的物质和能源要在这个不断进行的经济循环中得到合理和持久的利用，以把经济活动对自然环境的影响降低到尽可能小的程度。循环经济为工业化以来的传统经济转向可持续发展的经济提供了范式，从根本上消解了环境与发展之间的冲突（崔兆杰等，2008）。

（二）循环经济的特征

1. 观念特征

（1）新的系统观

循环是指在一定系统内的运动过程，循环经济系统是由人、自然资源和科学技术等要素构成的系统（吴季松，2003）。循环经济从微观角度或更小范围角度而言，是一种物质闭环流动型经济，它体现了一种闭合的理念。但从自然环境系统角度而言，循环经济具有开放性，它是整个地球生态系统的一个子系统，并非一个孤立而封闭的系统，其增长仍然受到日益稀缺的自然资本的制约。按照可持续发展系统的要求，经济系统中人类各种生产活动对自然环境造成的危害和影响必须限制在适宜人类生存环境的动态平衡之内，不同于以往的末端治理模式。循环经济综合考虑每一个过程和每一个环节，要求经济循环和自然物质循环必须融为和谐的整体。

（2）新的发展观

循环经济的发展观是可持续的发展观，它要求经济发展不仅要考虑经济总量的提高，还要考虑生态承载能力；不仅要关心当前经济的发展，还要关心子孙后代的生存发展。循环经济的发展观把经济效益、社会效益和环境效益统一起来，把局部利益与整体利益统一起来，把当前利益与长远利益统一起来（黎雪林，2007）。在生态系统中，经济活动超过资源承载能力的循环属恶性循环，会造成生态系统蜕化；只有在资源承载能力之内的良性循环，才能使生态系统平衡与发展。

（3）新的价值观

在循环经济的价值理念中，资源被赋予了新的内涵：垃圾不再是废物，而是放错了地方的资源；土地不再是"取料场"和"垃圾场"，河流不再是"自来水管"和"下水道"。新的价值观改变了传统资源的"取之不尽、用之不竭"的错误理念，而是需要维持良性循环的生态系统。在应用新的科学技术时，不再是最大限度地开发利用自然资源、最大限度地创造财富和获取利润，而是最大限度地考虑它对生态系统的维系和修复能力，使之成为有益于环境的技术。尽可能地节约自然资源，使用风能、生物质能源等绿色可再生能源，强化人与自然和谐相处的能力，促进人的全面发展。

（4）新的生产观

循环经济的生产观念是要充分考虑自然生态系统的承载能力，不仅要尽量地节约能源，而且还要提高自然资源的利用效率，使资源不断循环使用，创造良性的社会财富。在生产过程中，要求遵循减量化（reduce）、再利用（reuse）、再循环（recycle）原则，无论是材料选取、产品设计、工艺流程还是废弃物处理，都要求进行清洁生产。同时，循环经济还要求尽可能地利用可再生资源替代不可再生资源，使生产建立在合理地依托自然生态循环基础之上；尽可能地以知识投入来替代物质投入，以达到经济、社会与生态的和谐统一，使人类在良好的环境中生产生活，全面提高人们的福利水平。

（5）新的消费观

循环经济的消费观要求摒弃传统工业经济的"拼命生产、拼命消费"的消费观，提倡适度消费、层次消费，在消费的同时就考虑到废弃物的资源化，把循环生产和消费挂钩，逐渐形成绿色消费理念和有利于节约资源的生活方式。通过采取一系列的措施，如通过税收和行政等手段，限制以不可再生资源为原料的一次性产品的生产和消费，特别是限制高耗能产品的消费和使用；积极倡导绿色环保产品的消费，抵制豪华包装，使节能、节水、节粮、垃圾分类回收等行为变成一种普遍性的消费理念。

2. 经济特征

循环经济是人类经济思想"从无穷扩张、线性增长"到"增长的极限"，再到"可持续发展"，直至知识经济的演进中一个十分重要的阶段。它作为一种可持续的经济增长模式，涉及的都是理性的"经济人"主体。它同市场经济一样，都追求资源的高效利用和优化配置，考虑的是如何在既定资源存量下提高资源的利用效率和经济发展的质量问题，把资源环境的消耗严格限制在它的阈值内。因此，循环经济从根本上也是符合经济发展规律的。从经济学角度分析循环经济的特征，主要表现为以下几点。

（1）经济规律和生态规律的统一性

循环经济系统作为实现经济可持续发展的一种模式，它是集生态学规律与市场经济规律为一体的表现形式。它既要遵循生态学规律，受其约束；又要遵循市场经济规律，受其制约。从本质上讲，它是以生态规律作为经济活动的框架基础的一种生态经济。因此，它同样需要有一种能够促进和支持这种运行模式实现的经济运行机制，并受到经济内在规律的支配。一个生态学上合理而经济学上不合理的循环经济系统是无法生存的，一个稳定运行的循环经济系统必然是经济学原理和生态学原理的完美结合，是经济规律和生态规律的高度统一。循环经济系统的双重性要求经济政策的形成不仅要以生态原理为基础，而且同时也不能忽视经济规律的作用。也就是说要搭建一个有利于循环经济高效运行的体系，需要生态学家与经济学家之间结成犹如建筑师与建造商的关系，由懂得经济活动与地球生态系统的依赖关系的生态学家给经济学家提供蓝图，然后由经济学家将蓝图中的目标变成切实可行的政策（黎雪林，2007）。

（2）消除了环境外部不经济性，规范了市场发展

外部性是指一个经济主体的经济活动对其他经济主体产生的外部影响。但受

益人没有为之承担应有的成本费用，同样蒙受损失的人也没有获得应得的报酬，这就是外部性。如果一些人的生产或消费使另一些人受益而后者无须向前者付费，这种情况就是正外部性。相反，如果一些人的生产或消费使另一些人蒙受损失而这种损失又得不到合理的补偿就称为负外部性。

在以传统经济学为理论基础的市场经济中，企业与社会经济行为主体都追求利润最大化，很少关心甚至不关心外部成本或社会成本，导致外部负效应时常发生。企业常常为节约局部私人成本不断向大自然排放过量的废弃物，使得资源与环境出现严重的不匹配、不协调，结果导致市场失灵，政府不得不介入干预，将外部负效应内部化。发展循环经济能够有效地解决市场经济下产生的外部不经济性问题，它可以在生产的各个环节（输入端、生产过程中、输出端）全方位地节约资源和保护环境，可以完全按照自然生态规律，组建新的经济模式，使得企业之间和全社会内部形成稳定而循环的物质流和能量流，有效地解决传统生产给环境和资源造成的压力，尽量不产生不利的外部性，并排除给任何人污染环境的权利，将经济活动对生态环境的不利影响尽可能降到零，从而有效地矫正市场失灵，促进市场经济的规范、有效。

（3）增加了效益和保障了资源利用的代际均衡

循环经济体现节约资源、优化生态与提高效益的统一性。在当今社会，经济发展呈现一种趋势，即产品越是生态环保越具有内在的附加价值，也将越有效益。发展循环经济，不仅能够使企业获得更大、更长远的经济效益，而且能使生态环境得到进一步改善，使人们的生活质量得到进一步的提高，它将是 21 世纪市场准许采取的最有效的经济运行方式。另外，它还将产生良好的生态效益和社会效益。循环经济通过提倡废弃物的循环再利用，降低了企业的生产成本、居民的生活成本和社会的资源成本。在这一过程中，将吸纳不少劳动力，刺激对技术和服务的需求，延伸产业链，提高人们的收入水平，增加社会福利。最后，循环经济实行尽可能利用可再生资源，保证可再生资源的再生能力的原则，使当代人尽量给后代留下不少于自己的可利用资源量，并通过资源定价、生态补偿等机制，重建社会结构和经济利益体系，实现资源利用的社会公平和代际公平，体现资源利用上的代际均衡。

二、循环经济理论的主要原则

（一）循环经济的基础原则

（1）大系统分析的原则

循环经济是比较全面地分析投入与产出的经济，在人口、资源、环境、经济、社会与科学技术的大系统中，研究分析客观规律，研究如何实现经济、社会和生态效益的统一及三系统之间的均衡协调发展。任何经济生产都有从自然界取得原料，并向自然界排放废弃物的情况发生，然而自然资源是有限的，生态系统的承载能力也是一定的，如果不把人口、经济、社会、资源与环境作为一个大系统来考虑，就会违反基本客观规律。

（2）生产成本总量控制的原则

如果把自然生态系统作为经济生产大系统的一部分来考虑，我们就应该考虑生产中生态系统的成本。所谓生态成本，是指当我们进行经济生产给生态系统带来破坏后，再人为修复所需要的代价。在向自然界索取资源时，必须考虑生态系统有多大的承载能力，如果透支，也要考虑它有多大的自我修复能力，因此要有一个生态成本总量控制的概念。

（3）尽可能利用可再生资源原则

循环经济要求尽可能利用太阳能、水能、风能、生物质能等可再生资源替代不可再生资源，使生产循环与生态循环耦合，把生产发展建立在合理地依托自然生态系统基础之上，如利用太阳能替代石油、利用生态复合肥替代化肥等。

（4）尽可能利用高科技原则

国外目前提倡生产的"非物质化"，即尽可能以知识投入来替代物质投入，就我国目前发展水平而言，应以"信息化带动工业化"。即把目前称为高新技术的信息技术、生物技术、新材料技术、新能源和可再生能源技术及管理科学技术等大量应用于生产过程中，以减少物质和能量等自然资源的投入。

（5）把生态系统建设作为基础设施建设的原则

传统经济只重视电力、热力、公路、铁路等基础设施建设，循环经济认为生态系统也是基础设施建设，如"退田还湖"、"退耕还林"、"退耕还草"等生态系统建设都属于基础设施建设。

（6）建立绿色 GDP 与核算体系

建立企业污染的负国民生产总值统计指标体系，即从工业增加值中减去测定的与污染总量相当的负工业增加值，并以循环经济的观点来核算。这样可以从根本上杜绝新的大污染源的产生，并有效制止污染的反弹。

（7）建立绿色消费制度的原则

以税收和行政等手段，限制以不可再生资源为原料的一次性产品的生产与消费，促进一次性产品和包装容器的再利用，或者使用可降解的一次性用具。

（二）循环经济的操作性原则——3R 原则

循环经济一般以"减量化、再利用、再循环"为操作原则，简称为 3R 原则。其中，减量化或物质化原则属于输入端方法，旨在减少进入生产和消费流程的物质量，这是第一原则（冯之俊，2008）；再利用或反复利用原则属于过程性方法，目的是延长产品和服务的时间强度；资源化或再循环原则是输出端方法，通过把废弃物再次变成资源以减少最终处理量。这三个原则有机结合，体现到生产过程的各环节之中，形成了一个循环操作系统，是处理生产与资源环境关系的有益形式（表2-4）。

表2-4　循环经济的操作性原则

3R 原则	针对对象	目　的
减量化原则	输入端方法	减少进入生产和消费过程的物质和能源流量，从源头节约资源使用和减少污染物的排放
再利用原则	过程性方法	延长产品和服务的时间强度，提高产品和服务的利用效率。要求产品和包装容器以初始形式多次使用，减少一次性用品的污染
再循环原则	输出端方法	能把废弃物再次变成资源以减少最终处理量，也就是我们通常所说的废品回收利用和废物综合利用。再循环能够减少垃圾的产生，制成使用能源较少的新产品

三、循环经济与生物质能源

生物质能源是一种可再生能源，由于其资源产量丰富、无污染、二氧化碳零排放，它又是一种清洁能源。它的开发利用符合循环经济"减量化、再利用、资源化"的3R原则，它具有清洁环保性、可再生性、技术可行性，特别是对常规化石能源的有效替代性等特点，因此，备受世界各国重视。但是，在生物质能源的开发利用中，仍然会有副产物产生，如果这些副产物不通过合理的措施进行控制，任其排放，将会造成资源的二次浪费和环境污染，不符合循环经济的要求。因此，生物质能源在开发利用过程中，在对农作物秸秆、禽畜粪便、生活垃圾、林木质资源、能源植物等原料的选择时，必须结合我国特殊的国情，选择适宜的生物质能源原料，以突破原料资源对生物质产业发展的瓶颈制约。

（一）沼气与循环经济

农业生物质能源开发技术包括原料开发技术和生物质综合利用技术。原料开发，主要指能源植物的开发，属于农业种植业生产技术范畴，其中能源植物的高产技术是关键。高产技术的主要途径是提高能源植物的产量，提高光能利用率，包括选育低光呼吸品种和四碳类型品种、基因工程技术改良、延长光合时间、增加光合面积等措施与技术。生物质综合利用技术，涵盖了多学科的技术与内容（图2-5）（刘荣章等，2008），其中沼气利用技术是一个典范。沼气作为现代生物质能源，其开发利用体现了投入消耗减量化、物质再生资源化、资源利用最大化的循环经济原则，是保护和改善农业生态环境，促进农业经济良性循环，实现全面建设小康社会和新农村建设的重要战略举措，有利于实现生态效益、社会效益和经济效益的协调性发展。

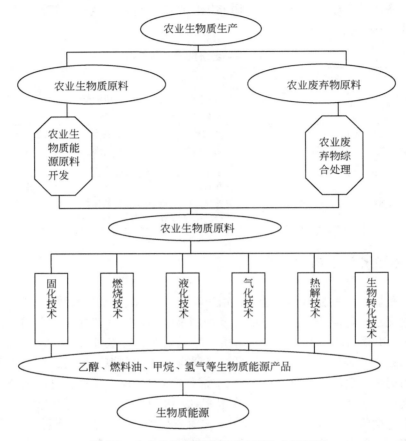

图 2-5　农业生物质能源开发利用技术框架图

　　生物质制沼气技术是一种变废为宝的高效转换技术，有机废弃物在厌氧的环境中，在一定的温度、湿度和酸碱度的条件下，通过微生物发酵后生成沼气、沼液和沼渣。沼气的主要成分是甲烷（占60%），可以直接炊事、照明，还可以用于供热、烘干、储粮（果）、保鲜。农村生活能源消费中50%以上的来源于秸秆、薪柴的低效率直接燃烧，还有部分依靠煤炭提供，它们已经成为农村二氧化碳、二氧化硫等污染物排放的主要来源，直接影响农民的生活质量安全。

　　（1）生态效益

　　首先，开发利用沼气可以带来可观的生态效益。它可以保护植被，减少水土流失，促进生态系统的修复与改善。一口8立方米的沼气池，一年可产沼气380～450立方米，提供的热能可解决3～5口人的全年生活燃料和照明，相当于

0.2公顷的薪柴林所产生的能量，生态效益十分明显。其次，可以减少污染，净化大气。据测算，一口8立方米的沼气池可减少15千克二氧化硫和2.7吨二氧化碳的排放。如果农村全面使用沼气，2亿口沼气池可减少5.4亿吨二氧化碳的排放污染，无疑起到了节能减排的作用（张颖，2009）。农作物秸秆、禽畜粪便的循环再利用，使得经济系统更加和谐地融入自然生态系统的物质循环过程中。其次，作物秸秆在沼气发酵后，沼肥（沼液和沼渣）中含有40%的有机质，20%的腐殖酸，丰富的氮、磷、钾和微量元素以及氨基酸等，是优质高效的有机肥，施入农田的氮、磷、钾的利用率可达95%。如果依据循环经济原则，对沼液和沼渣进行合理的处理及应用，可以有效地维持和培肥地力，提高农业生态系统的生产力。最后，沼液不仅是农作物的全素营养液，可以用作肥料，还可以配合农药及化肥喷施，用来预防和防治病虫害等。用沼液浸种可以提高种子的发芽率，促进种子生理代谢，使幼苗抗病、抗虫、抗逆能力强，在高效设施农业中有着重要的地位和作用。

（2）经济效益和社会效益

沼气的开发利用与建设产生的最直接、最感官的就是替代效应，它可以替代农村传统的生物质能源。一方面节约农村劳动力为收集薪柴而付出的时间，优化农村劳动力结构；另一方面又节约农民的能源消费支出，间接增加农民收入。首先，目前推广的"猪—沼—菜"、"猪—沼—鱼"、"猪—沼—稻"等循环农业生态模式，有效地促进了农村产业结构的调整，增加了农民的致富渠道。在这一模式的实施过程中，延伸了产业链，带动了第二、第三产业的发展。生产水泥、砂石、密封涂料的建筑建材业，生产沼气用具和沼气设备的工业企业，农副产品深加工，以及流通、运输、科技服务等行业，随着沼气的建设和实施得到了相应发展。其次，沼气作为农村生活能源消费的来源，不仅有利于农村生活环境的改善，更为重要的是更新了农村居民的能源消费观念，以沼气为核心的能源生态模式，改变了农村的烟熏火燎的历史，净化环境卫生，减少疾病的传播和感染，提高了劳动者的身体素质，而且还有利于节省开支，增产增收。户用新型沼气池全年可节省2000千克薪柴或节煤1000千克，可节支300元，节电200千瓦时，电费节支150元；在生产投资方面，户用沼气池一年生产的沼肥相当于50千克硫酸铵、40千克过磷酸钙和15千克氯化钾，化肥节支300元；沼液预防和防治病虫害，农药节支50元。仅农民的生活、生产的开支，使用沼气的农户每年可节省开支800元左右，这笔资金又可以用于扩大再生产。最后，沼气的增产增收效益也相当可观。例如，温室施用二氧化碳气肥，黄瓜增产30%、芹菜增产25%、番茄增产20%、叶菜类增产35%等；沼液叶面喷肥苹果增产20%以上，沼液浸种小麦增产5%~15%，水稻增产10%~20%；沼液喂鱼增产20%，喂猪可提前20~30天出栏，养奶牛日产奶可增加0.5~1.0千克；沼气加温养蚕，产茧量增加 10% 以上；沼渣种蘑菇可增产20% ~ 30%。可见，生态能源模式实行种、养、沼有机结合，使生物种群互惠共生，物质能量良性循环，取得了省柴（煤）、省电、省钱、省劳，增肥、增产、增收，减少病虫害、减少水土流失，净化环境的"四省、三增、两减少、一净化"的综合效益（张颖，2009）。

（二）生物液态燃料与循环经济

生物质液态燃料主要包括生物燃料乙醇和生物柴油，目前，它们是对常规化石能源实现有效替代的可再生能源产品。它作为可再生能源的重要组成部分，在其生产开发利用的过程中，并非是完全不污染环境的，它同样面临许多难题。目前，为防止用玉米等粮食制取燃料乙醇对粮食安全产生影响，2006 年 12 月 18 日，国家发展和改革委员会下发紧急通知，对国内一些地方新增玉米加工燃料乙醇明确叫停，提出"因地制宜、非粮为主"的发展原则。现在大多发展的主要是非粮乙醇。

在燃料乙醇生产过程中，如用红薯制取燃料乙醇，由于红薯自身含有果胶，在给后续的"三废"处理带来一定的难度。此外，在其生产过程中还会产生废渣酒糟，如果不及时加以处理的话，就会腐败变质，既浪费了资源，又严重污染了周围的环境。酒糟具有极高的营养价值，它不仅含有丰富的蛋白质和18 种氨基酸，还含有丰富的磷、钾等无机元素及戊糖、总糖和脂肪等成分。利用酒糟能生产有机肥料，发酵有机肥的含氮量达 3%，含磷量达 1%，有机质含量超过70%，各项指标均符合国家标准。酒糟与无机氮、磷肥联合施用可提高土壤的肥力，增加土壤的保蓄水分的能力，增加小麦的产量。利用酒糟还可以进行厌氧发酵生产沼气，酒糟中营养物质含量丰富，只是 pH 偏低，对其进行适当的处理，可避害兴利，如进行厌氧发酵，进行资源化处置，实现循环经济。

生物柴油是一种优质的石化柴油替代品，在其生产过程中会产生副产物丙三醇（甘油），随着生物柴油的规模化发展，甘油的合理利用成为生物柴油产业发展的关键问题之一。因为少量的溶解于生物柴油中的甘油将会使与之接触的橡胶零件，如橡胶膜、密封圈、燃油管等逐渐降解。但对粗甘油的有效再利用则有利于降低生物柴油的生产成本和解决环境污染问题。粗甘油可以通过相应工艺路线转化为 1，3-丙二醇、环氧氯丙烷、乳酸、聚羟基脂肪酸脂、二羟基丙酮和 1，2-丙二醇等具有市场前景的高附加值产品。经过磷酸中和得到甘油半成品，再经过乙醇结晶、分子间蒸馏得到高纯度的医药级甘油产品。副产物通过合理利用，市场前景发展广阔，既节约了资源，又避免了环境污染。

在循环经济模式下生物质能的开发利用，避免了其生产过程中由于工艺设备条件等原因造成的再污染，充分利用了有限的资源，降低了工农业的生产成本，符合我国可持续发展的要求，是人与自然和谐共生的生态经济模式的重要体现。

第三节　产业结构优化升级理论

一、产业结构优化升级的含义

产业结构优化升级是指产业结构向协调化和高度化方向演进。产业结构协调化是指在产业发展过程中要合理配置生产要素，协调各产业部门之间的比例关系，促进各种生产要素有效利用，为实现高质量的经济增长打下基础。产业结构高度化是指产业结构从较低水平状态向较高水平状态发展的动态过程，即产业结构向高技术化、高知识化、高资本密集化、高加工度化和高附加值化发展的动态过程。它是以新兴产业比重提高为前提，其重要标志就是各产业技术层次不断提高和新兴产业不断成长为主导产业。因此，产业结构优化升级包括两个方面的含义：一是结构效益优化，即产业结构演进过程中经济效益不断提高；二是转换能力优化，即产业结构对技术进步、社会资源供给状况和市场需求状况变化的适应能力的优化。它包括传统产业向现代产业转换的能力、长线产业向短线产业转换的能力、衰退型产业不断消亡和新兴产业不断产生的能力。实现产业结构优化可以通过政府有关政策的调整，积极影响产业结构演进，实现资源优化配置与再配置，从而推进产业结构向协调化和高度化及优质化方向演进。

二、产业结构优化升级的特点

提高经济增长质量必须提高产业结构水平即产业结构的优化升级，这就要实现产业结构的协调化和高度化。随着社会生产力的不断发展、科学技术革命的不断发生，产业结构不断由低级向高级发展，呈现出产业结构高度化的趋势。目前，产业结构的这种高度化趋势具有新的特点。

（一）产业结构非物质化趋势

新技术革命的发生，极大地提高了物质生产部门（第一产业部门、第二产业部门）的劳动生产率，造成了物质生产部门存在大量的剩余产品，使更多的劳动力和生产物质要素有条件脱离直接物质生产部门，从事以服务业为主体的、为社会物质资料再生产服务的第三产业。

（二）产业结构智能化趋势

在新技术革命的推动下，一方面，社会生产系统中脑力劳动因素的作用日益增大，科技人员与管理人员的比例急剧增加，产业结构逐步升级；另一方面，高新技术产业，如微电子产业、核电业、新型合成材料业、生物工程业、宇航工业、光导纤维及信息产业等迅速崛起，并日益占据主导地位，商品生产由以物质商品为主逐步向信息产品过渡。这种趋势推动着产业结构不断向高度化调整，实现产业结构升级。

随着科技的进步，必然不断创立许多新兴产业部门，形成新兴工业群，同时也加快了传统产业的改造，促进产业结构的优化，带来整个经济效益的提高，成为高质量经济增长的强大推动力。因此，经济增长的高质量必须依赖于产业结构水平的提高。产业结构优化升级不是绝对的，它是一个动态的过程，既然产业结构的转换与经济发展过程密切相关，它就必定贯穿于整个经济发展过程中，并表现为一个不断调整的过程。

三、产业结构优化升级的内容

产业结构优化升级是对影响产业结构的各种因素的优化，具体来说有以下几方面。

（一）现行产业结构的优化

现行产业结构状况是产业结构优化升级的现实基础，其协调化和高度化程度如何，直接影响到产业结构未来升级的方向。因此，产业结构优化升级的主要内容是实现产业间在以下几方面的协调化和高度化：①现有三次产业间产值结构、资产结构、技术结构、中间要素结构等方面的协调化和高度化；②产业间地位的协调化和高度化；③产业间结构交替演进的协调化和高度化；④产业间及产业各部门间发展速度比例的协调化和高度化；⑤产业整体素质的协调化和高度化；⑥部门专业化协作程度、产业间及产业部门间关联效应、产业间的物质技术基础的协调化和高度化。

（二）供给结构的优化

供给结构是在一定的社会生产技术组织和市场条件下，作为生产要素的资本、劳动力、自然资源等在国民经济各产业部门间可以供应的比例，以及由此所决定的产业关联关系结构。因此，在资本结构、投资结构、利用外资结构、劳动力结构、自然资源禀赋及其配置结构等优化时，供给结构优化是主要内容。

（三）需求结构的优化

需求结构是在一定的收入水平条件下，社会各个消费群体对各产业部门的产品和服务的需求比例关系，以及由此所决定的产业间的关联关系结构。因此，不同消费群体的需求比例结构、中间产品和最终产品的比例结构、投资比例结构、消费结构、投资和消费比例结构等是需求结构优化的主要内容。

（四）技术结构的优化

技术结构的优化是指国民经济各产业部门间的生产技术结构、劳动生产率结构、技术对生产的贡献结构、技术创新和技术引进结构以及产品和服务的技术含量结构等，以及由此引起的产业间的技术关联结构。因此，优化技术结构，就是要对产业间和产业部门间的技术装备结构、技术创新能力结构、劳动生产率结构、资源使用率结构等一系列结构进行优化。

四、农业产业内部结构优化

农业产业内部结构演变趋势包含了由传统农业向现代农业转移趋势、农业内部各产业部门协调发展趋势和农业由分散化经营向产业化方向发展趋势。

（一）传统农业向现代农业转移趋势

传统农业是以单个家庭为生产单位，以人力和畜力为主要生产动力，以农牧结构为主要形式，以动植物和非生物因素的统一为主要特征，以粮食生产为主要的生产结构。而现代农业是建立在现代工业技术装备和现代农业基础上的农业，其生产过程中的各个环节都实现了较高程度的分工。现代工业的飞速发展，为农业提供了新的动力来源和生产设施，并为农业基础设施建设提供了物质技术基础、化肥、农药、饲料以及现代农业生物技术的发展，实现了现代工业和现代农业的高度结合。动力资源、技术装备和技术手段、化学生物手段等物质技术资料在农业生产中的广泛应用，实现了生产资料现代化。与此同时，农业生产工艺也开始不断采用先进的工业技术和生物技术，保证了农业生产过程的高技术性。工厂化农业和能源化农业也逐渐成为农业发展的重要方向，使农业呈现出由传统农业转向现代农业的趋势。

（二）农业内部结构协调发展

农业（种植业、畜牧业、林业）内部各部门之间存在着客观的联系，这种联系对自然环境有很大的依存性。农业、林业、牧业三结合是有效利用自然资源、形成合理生态系统的客观要求，也是农业生产良性循环的必要条件。农业、牧业结合是由它们之间物质互换的必要性所决定，而林业则为农业、牧业生产发展提供了良好的生态环境，在能源化农业到来的时候，还将为其提供必要的能源开发原料。

五、产业结构优化与生物质能源

随着我国城镇化的加快，非农业人口的不断上涨，常规化石能源的日益枯竭，未来经济发展不仅要面临能源总量的约束，还要面临能源消费结构的约束。特别是农村生产、生活用能将会面临商品性能源消费结构的约束。

（一）农村能源消耗方式落后、大气污染不断增加

随着城镇化进程的推进，城市规模在不断扩大，而城市人口必然迅速增长。城镇人口比重由 1997 年的 33.19% 增长到 2007 年的 44.94%。在这一进程中，城市基础设施必然加快，城镇人口能源耗费必然数倍于农村人口。同时，由城镇化带来的农民收入的快速增长，农业生产向现代化快速推进，必然带来农村能源需求结构的新变化。但目前，农村生活用能消费中的 50% 仍然依靠秸秆、薪柴等生物质直接燃烧提供，还有部分依靠煤炭用于取暖、炊事，这就使得农村二氧化碳、二氧化硫等污染物的排放难以控制，日益演进成"先污染农村小环境，后延伸城市大环境"的不良模式，严重影响着居民生活质量安全（表 2-5）。

表 2-5　中国人口总量、农村能源消费、二氧化氧、二氧化硫排放量状况

年　份	人口总量/万人		农村能源消费/万吨标准煤	农村生活用能二氧化碳的排放量/万吨标准煤				农村生活用能二氧化硫的排放量/万吨标准煤（煤合计）
	城镇	农村		沼气	秸秆	薪柴	煤合计	
1997	39 449	84 177	33 784	194	15 136	11 990	7 135	64
1998	41 608	83 153	32 560	199	15 313	12 064	5 180	47
1999	43 748	82 038	32 503	240	15 590	11 187	5 032	45
2000	45 906	80 837	32 458	272	15 413	11 562	4 824	43
2001	48 064	79 563	35 416	369	16 312	14 011	4 297	39
2002	50 212	78 241	39 086	448	17 642	16 372	4 532	41
2003	52 376	76 851	40 640	553	17 812	16 707	5 372	48
2004	54 283	75 705	43 010	668	18 181	17 294	6 293	57
2005	56 212	74 544	43 969	825	19 902	14 804	6 911	62
2006	57 706	73 742	46 110	852	22 185	13 909	6 533	59
2007	59 379	72 750	44 264	1 225	19 926	13 341	6 044	54

资料来源：根据《中国能源统计年鉴》和《2008 年中国统计年鉴》数据整理计算获得（1991～1996年，1997～1999 年，2000～2002 年，2003～2008 年）。其中农村生活用能二氧化碳、二氧化硫的排放量是根据王革华（1999）二氧化碳、二氧化硫的排放量计算方法为依据的。农村能源消耗主要是农业（农、林、牧、渔、水利业）能源消费量、农村非商品性和商品性生活用能

（二）农村商品性能源需求增加结构变化快，催促能源结构优化，启动生物质能开发

　　农村能源消费表现出了新的特征如下：一是家用电器的普及、住房面积的扩大以及生活水平的提高，引发的电能需求增加。1997～2007年，农村用电量增长了1.78倍，年均递增10.78%。据此推算，2010年，农村用电量将达到7490亿度，按每度电消耗355克标准煤计算，总共将消耗26 589万吨标准煤。农村商品性生活能源消费，在1997～2007年以年均3.25%的速度递增，预计2010年，农村商品性生活能源消费将达到11 028.8万吨标准煤。二是农业集约化经营引发的能源需求，包括农业机械化生产用能和化肥、农药等农业[①]投入品生产用能。在1997～2007年，农业生产用能消费增长了37.7%，年均递增3.43%。照此速度，2010年，我国农业生产用能大约需要9413万吨标准煤。三是快速增长的摩托车消费引发的能源需求。根据国家统计局的抽样数据，农村居民每百户摩托车拥有量以年均递增17%的速度增长。1995年，农村居民每百户摩托车拥有量为4.9辆，2007年每百户摩托车拥有量为48.52辆。假设每辆摩托车年平均行驶里程5000千米，按照国家标准，100千米耗油2.1升计算，则每辆摩托车年耗油量为105升，预计到2010年，农村摩托车保有量将达到1亿辆，全年则将消费1140万吨标准煤。以上几项合计，2010年农村发展对常规能源的需求将达到4.82亿吨标准煤，占我国总能耗的11.7%，面对这样的农村能耗，无疑为农村开发生物质能源，特别是为种植油菜、棕榈、麻风树、木本油料作物等，来生产生物柴油和生物燃料乙醇创造了条件。这不仅拉动农村能源结构调整优化，还将拉动农业内部结构不断协调优化，同时也将拉动农业内部劳动力充分就业，促进农村快速发展，增加农民收入。

---

　　① 包括农、林、牧、渔、水利业生产用能。

第三章
生物质能源产业研究进展

　　能源和环境问题已成为人类社会共同面临的重大挑战，影响着社会发展的进程和未来。能源不足将直接影响国民经济发展和经济增长，但在几乎所有的经济增长理论中，经济增长被认为只是资本、技术、储蓄率、就业及制度等因素的函数，能源资源能够相互替代或被其他生产要素所替代（周海林，2001；杨宏林等，2004）。这意味着能源资源只是经济增长的影响因素而非决定因素。第二次世界大战后两次石油危机的爆发，给发达国家的经济带来了沉重打击，他们纷纷将能源供应安全放在特别重要的位置，以摆脱国家经济发展因能源供应国的地缘政治等不确定因素的影响而受到牵制。能源问题开始向全人类敲响了警钟，能源资源的重要性开始得到世人的关注，能源资源因素被认为既是经济增长的动力又是制约其发展的障碍。到了 20 世纪 80 年代，当可持续发展概念提出以后，经济学家、社会学家和自然科学家等分别从各自学科的角度对可持续发展进行了阐述。多数学者认为对环境保护的态度和可持续发展观念的树立与否，是衡量一个人、一个民族、一个地区、一个国家"现代化"程度的准绳之一。迫于能源供给和环境保护的压力以及推动可持续发展的压力，各国开始大力开发可再生能源和寻求替代能源。生物质能源以其清洁环保性、可再生性、技术可行性，特别是对常规化石能源的有效替代性等特点，开始引领世界跨入生物经济时代。

　　生物质能源依据是否可以大规模代替常规化石能源，可分为传统生物质能源和现代生物质能源。事实上，现代生物质能源是通过对传统生物质能资源的深度开发和利用，并建立在传统生物质能源加工应用基础上，属于传统生物质能源应用的进一步深化和发展（于娟，2007）。本书所讲的生物质能源指的是现代生物质能源，其开发利用的原料都来自农村。因此，其产业发展不仅会与城市工业经济发生紧密联系，还会与农村经济、农民生产行为息息相关。随着生物质能源产业的快速发展，特别是生物质液态燃料产业的迅速发展，人们在感受其发展成果带来的欣喜之余，也关注到了其可能带来的经济、社会、环境负面影响。因此，对生物质能产业的发展和生物质能源的开发利用需要认真评价，生物质能源开发利用产业体系建设政策的制定要科学谨慎，需要结合国内外该产业发展的状况、水平等方面进行科学决策，以便稳健地解决原料供应问题，并制定合理的支持政策。

第一节　国外生物质能源产业的研究进展

一、生物质能源产业发展的路径探讨

生物质能源产业较高的原料开发成本，减缓了其产业的发展速度。如何突破原料成本的制约，寻找加快生物质能源产业商业化的发展路径，引起了国外相关学者较为浓厚的研究兴趣。

（一）降低成本与市场风险消除路径

Hooper 和 Li（于娟，2007）较早对此进行了尝试性研究。他们认为生物质能源在将来可能为我们提供很多的能量，但必须使其价格、技术能力与现存能源供给结构兼容。生物质能产业发展的障碍有很多，如生物质能的实际价格仍很低、原料成本比预期要高、产品和商品风险因素的未知、国家缺乏应对市场阻碍的能力及对环境的影响不确定等。Hooper 和 Li 还进一步从投资者角度提出了发展生物质能产业的对策，关键问题是确定其做投资决定的原则。决定生物质能产业投资的主要因素是来自市场和政策及影响投资者判断的不确定性，要消除这些不确定性，促使生物质能的商业化就必须做到使技术在商业上可行，以及对能源市场纷繁复杂的关系做出正确的解释，通过实施产业战略等措施对风险因素提供担保等。此后，Mitchel（2000）对影响生物质能产业发展的因素及作用机制进行了研究，他侧重于其开发过程中的成本和收益分析，以便使用者在确定生物质能产品储存形式、工具、时间长短，或是首要、次要的运输选择时参考。通过运用决定支持系统（DSS）收集生物质能产业各环节数据加以分析，确立利于生物质能优势发展的混合型模型。

（二）能源作物附加值增加及效益增加路径

Sims（2001）对生物质能源已经用于商业化的先例进行了分析，介绍了发展生物质能源产业应该着手处理的问题，并提出成功发展生物质能源产业的途径。因为使用生物质能会增加土地使用的竞争性，导致土地中多余营养的转移。所以，要解决这些问题，使生物质能源可与其他产品相竞争，就必须充分发挥其附加利益，如种植能源作物能降低含水层以提高以盐碱地的肥力、对固体废弃物的利用可以节约销毁成本、对液体废弃物的处理可减少环境污染、生物质能的使用可减少二氧化碳的排放量等。要成功地建立和发展生物质能产业，必须要有可行的支持政策，以提升生物质能产品的利益；要寻找新途径以克服新项目实行中的阻碍；要增强生物质能源及其产业在公众心目中的形象。利用生物质能源开发利用过程中产生的附加效益，来降低产业发展初期的高成本，提升产品竞争力，为生物质能源开发打下良好的基础。

（三）政府扶持路径

大力开展科研和国际合作是开发利用生物质能源的重要支撑。美国、英国和瑞典等国纷纷加大对生物质能科研的投入，实行产、学、研相结合，开发生物质能生产的核心技术，降低产业生产成本，保证生物质能产业快速可持续发展。巴西政府还通过国际合作利用 GEF 和清洁发展机制 CDM 支持生物质发电的试点示范（Walter et al.，2005）。Hektor 指出，在制订生物质能国家计划时，一些自然因子、技术因子、劳动力因子和知识、经验、组织等软因子的考虑是必要的。通过将这些因子转换成经济价值，再加入时间因素，引入利率计算，为确立合适的成本价格及利率寻求依据。通过这样的方法他认为生物质能产业 2% ~ 5% 的利率较为合适。因缺乏经济、商业、管理报酬导致国家计划不能执行时，可采用补贴、特殊刺激（Daniel，2000）。Amani Elobeid 和 Simla Tokgoz（2008）分析了贸易自由化和取消联盟税收抵免对美国燃料乙醇市场的影响，通过利用多元化的国际乙醇模型发现，美国的贸易壁垒已经有效地保护着本国的燃料乙醇行业。但随着贸易自由化、乙醇市场的不断深化，乙醇的生产受价格波动的影响将会减弱，而对农产品市场的影响会增大。

二、生物质能源产业发展的相关政策

生物质能源在开发利用过程中会涉及多个环节，开发主体和受益主体存在着很大的不对称性和不确定性。因此，它在给经济发展、能源安全带来积极作用的同时，也可能会对经济、环境和社会带来负面影响。根据生物质能源开发所带来的不确定影响，国外学者分别就外部性等问题提出了相应的解决对策。

（1）政府公共事业扶持政策

斯泰恩·汉森（1994）、Hillring（1998）、Connell 和 Bolognini（2003）、Madlener 等（2008）、Tromborg 等（2008）分别从不同角度对政府决策作用和生物质能源的公众意识进行了研究，认为政府可以通过影响能源结构、能源使用量、产业结构和能源产品而发挥相应作用。但由于研究内容和研究目的略有差异，Madlener 和 Vogtli，Tromborg、Bolkesjo 和 Solberg 分别以瑞士和挪威的生物能源产业作为研究对象，并从市政公共事业木材燃料发电厂项目和地区性的木材供暖系统进行多角度分析。研究发现：一方面要激起当地森林所有者解决那些年代久远且没有盈利性的森林问题，必须有相应的政府政策扶持，包括：①支持绿色能源产业的发展；②对当地政府生产更多的绿色能源物质而不是水电，给予一定的激励。这两个条件是能否成功开展此项目的决定要素。另一方面挪威要实现2010年生物质能源使用量净增加是符合实情的，但需要政府提高公众在利用生物能源技术方面的意识，并给予重大的经济奖励。此外通过利用林业部门局部均衡模型对挪威未来的生物能源使用量进行了预测，发现在目前细分市场电力和石油价格水平下，生物能源利用将会增加，并且生物能源竞争力轻微的改善或能源价格的提高都可能会使生物能源的使用水平大大提高。

（2）外部性补偿和碳税征缴政策

Coelho 和 Bolognini 认为使用确定产品价格的工具模型将外部性加入购买价格的制定过程中是促进生物质能发展的根本政策。这一研究思路理论构成了实行环境税和碳税征缴政策的雏形。此后，Gielen 等（2003）将这一理论进行了延伸。Gielen 研究了碳税实行对生物质能产业发展的影响，他通过在三种模拟情景下使用碳税产生结果分别进行了计算。这三种模拟情景分别是：①情景，没有任何二氧化碳政策执行；②情景，代表的是现行国际二氧化碳政策，即在发达国家收取碳税，而在发展中国家不征收碳税；③情景，代表的是一种设想的全球二氧化碳政策，即在全球所有国家征收碳税的政策。结果发现，分别采用三种情景时，二氧化碳减排量及其对生物质能产业发展的影响是不一样的。其中，采用②情景时一国绿化情况是最好的，③情景次之；而生物质能产量增加值在③情景下最大，该情景最有利于促进生物质能产业的发展。结果表明，想要促进生物质能产业发展，全球性的二氧化碳政策（尤其是征收碳税）是必要的。

国外学者对生物质能源的研究是随着经济发展的趋势变化而使得其研究领域不断拓展的。但研究水平和研究视角略有不同，由此产生的研究结果也就大有不同。既有经济理论研究又有实证模型研究。尽管如此，由于生物质能源作为一个新兴产业，且带有较强的交叉性学科性质，目前有关应用经济学理论进行研究的范文还较少，还未形成系统化。但目前这些开创性研究，对国内学者的研究却大有裨益。

第二节　国内生物质能源产业的研究进展

我国早期的生物质能源开发利用一直是在"改善农村能源"的观念和框架下运作（崔海兴等，2008）。我国农村通常以直接燃烧秸秆低效率使用生物质能源，后来为了解决农村燃料的紧缺问题，通过将废料发酵后产生沼气，以取代薪柴使用，这是最早的生物质能源的利用，它起到了环境保护和改善农村卫生状况的作用。20世纪60年代末到70年代初，我国出现了发展沼气的热潮。此后在学术界引发了对沼气开发利用研究的热潮，但沼气的发展规模大，经济效益并不明显。我国政府真正注意并开发利用新能源和可再生能源是从十一届三中全会以后开始的（谢治国，2005）。生物质能利用政策在"改善农村能源"思路下，开始向"开发生物质能源"转变。随着可持续发展概念的深入人心，全球气候变化的影响，国内学者对生物质能源的开发利用状况在某些领域展开了相关研究。

一、生物质能源产业发展的原料选择之争

生物质能源开发利用过程中的原料选择问题，一直对其产业发展有着重要影响。廖福霖（2007）认为原料的选择已成为制约生物质能源产业发展的"瓶颈"，原料种类及其经济性将会受到极大的关注。但对于采用何种原料来开发利用生物质能源，学者们意见较为分歧，目前主要存在以下几种主张：以粮食、秸秆、林木质资源和种植新的能源作物作为生物质能源开发利用的原料。

李十中（2007）认为可以用粮食加工燃料乙醇。由于用玉米加工乙醇，可以产生附加值较高的蛋白质饲料，玉米胚芽还可以加工成玉米油，得到的副产品总价值都比较高。与其他原料比起来，总成本收益合计较高，企业获利也较容易。而刘峥毅（2007）则认为秸秆可作为生物质能源开发利用的原料。石元春（2006）对生物质产业界定为利用可再生或可循环的有机物质。他指出根据我国农业生态区资源特点，可建设以甜高粱和林区废弃物为主体的东北绿色油田、以旱生灌草和甜高粱为主体的西北绿色油田、以甜高粱为主体的华北绿色油田、以麻风树和甜高粱为主体的西南绿色油田，以及以多种木本能源植物和草本能源植物为主体的东南绿色油田。张百良等（2007）同样主张种植新的能源作物作为生物质能源开发利用的原料。他认为国内替代粮食生产燃料乙醇的原料种类很多，如木薯、甜高粱、薯类、甘蔗、能源甜菜和可再生资源植物纤维等。此后，在各地出现了甘薯生物燃料乙醇产业研究的高潮。邓虹（2008）、夏训峰等（2008）、蔡庆丽（2008）、李明亮等（2008）、欧阳林等（2008）分别在四川、重庆、广西、湖北等地探讨了甘薯产业的发展模式和发展潜力。

以玉米等粮食为原料的燃料乙醇在我国从快速发展到被叫停，更使得原料选择问题成为了研究热点，学者们逐渐探索出新的原料开发途径。何蒲明（2008）、沈亚芳（2008）以粮食安全为目标，探讨了生物质能源开发利用的原料选择问题，但二人的研究结果略有不同。何蒲明认为以粮食为基础的生物能源已有危及粮食安全的倾向，它是导致我国农产品价格上涨、粮食库存减少、耕地减少的原因，他建议今后积极发展林业生物质能源。沈亚芳则认为以玉米为原料发展生物质能源对玉米的供求形势虽产生一定的影响，在未来有可能会形成"与粮争田"，但通过补贴政策可稳定玉米市场，通过提高玉米单产和使用率、推进玉米进出口管制和国家储备政策有望促进玉米燃料乙醇的健康发展，同时还可以寻求

非粮替代来源。她认为甘薯、甜高粱是合适的非粮原料替代物。此后，在各地也出现了林业生物质能源产业研究的高潮。吕文等（2005）等通过对中国部分地区林木生物质资源的实地调查研究，阐述了大力发展林木生物质能源的必要性和可行性。高岚等（2006）、朱玉亮等（2008）、李云（2008）从不同角度阐述了发展林业生物质能源的技术可行性、生产经济性和市场的可行性。生物质能源开发利用的原料选择的不确定性和由此对社会环境和生态环境带来的不确定性，仍将是未来几年内学者们不可间断的研究话题。

二、生物质能源产业发展与粮食安全关系的研究

"汽油醇"试点的开始，燃料乙醇加工转化粮食逐年增加。据有关专家估计，2006年实际加工能力已经超过了1000万吨。如果加工企业全部开工，至少需要3000万吨的粮食（李志强等，2007）。为了防范粮食燃料乙醇的进一步发展影响国家的粮食安全，国家发展和改革委员会下发紧急通知，除四大定点企业外，叫停国内新增玉米加工燃料乙醇项目，大力发展非粮乙醇。这一举措在学术界立刻引起了"能源安全"与"粮食安全"孰优孰劣的巨大争议。根据产业关联理论，生物燃料乙醇产业必然通过供给或需求与其他产业发生关联。从原料生产、供应讲，农业是生物燃料乙醇产业的产前部门；从燃料乙醇的消费看，农业又是其产后部门。因此，生物燃料乙醇产业发展状况及相关政策的制定必与工业发展部门和我国农业发展部门相关联。在发展生物质能源产业是否对国家粮食安全形成冲击问题上，学术界观点不统一。

（一）威胁粮食安全的观点

不少学者认为大量生产生物质能源会带来区域性的甚至全球性的粮食安全问题。李志强等（2007）指出生物质能源在世界范围内发展迅猛，我国生物能源发展势头强劲，其必将对农业与粮食安全产生重大冲击，有可能引发一场新的农业革命，同时又将对粮食与食物安全造成重大影响。蔡浩（2006）、王亚静等（2007）、何蒲明（2008）指出发展粮食燃料乙醇，从中长期来看，会导致粮食供需缺口不断扩大，带动我国粮油价格上涨，最终影响国家粮食安全。崔凯（2007）、葛如江等（2007）同样认为中国粮食不能承受"能源化"之重，为了解决13亿人口吃饭问题，用玉米等为原料的替代能源产业难以推开；并且中国的粮食供求处于紧平衡状态，在中国使用玉米为原料发展生物质能源的空间十分有限。孙智谋等（2009）认为世界粮食危机是粮食供需严重失衡导致粮价飞涨而引起的，与人类近年来大量利用粮食来生产能源密切相关。今后粮食生物燃料发展，必须在保证粮食安全的基础上逐渐减少以粮食为原料加工乙醇的总量，加大

第二代非粮原料生产生物燃料的研究力度，并尽快产业化。

（二）并非影响粮食安全的观点

石元春（2006）、李十中（2007）则认为玉米深加工中只有不到4%的玉米用于生产乙醇，不存在"争粮之嫌"，而近年来东北玉米外调减少则是导致我国大部分地方玉米价格上扬的重要原因。因此，粮食价格大幅上涨不能归咎于玉米乙醇产业的发展，发展生物质能与保障我国粮食安全并不矛盾，关键是要发展新原料，如甜高粱、薯类等，生物质能源的发展完全可以做到不依赖粮食。张锦华等（2008）建立了一个以玉米燃料乙醇为例的理论模型及分析框架，分别在短期动态均衡、长期动态均衡以及有进口补充的情况下分析生物质能源的发展对中国粮食安全可能造成的影响，并通过玉米生产和供求的特征进一步说明燃料乙醇的发展对粮食安全影响的实际状况。研究结果表明，燃料乙醇的发展并没有给粮食安全带来实质性的影响，但从长期来看不排除存在粮食安全的风险。从模型分析结果看，中国可以通过对补贴政策、替代政策、贸易政策以及技术政策的调整来协调粮食安全与能源安全的发展。

（三）粮食安全"调节器"的观点

李十中指出制备乙醇、生物柴油等的能源作物，如玉米、甘蔗、甜高粱、甘薯、木薯、油菜、绿玉树等，既能满足粮食安全的需要，又是很好的能源作物，它们与粮食作物具有极强的互补性；当粮食丰收，小麦、水稻的陈化储备粮可用于制备乙醇；当粮食歉收，可将玉米、甘蔗、马铃薯等能源作物转为粮食作物。李十中（2007）认为燃料乙醇实际上是一个调节器，一个粮食产销的蓄水器，如果粮食丰产，就可以多消化一些粮食，如果粮食歉收，就可以停下来，或者发展其他的原料。王雅鹏等（2008）指出生物液态燃料的发展对粮食安全具有积极影响和消极影响，必须因势利导，灵活地调控粮食转化为液态燃料的规模，通过宏观调控，在保证粮食安全的前提下发展燃料乙醇和生物柴油。

三、生物质能源产业发展的政策支持与前景分析

关于生物质能源产业的发展政策支持研究，在很长一段时期总是和国家的可再生能源政策研究紧密联系在一起，其相关的系统性研究还不完善，但在某些领域也取得了一定的进展。

（一）在高保护和巨额补贴下可生存之说

阮永华（2005）、冀星（2006）等通过建立决策模型，指出生物质能产业只

能在税收保护与巨额补贴下才有可能生存，并根据现有资源和发展情况，利用餐饮废油以及油厂各种下脚料转化为生物柴油是可行的。梁靓（2008）指出目前国内生物质资源开发利用的成本比较高，在发展生物质能源产业的前期，需要政府介入，通过价格补贴、税收调节、法律保障等手段来弥补市场力量的不足，使得生物质能源的环保效益体现出来，增强其市场竞争力。程小琴（2007）认为从社会角度来看，支持生物柴油发展的补贴是经济有效的。从国家宏观层面来讲，需要在财税政策上进行扶持，国家应该在建立成本分摊、风险分担、研发投入机制方面加大资金投入。在保证原料有效供给的基础上，从微观层面上鼓励潜在的消费者使用生物柴油，保证生产与销售使用不脱节，在供需双方互动下推进生物柴油产业健康发展。

（二）从外部成本补偿和创造公平竞争环境角度出发的政府推介之说

任东明（2003）认为在中国的可再生能源发展中"外部成本"和"可再生能源规模小"的存在影响着可再生能源与常规能源的公平竞争和技术的提高，要根本解决这两大问题必须制定新政策，形成新机制和新体系。具体应包括目标机制、定价机制、交易机制、选择机制和补偿机制5种运行机制，以此来适应满足可再生能源巨大的投资需求和健康发展。梁靓（2008）指出生物质能源具有突出的外部效应，一旦产生这种现象，单纯的市场调节就不能实现对资源的合理配置，反而会抑制其发展，所以政府应当发挥其经济调节职能，运用财政手段进行资源分配，成为资源配置的一种有效补充方式。针对生物质能源产品生产的高成本，可以建立成本分摊机制，由全体消费者承担，将发展生物质能源外部收益内部化。在生物质能源发展初期，需要政府宏观调控政策的引导，以弥补该产业外部效应带来的不利影响。同时还提出，当生物质能源产业发展到一定成熟阶段，政府要适时地退出并减少干预，政府的职能就是为市场机制发挥作用创造外部环境和条件，使得该产业完全市场化。

（三）从环保和准公共物品角度出发的保护支持之说

周凤起（2006）、孙玉芳等（2006）、张正敏等（2004）从可再生能源角度出发，认为生物质能源具有很好的环保效应，具有准公共物品的属性。其发展不仅可以促进绿色植被增加，还可以减少二氧化碳的排放，产生很好的正外部性。他们并指出了发展可再生能源的必要性和重要性，认为在其发展过程中，需要政府发挥相应的职能，如国家专项计划推进、公共意识观念的提升等，并从管理体制、法律支持、发展目标以及政策激励4个方面指出可再生能源产业的推动因素。王向阳（2008）则从农村生物质能源产业发展的角度出发，指出发展农村生物质能源具有多重效应，在大力发展农村生物质能源条件已经具备的前提下，发展农村生物质能源必须得到政府的支持，并提出构建农村生物质能源发展公共政策的原则和投资、评价、金融等政策的综合配套建议。

（四）从市场基本功能和优胜劣汰规律出发的市场化运作之说

闫丽珍等（2005）从农村生物质资源开发利用角度出发，提出应当建立完善生物质资源市场，在此基础上，市场机制才能予以调节并影响资源配置。只有认识到生物质资源的价值及其在市场上的流通性，才可能减少对资源的浪费，通过改变利用方式来提高资源利用效率，从而减轻农村地区能源压力，减少环境污染，保持生态平衡。王亚静等（2007）认为生物质产业在今后的发展过程中，应建立严格的市场准入和监管制度，提高市场进入的技术和资金门槛，继续推行定向购销的体制，避免盲目建设和生产。谢治国（2005）通过回顾总结新中国成立以来我国可再生能源的发展政策，认为我国尚缺乏一套完备的鼓励可再生能源的经济激励政策，特别是缺乏可再生能源技术商业化发展的经济政策。他认为现行的经济激励政策并不稳定，不具有市场开拓性。现存的经济激励手段（如减免税收）的随意性及在过多部门实行价格优惠和补贴与市场经济条件下要求的平等竞争原则相违背。

第三节　进展评述

综上所述，随着世界不可再生资源的开发消耗，空间环境和生态环境不断恶化，可再生的、环保性的再生能源生产成为人们追求的目标，生物质能源研究课题也越来越被重视。国内外学者在生物质能源开发利用及产业体系建设发展方面做了大量的研究和探讨工作，其研究领域略有不同，研究水平、研究方法和取得的研究成果也存在较大差距。但通过对已有研究成果的解读、分析和评价，对于今后生物质能源的开发利用研究都将具有很大的推动作用。由于不同国家开发利用生物质能源的发展阶段、起因不同，因此在生物质能源开发利用及产业发展方面的研究也就存在较大差距。我国对生物质能源产业发展的研究起步较晚，与国外研究水平和研究成果相比具有一定的滞后性，很多方面还是分散的、零碎的。国外学者对生物质能源开发利用与国际贸易政策、碳税政策、清洁发展机制等之间的关系表现出浓厚的研究兴趣，在相关决策模型方面的研究已经较为成熟。这些都为生物质能源产业的健康发展及未来走向提供了理性化的决策指引。但同时我们也应看到，生物质能源开发利用过程中产生的一系列的问题在不同国家所表现出的特征是不一样的。以玉米粮食燃料乙醇为例，在美国主要以玉米进行燃料乙醇生产，这主要是依据本国资源禀赋进行的比较优势选择。美国玉米的生产成本要低于中国，其单产率又是远远高于中国。因此，就研究内容而言，能源安全与粮食安全的关系研究必将有很大区别。国外学者的研究内容和研究成果既有通用性又有不可避免的局限性。但无论如何对于国内还处于探索性阶段的研究都具有很好的借鉴意义。

目前，国内学者对于生物质能源产业的研究多集中于开发利用情况的定性分析。由于其发展还未形成一定的规模，使得相关经济理论、计量模型构建等分析方法与之结合的并不多。随着常规化石能源的日益枯竭和世界各国对生物质能源开发利用的重视，生物质能源的产业发展必将迎来新一轮的发展契机，而相关的经济学分析方法、计量模型分析方法将会不断地作为定量研究工具引入生物质能源开发利用的研究体系中去，使其研究内容不断深化并予以丰富。

综合上述的研究成果和对生物质能源发展的未来预期，我们认为今后还需要在两个问题上借鉴国外经验和结合我国的特殊国情进行深入探讨：①通过附加效益降低开发初期的市场成本。国外学者在探寻生物质能源实现产业化发展的过程中，提出在其发展初期可以通过能源作物的附加效益，来降低过高的原料开发成本，提高生物质能源自身的竞争力，这对我国生物质能源的开发利用提供了很好的经验。生物质能源不同于太阳能、风能、水能的最大特点就是其可以像石油产品一样产生上千种化学物品，通过这些产品的附加效益再加上政府的扶持足以解决开发成本过高的问题。此外，国外对生物质能源开发利用过程中产生的外部性问题，通常是将外部性加入消费常规化石能源的价格中进行成本分摊或通过碳税政策降低二氧化碳排放量，来间接促进生物质能源产业的发展。但在发展中国家以目前的经济水平，其发展还有着较大的碳需求空间。在我国特殊权属制度和征税政治倾向的存在，征收碳税使得政府、企业、消费者之间最后的博弈结果可能是使大量的收入从企业流向政府。因此想通过征收碳税来拟制温室效应，势必会影响 GDP 和经济的增长。但到生物质能源之类的新能源技术获得重大突破和创新阶段时，可结合碳税政策来实现能源的节约，促进经济发展。因此，在生物质能源发展过程中，我们既要防止其开发过程中的能源资源的二次消耗浪费，还要注意碳税政策的合理实施。②关于生物质能源开发利用所需原料的区域选择问题及其制成品（生物柴油和燃料乙醇）的区域性市场选择问题。国内学者就生物质能源开发利用原料选择和其开发利用与粮食安全间的关系进行了广泛的研究，并就生物柴油和生物燃料乙醇两个有效的石油替代产品从政策补贴主体、受益主体等方面进行了多角度分析。但是就生物柴油和燃料乙醇产品是想通过替代城市过高的能源消耗缓解能源安全，还是想通过替代农村增长过快的商品能源来弱化能源约束，为城市发展创造更多的能源发展空间，即生物质能源开发所获得产品（生物柴油和燃料乙醇）的区域性市场选择问题还未引起学者们的重视。我们倾向于对后者替代政策合理实施问题的研究，认为今后需要通过替代农村快速增长的商品能源和生产用能，来缓解农村能源对常规能源所形成的压力，实现能源的可持续发展。此外，生物质能源开发利用产业体系建设在政策上、市场上、技术上也还未形成系统的构架研究，这对于我国学者来说无疑是一个极具理论意义和现实意义的议题。因此，对于生物质能源的研究工作者来说任重而道远。此外，作为一个新兴产业，实践中的运作有许多问题是不可预见的，必须通过不断的试验、示范、修正、探索和完善，才能保证这一新兴产业逐步走向成熟，故加强实践探索尤为重要。

第四章
国外生物质能源开发与利用的
概况与经验借鉴

第一节　国外生物质能源开发与利用机构与政策

随着世界经济对源油依赖性的不断增强，能源作为国家经济增长和社会发展重要物质基础的作用越发凸显，成为国家经济发展的主要驱动力。石油开采量的扩大、储量的减少，使得石油价格自2001年以来一路攀升，在2008年1月3日首次突破100美元/桶，而源于华尔街的金融风暴使得全球实体经济下行，对原油的需求疲软，国际油价一泻千里。在控制供给方面拥有最大发言权的石油输出国组织（OPEC），从2008年11月1日起就将原油生产量减少到150万桶/天。在经济下滑导致原油生产和需求减少、油价下跌、能源投资将被延迟和未来石油供应短缺而将极有可能出现史无前例的高油价大背景下，能源供需结构性矛盾、能源自给安全和环保压力将会成为世界各国能源战略方面的新挑战。因此不断完善和调整现有能源结构，实施开发可再生能源战略已成为实现能源安全和环境安全的重要内容，许多国家都制订了相应的能源开发研究计划。

一、各国生物能源研究机构简介

目前世界各地区生物质能源消费占其能源供应的百分比大致如下：非洲为60%，中美洲为15%，南美洲为26%，亚洲为44%，大洋洲为35%，北美洲为4%，欧洲为4%，前苏联为3%。非洲有些不发达地区和国家，生物质能源消耗占其能源供应总量的90%以上。亚洲有些国家（如中国和印度），其农村传统生物质能源消费占其总能源的60%~70%或更高。世界各国都制订了改进其生物质能源生产和利用的计划。美国已做出到2010年生物质产品要由2001年占总产品量的5%增加到12%，用生物质原料加工的燃料乙醇由占运输燃料总量的0.5%提高到4%的规划；日本和印度分别制订了阳光计划及绿色能源工程计划。巴西每年生产乙醇120亿升，550万~600万辆机动车使用由生物质能源加工的乙醇作为燃料；而欧洲、瑞典、丹麦、奥地利、芬兰、波兰和英国，在生物质能源生产和利用领域走在前列，其消费量占能源总量的7%～18%（美国可再生能源和节能产业考察报告，2006）。其他诸如德国、法国、加拿大等国，多年来一直在进行各自生物质能源的研究与开发，并形成了各具特色的生物质能源研究与开发体系，拥有着各自的技术优势。

（一）美国

美国能源部和环境保护署（环保署）是美国联邦政府重要的政府管理部门，在能源领域有着不同的职能分工。美国能源部是联邦政府在能源技术基础科学研究方面最主要的管理和资助机构，现有工作人员17 000人，主要负责核武器的研制、生产、运行、维护和管理以及联邦政府能源政策制定、行业管理、相关技术研发等工作。美国环保署是美国联邦政府重要的能源主管部门，现有工作人员18 000人，可再生能源和节能技术的推广是其重要职责之一，侧重于可再生能源和节能的产业建设和市场开发。此外，能源部和环保署都积极参与能源领域的国际合作，与世界上许多国家建有合作伙伴关系，与我国环境保护部、科学技术部、农业部、水利部接触较多。除联邦政府和州政府能源主管部门之外，美国还有大量的行业协会（学会）、科研机构和非政府组织，如美国可再生能源实验室、全美太阳能产业协会、全美节能联盟和全美生物柴油理事会等。这些机构拥有世界一流的科研能力和行业管理经验，它们为美国各级政府充当智囊团的角色，成为政府和企业间沟通的桥梁，对各州乃至联邦政府的可再生能源发展战略及政策的制定发挥着重要的作用（美国可再生能源和节能产业考察报告，2006）。

国家可再生能源实验室（NREL）是美国能源部下属的实验室，负责全美可再生能源的研究和开发，并同时肩负着美国能源利用效率提高研究的使命。NREL主要进行可再生能源和提高能源效率的研究，主要涉及11个方面的内容。其中生物质能涉及以下几方面：建筑工程节能技术，联邦能源管理，工业能源节约技术，地质性能源，生物能源开发利用技术，全球性气候变暖的研究与控制，风能开发技术，废弃物利用技术，车辆污染排放控制技术。

劳伦斯伯克利实验室（Lawrence Berkeley laboratory）是美国的一个大型多学科研究中心，是能源部的多功能实验室之一，由加利福尼亚大学进行具体管理。以它的奠基人物理学家E. O. 劳伦斯的姓和该室的所在地命名。其前身为劳伦斯1931年创建的辐射实验室的伯克利部分。目前有3600多人，研究人员中有许多是加利福尼亚大学伯克利分校的教授。科研与教学紧密结合，是该实验室的一个特点。实验室的研究领域主要是核物理、高能物理、核化学、生物和医学、分子科学和材料科学的基础研究等。近年来在环境问题的分析和新能源技术，特别是地热能源、矿物燃料、太阳能及核聚变的发展方面也进行了大量的研究。

（二）欧盟

欧洲领先的生物能源研究机构，主要包括荷兰能源研究中心（ECN）、南美帕尼亚埃斯帕诺拉德石油公司、芬兰超薄技术研究中心、阿斯顿大学、农业技术和食品科学组、农业工业研究和发展公司、法国石油研究所、可再生能源中心、生物质科技集团等。

荷兰能源研究中心乃是荷兰最大的研究机构，拥有员工近 900 名。它的研究员从事填补大学基础研究成果与能源产业应用知识之间的差距。它着重于研究开发再生能源，也就是安全、高效率、可靠、与符合环保的能源，配合政府与企业要求，钻研搜集知识，并开发技术，着重于 3 项基本领域：提高能源效率，降低能源需求；运用再生能源，生产能源；更有效率与清洁使用化石燃料。同时还致力于研究能源组合、未来能源选择方案以及能源经济等。

芬兰赫尔辛基林业研究院是芬兰林业的权威研究机构，主要负责林业先进技术的研发及应用。其职能、任务和研究领域包括：芬兰林业生物质能源开发利用情况及发展潜力，开发利用生物质能源对森林及环境的影响等。

德国联邦再生能源部是德国农林局直属机构，主要负责再生能源领域研究项目的管理、协调和支持，及其在经济领域的应用。负责联邦再生能源部的机构设置、职能定位和主要工作职责确定等；负责德国再生能源和生物质能源的开发利用现状监测、未来 10 年的需求预测及展望、生物质合成液体燃料的研究等；制定和实施支持再生能源的公共政策等。

二、各国生物质能源发展政策分析

（一）美国

美国作为全球最大的能源消费国，在饱受 20 世纪 70 年代的石油危机之苦后，能源安全战略一直是历届政府高度重视的工作，且政策重点都在节能和开发新能源，竭力维持石油的廉价供应上（竹俊，2007）。但近年来迫于能源短缺和环境保护的压力，美国大力开发利用生物质能源，使得生物质能源超过水力发电并成为美国最大的可再生能源资源，在 2004 年美国的能源总供给量中，生物质能供给量约占 3%。随着以玉米为原料的燃料乙醇的开发利用，美国生物质能产业发展态势良好，目前已经超过巴西成为世界上生物质能产业最发达的国家。而这些都是源于美国政府新能源政策的推动。

统一高效的政府管理机构成为生物质能源产业发展的基础保证，而全面的战略计划和政策立法则成为生物质能源产业发展的推力，使得其在市场发展中初具规模并形成了一定的竞争力。美国能源部拥有 1.7 万名雇员，为了进一步推进生物质能的利用，美国能源部专门成立了生物质研发技术咨询委员会和生物质能项目管理办公室，主要负责生物质能发展战略制定和相关项目的管理。除联邦政府和州政府能源主管部门外，美国大量的行业协会（学会）、科研机构和非政府组织等部门都成为美国实施国家能源技术研发战略的中坚力量。在管理模式上，美国政府部门对生物能行业的发展没有采用政府包办替代的方式，可再生燃料的种类、价格和混配比例等则完全由市场来决定，政府主要从战略规划、税收优惠、建设贷款等方面提供支持（张艳丽，2008）。

生物质能产业的发展在早期受其原料制约成本较高，在市场上还难以形成规模，与石化能源相比也不具有竞争力，其环境污染小和可循环利用等优势在价格上还得不到充分体现，致使生物质能源开发投资风险大，开发利用推广难度大。为此，美国联邦政府制定了许多经济激励政策以降低原料开发成本，为生物质能源的发展培育良好的市场环境，创造市场需求。1999 年克林顿总统签署 13134 号总统令，提出到 2010 年生物质能和生物质产品扩大 3 倍，使农民及农村地区每年新增收入 200 亿美元，同时减少 1 亿吨的温室气体。行政命令很快引起了美国能源部和农业部对生物质相关产业的关注，建立了国家生物质产品和生物质能协调办公室。2000 年颁发了《生物质研究开发法案》，目的是为生物质能研发活动中设定统一的基准，并要求设立一个生物质研发平台，以协调研发活动与国家计划目标的实现；成立生物质技术咨询委员会，这就促成了生物质项目管理办公室和生物质技术咨询委员会成立。法案还要求用财政、金融等手段鼓励生物质能研发（张希良等，2006）。

2002 年颁发的《农田安全和农村地区发展法案》，针对生物质能发展的措施主要包括：①要求农业部制定政府生物质能采购政策，协调分摊生物质商业项目成本；②鼓励生物质能相关领域的教育计划；③鼓励农民、农场主和农村小型实体使用可再生能源技术和产品，购买可再生能源系统等。同年美国能源部和农业部联合提出了《生物质技术路线图》的政策性报告。计划 2020 年使生物质能源和生物制剂产品较 2000 年增加 10 倍，达到能源总消耗量的 25%，减少相当于700 万辆汽车的碳排放量约 1 亿吨，以及每年增加农民收入 200 亿元。

2005 年美国国会通过的《能源政策法》是指导生物质能源发展的基础，也是制定生物质能发展纲要和规划的基本依据。其鼓励生物质能发展的政策措施，主要包括：①强制联邦政府购买可再生能源产品配额。设定可再生燃料使用标准（RFS），该标准要求在美国的能源燃料生产中必须引入定量的生物质能，即每年在汽油中加入特定数量的生物燃料，而且必须逐年递增，2006 年为 182 亿升，到 2012 年要达到 341 亿升。②税收激励政策。规定汽油生产企业在汽油中每混配 4.546 升（1 加仑）生物燃料将免税 51 美分。对于小型燃料乙醇生产商，生产每加仑燃料乙醇减免 0.1 美元的税收，每年最多可减免 150 万美元的税收。

③制定强制性的标准和规范。制定了纤维素乙醇的 RFS 标准，规定在 2012 年以前，使美国市场上纤维素乙醇的占有量达到 11.37 亿升。为实现这一目标，美国政府将对率先建设纤维素乙醇的生产企业提供优惠的贷款保证（联邦贷款保证计划）；每生产 4.546 升（1 加仑）纤维素乙醇将享受 1.275 美元的免税待遇，为粮食乙醇的 2.5 倍。美国政府对生物燃料生产实行优惠政策，每年减免税收约 20 亿美元。④美国政府决定在 2005～2012 年由政府资助 11 亿美元用于生物燃料技术的开发，直到这些技术能在商业领域应用起来。美国政府希望通过生物技术的工业化来推动开发矿物燃料的替代物，给农村经济重新注入活力，并大大减轻对外国石油的依赖。

2007 年 1 月《生物燃料安全法案》倡导，到 2030 年美国每年要在机动车燃料中混合 600 亿加仑的乙醇和生物柴油。为了占据世界可再生能源和节能技术的领先地位，美国政府每年仅用于可再生能源和节能技术研发的费用就达 30 亿美元，并按照技术发展的成熟程度，对生物质能源技术研发给予持续的资金补助，降低私人企业投资的风险，提高其增加技术研发投入的积极性（温民能，2007）。此外，还有一系列的专门生物质能计划，如生物能多年计划和甘蔗乙醇计划等，这些都极大地促进了美国生物质能产业的发展。

（二）欧盟

为减小国内能源紧缺的压力，解决因石化能源带来的环境问题，并促进包括生物质能在内的可再生能源的发展利用，降低能源对外依存度，欧盟委员会一直致力于在欧盟建立一个共同、稳定的可再生能源政策框架。通过发布一系列的政策法令为欧盟及其成员国生物质能源和其他可再生能源的开发利用提供指导。

主要包括：①欧盟生物质能行动计划（2006）；②热电联产条例（2004）；③欧盟环境技术行动计划（2004）；④欧盟内部电力市场法令（2003）；⑤欧盟交通生物质燃料法令（2003）；⑥能源生产与电力税收法令（2003）；⑦欧盟可再生能源发电法令（2001）；⑧2010 年欧洲交通政策白皮书等。这些政策性指导文件不仅为欧盟生物质能发展设立了权威、有约束力的目标，同时也提出了包括强制性规制（如生物质替代燃料标准和配额）和基于市场的政策手段（如税收、赠款补贴等）在内的促进生物质开发利用的综合政策体系（张希良等，2006）。具体实施情况：通过立法方式，将生物质能源推向市场。欧盟成员国总体经济水平较为发达，能源利用技术先进，能源消耗比较高。但是他们的能源消费结构中石油的消费占主导地位，其中 80% 的石油依靠进口。2002 年原欧盟的能源消费量为 21 亿吨标准煤，其中石油占 40%、天然气占 23.4%、核电占 15.6%、煤炭占 14.8%、可再生能源占 6.2%。为了减小能源的对外依赖，1997 年欧盟发布了《欧盟战略和行动白皮书》，提出生物质能的利用量要达到 2 亿吨标准煤。2001

年欧盟发布了《促进可再生能源电力生产指导政策》，要求到 2010 年欧盟电力总消费的 22% 来自可再生能源。2003 年，欧盟又发布了《欧盟交通部门替代汽车燃料使用指导政策》，要求生物液体燃料包括生物柴油和乙醇，在汽车燃料消费中的比例达到：2005 年为 2%，2010 年为 5.57%，2015 年为 8%，并通过立法方式规定电网企业必须高价收购可再生能源发电，特别是生物质能发电。

瑞典通过投资补贴，支持生物质能的开发利用。1999～2001 年，德国联邦政府在生物质能领域的投资补贴总计为 2.95 亿欧元。德国农民如果种植生物柴油的原料作油菜籽，每公顷可获得 1000 马克的补贴。为促进可再生能源的应用，德国政府还实施了市场激励计划，2005 年联邦预算拨款 1.9 亿欧元推行该计划。从 1999 年 9 月～2005 年 12 月共有 5.88 亿欧元用于补贴，并由此带动了总计 42 亿欧元的投资规模，推动相关行业飞速发展。德国政府从长远出发，还制订了促进可再生能源开发的未来投资计划，每年投入 6000 多万欧元，用于开发可再生能源。此外，德国政府、各联邦州都推行了各种生物质能源开发利用的新的激励措施，如通过资助、税收刺激或软性贷款等方式，对可再生能源发电的投资予以鼓励，推进可再生能源的应用和发展。

欧盟国家在能源政策制定上的核心是能源环保和可持续发展。措施是征收高额燃油税，免征可再生能源税。并希望通过高燃油税来降低尾气排放量，推动低耗能"清洁车"的发展，在百姓中树立环保观念。从 2004 年 1 月 1 日起，新的燃油税最低标准比以前提高近 25%。普通汽油税从每千升 337 欧元（1 欧元约为 11 元人民币）提高到了 421.5 欧元，柴油税从 245 欧元增加到 302 欧元。如果把这个最低标准折合成人民币，那每升汽油的燃油税要比目前中国最高的汽油价格还要贵。但是欧盟各国都对可再生能源的利用免征各类能源税。德国是生物柴油的最大生产国，对生物柴油的生产企业全额免除税收；自 2004 年起，无须标明即可在石化柴油中最多加入 5% 的生物柴油，其生物柴油 2004 年的生产能力达到了 109.7 万吨，占整个欧盟 15 国总生产能力 50% 以上。法国生物柴油生产的世界领先地位是在 2001 年以后被德国取代的，目前法国推出一项生物能源计划：在 2007 年以前，建设 4 个新一代生物能源工厂，平均年生产能力要达到 20 万吨。到 2015 年，法国将从现在的柴油净出口国变为主要的生物柴油生产商（房俊民，2006）。

（三）巴西

巴西是个石油资源相对紧缺的国家，在遭受 20 世纪 70 年代和 80 年代两次石油危机的沉重打击后，巴西政府开始大力发展本国石油工业和研发使用替代能源。1975 年就开始实施国家燃料乙醇计划，用甘蔗提取燃料乙醇，目前燃料乙醇生产能力超过了 1200 万吨/年，是世界上生产和消费燃料乙醇最多的国家之一，约占世界产销量的35%，仅次于美国。燃料乙醇在巴西的快速发展，是与巴西政府制定的相关政策息息相关的。巴西政府为了更好地开发利用燃料乙醇，最早通过立法手段强制推广燃料乙醇，通过法律形式保障生物燃料、汽车生产商及消费者的利益。

1975年，巴西颁布法令并授权巴西石油公司在汽油中按一定比例添加乙醇，1991年再次颁布法令，规定在全国加油站的汽油中添加20%~24%的乙醇。巴西联邦法律明确规定，联邦一级的单位购、换轻型公用车时，必须使用包括燃料乙醇在内的可再生燃料车。国家生物柴油生产与应用计划规定必须在矿物柴油中掺入2%的生物柴油，2013年以后，该比例要强制提高到5%（夏芸等，2007）。巴西政府大力鼓励发展生物质能源，通过财税政策来增强生物质能产业的竞争力。从1982年至今，巴西对乙醇汽车减征5%的工业产品税；残疾人交通工具和出租车如使用包括乙醇在内的可再生燃料，享受免征工业产品税；部分州政府对乙醇汽车减征1%的增值税，在乙醇车销售不旺时曾全免增值税。从2004年起，巴西政府就大力发展了以棕榈油和蓖麻子为原料的生物柴油，以进一步提高生物质能源在能源消耗总量中的比例。2004年年初，棕榈农业集团在巴西北部的贝伦市建厂，并与里约热内卢大学签订了技术合作协议，计划年产生物柴油约800万升。阿拉比集团在东北部的皮亚维州建厂，以蓖麻子为原料生产生物柴油。

为了保证生物质能源发展的原料所需，鼓励农民种植甘蔗，巴西政府规定商业银行为种植户提供利率仅为8.75%的农业专项低息贷款（巴银行贷款利率一般是25%，最优惠也得16%），同时还可根据自身发展农业的需要，向银行申请利率稍高一点的其他贷款。此外，巴西政府还注重充分利用外资，吸引国内外大型金融机构在当地设立分支机构，使农民能够从国际金融机构得到贷款。据统计，仅巴西里贝朗普雷图市就有国际、国内银行30多家。这些金融机构都长年为农业服务，为当地农民提供必要而及时的金融服务。巴西乙醇计划实施的第一步就是巴西政府和私营部门共同投资，扩大甘蔗种植面积和兴建了大批以甘蔗为原料的乙醇加工厂（汪瑞清等，2007）。此外，巴西政府在生物质能源发展中十分重视其技术研发和产业发展，很早就组织了科研机构、高等院校和企业开展生物燃料汽车的研发工作。目前巴西乙醇生产已经具有一定的规模，发展基本上靠市场力量进行调节，政策不再干预。

第二节　美国的生物质能源开发利用

一、美国生物质能源开发利用状况

美国生物质能源的开发利用主要包括生物质发电、生物柴油和燃料乙醇。使用的原料主要是大豆、玉米、向日葵和油料种子等能源作物，食品、饲料加工废弃物和三级消费废弃物也可以作为原料进行生物质发电。美国在生物质发电、垃圾发电、生物质制取液态燃料方面都处于世界的前沿。

目前美国有 350 多座生物质发电站，主要分布在纸浆、纸产品加工厂和其他林产品加工厂中，这些工厂大都位于郊区。装机容量达 7000 兆瓦，提供了大约 66 000 个工作岗位，根据美国政府制定的生物质能发展规划，到 2010 年该比例将提高 3 倍，达到 12%，生物质发电将达到 13 000 兆瓦装机容量，届时有 400 万英亩①的能源农作物和生物质剩余物将被用作气化发电的原料，同时，可安排 17 万名以上的就业人员，对繁荣乡村经济起到积极的推动作用；随着国民经济发展和城市人口的增加，垃圾处理日益成为城市环境保护中的一个重要课题。垃圾经过焚烧或填埋来发电，既可回收利用垃圾中的有用物质，又有利于城市环境的改善，是垃圾处理的重要推进方向。从发电装机来看，目前美国有 114 座垃圾发电厂，总容量达 2650 兆瓦；德国有 50 多座，总容量为 1000 兆瓦。日本垃圾发电厂数量最多，达 149 座，但装机容量只有 557 兆瓦。从发电效率来看，美国最高，达 22%；德国次之，为 17%；日本最低，只有 9%。效率较低，并不说明它的技术水平低，而是反映了建设垃圾发电厂的不同出发点和不同国情。从发展趋势来看，目前国际上主要是开发大型生物气化发电技术，即在推广应用直接燃烧发电的同时，发展可以进入商业应用的 IGCC 系统。例如，美国目前正在进行的 6 兆瓦中热值 IGCC 项目的开发研究，要求 10 年内能完成，以便更早地进入工业性示范和更大规模的应用②；在生物液态燃料方面，美国开发利用达到一定规模的主要是以玉米为原料的燃料乙醇和以油料种子为原料的生物柴油，并成为最受欢迎的替代燃料。2006 年燃料乙醇年利用量已超过 1700 万吨，以大豆、油菜籽等油料作物为原料的生产能力已达 120 万吨，之后产量急速扩张。2007 年 8 月产量增加到 257.89 亿升（68.13 亿加仑），根据美国可再生燃料协会预测，到 2008 年 8 月，美国乙醇产量将达到 485.81 亿升（128.34 亿加仑）。截至 2007 年 8 月，美国已运转的乙醇产能为 253.88 亿升（67.07 亿加仑），另有 308.47 亿升（81.49 亿加仑）乙醇项目在建，正在生产和在建的乙醇生产能力共计 562.35 亿升（148.56 亿加仑）。此外，还有 442 个项目总量为 1135.60 亿升（300 亿加仑）的乙醇产能处在计划发展之中，有 50 亿～100 亿加仑的乙醇产能项目处于商讨中，这部分虽是未公开信息，但的确是所存在的乙醇产能增加的潜力。截至 2009 年 8 月，美国计划再新建 71 个加工厂，将新增产能为 251.61 亿升（66.47 亿加仑），另外 68 个加工厂新增产能 203.46 亿升（53.75 亿加仑）也可能被修建。

---

① 1 英亩 = 0.404 686 公顷。

② http：//news. solidwaste. com. cn/k/2008－9/2008941423401541. shtml。

预计到 2009 年美国乙醇总产能将达到 1022.04 亿升（270 亿加仑）左右①。

二、美国生物质能源的研究领域

（一）生物质能源供给原料的研发

为了解决生物质原料的高成本问题，确保为其提供低价格、高品质、可持续供应的生物质原料，重点研究生物质给料基础设施的建设。确定近期的目标为 2010 年前达到每年供应 1.5 亿吨干料，长期目标为年供应 10 亿吨的干料，且价格控制在每吨 35 美元以下，争取能替代美国汽油消耗的 1/3。生物质计划分析专家 Ugarte 等在 2003 年的《生物能源作物对美国农业经济的影响》报告中指出，到 2008 年每年的生物质给料可达到 1.88 亿千吨，且每吨价格不超过 50 美元。橡树岭国家实验室（ORNL）建有生物质给料信息网站（BFIN），可提供各种能源作物的数据库。2003 年 11 月出版的《美国农业生物质给料供应路线图》给出了如何系统化组织实施生物质供应的整体优化框架，把生物质供应看作一个整体的系统工程，从全局上加以考虑。2005 年 4 月，由美国能源部能源效率和可更新能源局、生物质计划办公室起草，由美国橡树岭国家实验室完成的一份报告：《作为生物能源和生物制品产业给料的生物质能：每年 10 亿吨供给量的技术可行性》，概述了美国政府将用 10 亿千吨的生物质能来替代 30% 的交通领域石油消费。生物质能占美国能量供给的 3%，已经超过水力电能，成为国内最大的可再生能量来源。

橡树岭国家实验室和爱达荷国家工程和环境实验室（INEEL）从事具体的生物质收集、运输、储藏等方面的研发工作，生物质的性能评价主要由 NREL、ORNL、INEEL 来完成（赵向东，2006）。

（二）糖转化平台核心技术研发

糖转化技术平台建设主要是利用化学和生物技术将生物质分解成糖类物质，以便进一步生产生物燃料（主要是乙醇）。其核心技术是预处理技术、生化酶技术及过程集成等。通过玉米等粮食产品来生产乙醇已是很成熟的技术，而通过技术研发，可使利用秸秆等生物质生产乙醇及其他生物制品的成本降低，从而增强生物质技术的竞争力。预计发酵用生物质的成本到 2012 年将从目前的每磅 0.14 美元降低至 0.10 美元，接近目前传统方法生产乙醇的成本。现在，采用传统方法生产乙醇的产量为每年 30 亿加仑，这实际上也为生物质乙醇生产提供了很好的工业基础（赵向东，2006）。

---

① http：//www.ah.xinhuanet.com/swcl2006/2007 – 10/22/content_ 11458296.htm。

（三） 热化学转化技术平台研发

该平台主要用于将生物质精炼后的残余物转化成高温分解油和合成气，这些物质可直接作为燃料，也可进一步精炼后，成为汽油、柴油、合成天然气以及高纯度氢气的替代品。技术研发的重点主要是降低成本，同时进一步提高产品的品质。成本是该技术应用的主要障碍，预计到 2012 年，合成气成本将从目前的 9 美元/MMBtu[①] 降低 7.38 美元/MMBtu，因而，目前重点研究的问题就是如何降低气化、高温分解及热处理过程的成本（赵向东，2006）。

（四） 生物质产品研发

该研发的主要目标是将前述两大技术平台的中间产品，如糖、高温分解油和合成气化等进一步转变成可供使用的生物质产品，如生物质燃料、化工品等。该研发力图证明能在一个生物质精炼厂生产 3 种以上的生物质产品。

（五） 集成化的生物质提炼厂

它被认为是一种大规模的效果确认系统和专有的工业体系。研究的主要目的是将前面所述的技术进行集成，把实验室技术工业化，为建造真正商业运作的生物质提炼厂做准备。到 2007 年已完成各项技术的集成，2010 年将建立第一个大规模生物质提炼厂。

三、美国大力开发燃料乙醇和生物燃油的技术和政策支持

美国是世界燃料乙醇的主要生产国，也是较早发展燃料乙醇产业的国家。为了国家的能源安全，更是出于环境保护的目的，美国政府通过一系列的政策措施支持本国燃料乙醇与生物燃油的开发利用。

美国对于燃料乙醇产品的推广使用主要是通过立法来实现的。通过立法来规定汽车燃料应该达到的环保标准，并提供多种选择。为了使生产企业和消费者都能够有较强的能源环保意识，政府出资组织相关的培训，这一举措在燃料乙醇推广方面具有不可低估的作用。对于燃料乙醇产业的发展主要是通过政府财政补贴、减免税、提供低价原料、提供低息贷款和贷款担保等，各个州的政策有所差异。例如，为了降低燃料乙醇生产成本，为生产企业创造赢利，美国联邦政府对年产燃料乙醇达到 5 万吨的企业，给予政策扶持，具体方式不是政府给多少钱，而主要是减免相关的税收。除在燃料乙醇生产环节上有 9 个州给予直接补贴外，

---

① MMBtu（million british thermal units）为英制热能单位；5.8MMBtu＝1 桶原油。

联邦政府和 8 个州政府在经销环节上给予扶持。联邦政府规定，销售每加仑普通汽油收销售税 18.1 美分，而销售乙醇汽油只收 12.9 美分，少收 5.2 美分，使销售者有利可图。又如，美国在另一项政策中提出，政府支付 40 500 万美元用于支持生物能源项目，实际上大多数款项用于燃料乙醇生产企业。美国政府在对生物质能的扶持政策上还表现为：一是向生产燃料乙醇和其他生物能源的企业支付购买农产品的补贴款项，费用金额为 20 400 万美元；二是为生产燃料乙醇和其他生物能源的企业更新设备、改进生产设施提供贷款担保和专项贷款等，费用金额为 11 500 万美元。同时，美国的燃料乙醇生产企业一般可以享受到双重补贴和双重税收减免①。作为内布拉斯加州最大的燃料乙醇生产企业和美国第三大燃料乙醇供应商的嘉吉公司，就可以享受到联邦政府给予的补贴，同时享受小生产者协会给予的补贴，联邦政府和该州政府都在税收上给予减免。

美国为了促进生物柴油的发展，早在 1998 年就制定了相应的生物柴油标准，严格规范生物柴油的使用和生产。最近几年美国联邦政府、国会以及有关州政府相继通过一系列政令和法案，支持国内生物柴油的生产和消费，并采取税费减免和财政补贴等措施，使得生物柴油产业迅速发展起来。

第三节　德国的生物质能源开发利用

一、德国生物质能源的开发利用状况

德国既是能源消费大国，又是能源紧缺的国家。石油消费量居世界第三位，天然气消费量居欧盟第二位。德国资源有限，大部分能源依赖进口。为了减少对国外能源的依赖，减少矿物燃料对环境污染的压力，德国政府一直致力于生物质能源的开发利用。

2002 年德国能源消费总量约为 5 亿吨标准煤，其中可再生能源为 1500 万吨标准煤，约占能源消费总量的 3%，在可再生能源消费中生物质能占 68.5%，主要为区域热电联产和生物液体燃料（蒋剑春等，2006）。2004 年德国已有 1800 个加油站供应生物柴油，并颁布了德国工业标准（EDIN51606）。生产能力达到了 109.7 万吨，占整个欧盟 15 国总生产能力的 50% 以上。2005 年，德国可再生能源占一次能源应用的份额提高到了 4.6%（2004 年是 4.0%）。2005 年德国可再生能源产生的总能量为 1650 亿千瓦/时，其中生物质能占 67.6%（固态生物燃烧能占 44.9%、生物动力能占 13.5%、气态和液态生物燃烧能占 5.8% 垃圾生物质能占 3.4%）（王海燕，2007）。目前使用的可再生能源中，生物质能源供暖占

---

① http：//www. bioon. com/biology/bioengery/156273. shtml。

47%、风力发电占17%、生物柴油占12%、生物质能源发电占7%。据统计，目前德国在供暖能源利用方面，生物质能源占94%；在发电方面，生物质能源占22%，其中58%以木材为燃料发电，41%为制造、燃烧沼气发电，1%通过液体生物质燃料燃烧发电（如生物柴油等）。目前，德国生物质能源发电站装机容量为10×10^8千瓦以上的有350家，超过7万户家庭使用以木材颗粒燃料为原料的供暖机、发电机。生物柴油由于可直接作为汽车燃油等使用，近年增长速度较快。德国政府打算从2007年开始，在柴油中添加一定比例的生物柴油，即在100升的柴油中加入20～30升的生物柴油，以扩大生物柴油使用量（钱能志等，2007）。

德国沼气的开发使用比较广泛，成为农村最佳选择的再生能源。通过在大多数畜禽饲养农户中使用沼气设备，可以将大量的有机废物和畜禽粪便转化成电能和热能以及高质量的经济肥，以替代石化肥料，减少温室气体排放。德国农村沼气设备数量设计要达20万个以上，目前尽管在农村中有一定发展，但距设计规模相差甚远，还有很大的发展潜力。

二、德国生物质能源研究领域

德国在生物质固体颗粒技术、直燃发电利用和利用生物质制取液体或气体燃料代替汽油或柴油等领域业绩显著，在生物质热电联产应用方面也很普遍。在生物质液体或企业燃料研究领域中，德国主要利用粮食产品或油料作物，如利用大麦或油菜籽生产燃料乙醇或生物柴油，这类技术在德国已经成熟，其产品已广泛地代替汽油或柴油使用。德国的CHOREN公司开发的生物质加压气化合成柴油技术，已完成年产200吨的小型试验，正在建设年产15 000吨的中型示范装置。此外，德国在可再生能源材料的开发利用、沼气的开发利用领域也卓有成就。

三、德国的生物柴油生产和销售

在生物柴油生产和消费方面，德国在欧洲乃至世界都处于领先地位，成为全球生产和使用生物柴油最多的国家。自从2004年年初德国政府授权加油站在常规柴油中强制加入最多5%的生物柴油，生物柴油产量增长50%，消费的生物柴油为110万吨，加油站达到1500个，生物柴油所占市场份额达到1.7%，成为全球使用生物柴油最多的国家。2005年德国生物柴油产能为7.5万吨/年，产量预计为1.5万吨，市场售价为0.76欧元/升。2006年德国生物柴油产能源将上升至每年200万吨以上，目前共约有1900个销售点，相当于10个加油站即有1个可以加生物柴油，生物柴油成为第一个在全国范围都可以获得的替代燃料。

目前德国生产生物柴油的公司主要有 Oelmühle Hamburg 集团、Oelmühle Leer Connemann 有限公司、Mitteldeutsche Umesterungswerke Bitterfeld、Natur Energie

West、Campa Biodiesel 有限公司、Biodiesel Wittenberge 有限公司、Thüringer -
Methylesterwerke 有限公司、Petrotec 有限公司、SARIA Bio - Industries 有限公司、
HallertauerHopfen-Verwertungsgesellschaft、Landwirtschaftl. Produkt-Verarbeitungs 有
限公司、PPM Umwelttechnik 有限公司、BKK Biodiesel 有限公司、Verwertungs-
genossenschaft Biokraftstoffe，即将投入生产的生物柴油公司有 Nevest 集团、Rhei-
nische Bioester 有限公司、Bio-Oelwerke Magdeburg、BioDiesel Boke 有限公司、
Kartoffelverwertungsgesellschaft Cordes &Stoltenburg 有限公司。

四、德国开发利用生物柴油的技术和政策支持

德国政府鼓励使用生物柴油，对生物柴油的生产企业全额免除税收，使其价
格低于普通柴油。在 2003 年颁布法规，准许自 2004 年起，无须标明即可在石化
柴油中最多加入 5% 的生物柴油。2004 年德国已有 1800 个加油站供应生物柴油，
并已颁布了德同行业标准（EDIN51606）。为了积极推广生物柴油，它们实施了
一系列的具体措施（房俊民，2006）。

1）成立生物柴油质量管理联盟。所有生产生物柴油的企业都是该联盟的会
员。联盟从原材料开始，对生产、销售、使用等各个环节进行监督检查，对出现
的问题进行鉴定和评价，并采取一定的惩罚措施。

2）加大生物柴油加油站的辐射力度。德国境内目前有 1800 多个生物柴油加油
站，并且每年以 7% 的速度增长。加油站之间的距离一般为 20~45 千米，在萨尔州
和下萨克森州，平均 20 千米就能找到 1 个生物柴油加油站，并且服务相当周到。

3）保证原料的供应。在德国有约 100 万公顷的耕地种植油菜籽，专门用于生
产生物柴油，每公顷耕地的油菜籽产量平均为 3600 千克，可生产 1600 升生物柴
油。德国农民种植为生物柴油做原料的油菜籽可获得 1000 德国马克[①]/公顷补贴。

4）出台优惠政策。一是税收优惠政策，对生物柴油免征增值税；二是规定
机动车使用生物动力燃料占动力燃料营业总额的最低份额，从 2004 年起的 2% 提
高到 2010 年的 5.75%。新规定的出台将使生物柴油营业额从 2000 年的 5.035 亿
美元猛增至 24 亿美元，平均年增 25%。

第四节 日本的生物质能源开发利用

一、日本生物质能源的开发利用状况

日本是一个岛国，能源资源极其贫乏，其能源对外依存度高达 80%，但该

---

① 德国马克原为德国法定货币，2002 年 7 月 1 日德国马克退出流追领域为欧元取代。

国在生物质能利用技术研究方面所取得的专利已占世界的52%，其中生物能源领域的专利占了81%。历经两次全球石油危机后，日本政府越来越重视国家的能源安全。近年来，为了保障能源战略安全，达到2010年《京都议定书》规定的温室气体减排标准，日本高度重视可再生能源的发展，加大对可再生能源的开发力度，并取得了一定的成效。

日本生物质能原料通常包括以下几个方面：一是木材及森林工业废弃物；二是农业废弃物、草根纤维等；三是水生植物；四是油料植物；五是城市和工业有机废弃物；六是动物粪便。其中以木质生物质为主，还有食品废弃物、下水道污泥、畜禽粪便及农业废弃物等。2004年，日本生物质发电装机总量为1610兆瓦。目前，日本每年产生约456亿升油当量生物质，约占日本一次能源供应总量的8%。日本垃圾处理技术较为先进，在其1800个城市中几乎均有垃圾处理厂，垃圾焚烧处理厂有1715个，其中900家垃圾焚烧厂都进行热利用，有233家处理厂进行垃圾发电，装机总量为900兆瓦，约占生物质发电总量的56%。在国家新能源战略中，日本明确了生物燃料替代石油的目标。近年来，其生物燃料技术发展较为迅速，生物乙醇示范项目已开始推广实施。以粮食、甘蔗和木材废弃物为主原料，推广E3乙醇燃料的应用，即在汽油中加入3%的乙醇。为解决生物燃料生产与粮食供应的矛盾，日本目前也在大力开发以纤维素为原料的生物质乙醇生产技术。以木质素为原料的超临界流体技术目前已经进入试验阶段，这无疑为纤维素乙醇生产技术普及及深度发展提供了基础。此外，在生物质综合发展战略上，日本提出了2010年行动方案，在技术方面，要提高能源转换效率，降低生物质开发成本；在区域发展上，要建设300个生物质城，在这些城市内，废弃生物质利用将达到90%以上；在国家层面，生物质利用总量达到80%碳当量（周勇刚，2008）。

二、日本的生物质能源发电及应用

日本在生物质发电方面居于世界领先地位。日本每年家畜排泄物为9100万吨，食用废弃物为2000万吨，给环境带来沉重的负担，根据日本有关法律，家畜排泄物禁止露天堆放。《食品循环法》规定，到2007年排出生鲜垃圾的单位要减排20%，同时对排出的垃圾有义务进行循环利用，这样生物质发电在日本悄然兴起。截至2002年3月废弃物发电总装机容量为175万千瓦，生物质能发电装机容量为16万千瓦。2003年4月投资2.2亿日元在岩手县建成了第一座牛粪发电厂，利用200头牛的粪便，为300多家奶牛户农户提供电力。日本计划到2010年垃圾焚烧发电厂的发电装机容量达到417万千瓦（姜雅，2007）。根据"日本生物质能源综合战略"的目标，到2010年日本全部废弃物的生物质利用率要达到80%，现在未利用的生物质的利用率要达到25%。生物质能换算成原油相当于 101 万千升，总发电装机容量将达到 33 万千瓦。

三、日本生物质能源综合战略分析

《日本生物质综合战略》（以下简称《综合战略》）是日本包括内阁府、农林水产省、文部科学省、经济产业省、国土交通省、环境省在内的一府五省经多次反复讨论于 2002 年 12 月经内阁会议决定的文件，它规定了日本未来利用生物质的综合政策。该综合战略的出台主要是出于以下目的：①防止地球暖化，用具有中性碳特性的生物质替代二氧化碳，减少碳排放。②构筑循环型社会。通过生物质的科学开发和利用，加快实现社会的可持续发展。③农山渔村富存的生物质的利用，以搞活农林畜牧等产业。④培育具有竞争力的新的战略性产业，促进有竞争性产业的成长。2002 年 7 月 18 日，日本公布了《日本生物能源综合战略》的主要框架，其要点包括：①全面宣传生物能源利用与国民生活的密切关系；②构筑从生产到收集/转移直至利用的有机结合的循环系统；③环境 NPO、产学官协作等相关人员的任务分担和协调；④对刚起步的生物质产业创造援助创业等的竞争条件；⑤研究各种生物质的标准化、识别标志制度等；⑥实施各种生物质的风险评价、示范性利用验证。

该《综合战略》内容包含了生物质的概念、资源分类、生物质利用技术及实施规划、生物质的应用现状及相关法律法规，并从多角度对目前生物质利用中存在的问题给予了说明，提出中肯的政策建议。主要是从技术、工程措施和相关研究提出的对策方面、相关法律法规方面、材料利用和能源利用两大领域涉及的技术工程问题方面进行了详细的说明。《综合战略》的提出，在很大程度上明确了日本生物质能产业在未来的发展目标和未来利用生物质的综合政策，它成为一个航向指引，为生物质利用的研究和产业化构建了良好的软件环境，使得生物质产业发展有章可循，有利于日本生物质利用的快速发展；对于日本生物质能发展过程中存在的各种制约因素，如市场竞争力差、项目资金投入短缺、技术和经济风险防范等一系列问题，在一定程度上形成了指导性意见，对于需要政府从多个层面，如政策上、资金上予以促进与激励的问题，都给出了相应的回答，为形成适合日本国情的生物质特色产业建立了一个基本的政策框架。

第五节　其他国家的生物质能源开发与利用

一、英国

出于保证国家能源安全、降低温室气体排放、解决社会经济问题、执行欧盟相关政策的需要，英国政府通过制定一系列相关政策和采取多种举措，大力发展生物质能源产业。

英国生物技术与生物科学研究理事会（BBSRC）植物与微生物科学委员会将"化石碳替代：生物质到生物合成"作为主题和优先领域之一，并加强资助此领域的研究。2003年英国"政府能源白皮书"制定的具体目标是：到2010年，可再生能源生产占总能源的10%，到2020年，可再生能源生产占总能源的20%。为了实现这一目标，迫切需要发展各种替代能源。在BBSRC的研究范围内，植物和微生物科学具有巨大的潜力。利用微生物和植物生产生物质和生物燃料，能产生可再生生物能源的解决方案。BBSRC鼓励具有如下目标的研究项目，提供5年资助：①确认、提高植物、微生物产能效率的表型特征，包括能源捕获、吸收、转化成生物质或生物燃料；②提高能源转化效率的基础生物学研究；③提高对能源转化相关的分子机制的理解；④发展植物或微生物代谢工程，以提高现存或新的生物燃料资源的生产。

2006年，英国建设了一座以可再生木材为基础燃料、发电能力为44兆瓦的发电厂。这座建在苏格兰洛克比史蒂文斯克罗福特的发电厂，在投入使用之后，将可以为大约7万个家庭提供符合碳平衡要求的电力。如果以煤炭为燃料、发电能力也为44兆瓦的发电厂，将向大气释放15万吨二氧化碳。而这个生物质能发电厂将基本可以实现二氧化碳的排放和被原料植物吸收的动态平衡，具有良好的环境及温室气体减排效应。这个项目的主要承建方EON公司规划，洛克比发电厂最初的燃料是森林残留物、树枝以及附近锯木厂的边角料。最终，发电厂每年将消耗大约47.5万吨可再生木材，其中包括9.5万吨短轮伐期灌木林。附近地区将为其提供大约22万吨经过烘干的燃料，其中4.5万吨是附近农民砍伐的柳树。该发电厂将创造40个就业机会，另外还会有300人被直接雇佣从事与林业以及农业有关的工作。这一项目还使得当地的锯木厂有望获得进一步的投资，以保证该发电厂的燃料供应。

生物质能在英国能源战略中具有长远意义。英国政府的发展目标中明确提出，到2010年可再生能源在英国全部能源供应量中所占的比例要达到10%，生物质能源和风能是达到这一目标的主要选择。据预测，英国生物质发电厂的总发电量将从目前的100兆瓦增加到1000兆瓦。截至目前，英国已经拥有了世界上规模最大、效率最高的秸秆燃烧发电厂，以及欧洲最大的养殖家禽的废弃物发电厂。新电厂的建成将保持英国在欧洲生物质发电领域的领导地位。目前，英国规模最大的生物质发电厂位于英格兰东部诺福克，是一座年发电量为38.5兆瓦的养殖家禽的废弃物发电厂。该发电厂不仅为9.3万户家庭提供充足电力，而且消化了当地家禽产业每年40万吨的废弃物。据悉，近年来生物质发电厂的燃料范围已经扩大到了芒属植物，以及榨油后留下的残渣，既可以降低成本还可以增加供电的安全性（李壮和于建平，2006）。

二、瑞典

瑞典也是可再生能源开发利用处于世界领先地位的国家之一，林业是瑞典最大的可再生能源资源。近几十年来生物质能源产业发展一直处于稳步上升趋势。瑞典在生物质能方面的主要研究方向有：如何提高燃烧效率，减少有害气体及温室气体的排放；不同种类生物质温室气体排放所产生的影响研究；新的能源植物育种、收获方法及生产技术研究；开发生物质大气压力气化装置及发电装置；流化床燃烧技术；木材废弃物燃料更经济的制备技术等等。

生物质能源在总能源量中的比例从 1980 年的 10% 增加到 2004 年的 17%，达到 1100 亿千瓦时，很大程度上满足了瑞典对能源的需求。生物燃料的构成中，纸浆生产废料占 35%，林产工业废料占 13%，采伐剩余物占 11%，皮材占 11%，固体成型燃料占 6%，城市垃圾、活性炭等占 24%。在瑞典生物质能源所提供的 1100 亿千瓦时能源中，330 亿千瓦时以区域供暖的形式提供，530 亿千瓦时供给工业，130 亿千瓦时供给居民及服务部门，16 亿千瓦时供应给交通部门。瑞典的生物质能源利用主要实行市场化运作，其中颗粒燃料市场在近几年增长了 100%，总需求量达 150 万吨，总价值达 2.5 亿欧元。瑞典从 1975 年开始，每年从政府预算中支出 3600 万欧元，支持生物质燃烧和转换技术，主要用于技术研发和商业化前期技术的示范项目补贴。从 1997 ~ 2002 年，对生物质能热点联产项目提供 25% 的投资补贴，5 年总计补贴了 4867 万欧元。从 2004 ~ 2006 年，瑞典政府对户用生物质能采暖系统（使用生物质颗粒燃料）进行补贴，每户提供 1350 欧元的补贴（钱能志，2007）；据预测，瑞典的颗粒燃料生产将继续增长，2006 年的生产能力已达到 130 万吨，投入的资金达 3000 万欧元，投资全部来自于企业，生产网点已布设到北欧各国。但是有关方面仍然认为，由于政策、技术等因素的限制，目前瑞典仅利用了生物质能源的一小部分，其巨大潜力尚未得到充分发挥。据测算，瑞典全国生物质能源总潜力为 1220 亿千瓦时，要充分发挥这些潜力还需要克服政策、技术等各种限制因素。

三、巴西

巴西是世界上最大的乙醇生产国之一，同时是乙醇燃料开发应用技术最先进的国家，也是较早掌握生物柴油技术的国家，曾于 20 世纪 80 年代推出了"生物柴油计划"。巴西还是世界上最早通过立法手段强制推广乙醇汽油的国家，以法令形式推出"清洁发展机制"等项目，有效地促进了巴西生物质能的飞速发展。

巴西对可再生能源的研究开发利用经验对世界其他国家生物质能的开发利用给予了很好的启示。目前乙醇燃料占巴西汽车燃料消费量的一半以上，已经实现了市场化，政府政策不再干预。

2005年巴西乙醇年生产能力达到180亿升，实际生产150亿升，2006年巴西乙醇产量为45亿加仑。目前，巴西所有机动车燃料的41%来源于乙醇，70%的非柴油汽车为"弹性燃料"（可利用乙醇）汽车。巴西也是世界上汽油中添加乙醇比例最高的国家，乙醇的比例为18%～26%。据估计，到2010年巴西乙醇的产量会达到260亿升，国内市场供应250亿升，出口10亿升；到2015年巴西乙醇的产量会达到347亿升，国内市场供应287亿升，出口60亿升。在未来的几年，"弹性燃料"汽车将占到汽油车的90%。到2010年，"弹性燃料车"预计会发展到巴西所有机动车的30%～40%（张希良等，2006）。截至2007年6月，巴西拥有的生物乙醇工厂已超过300座。新一代技术将纤维素生物质转化成燃料和化学品预计将在30年内实现。巴西已成为世界领先的生物乙醇和生物柴油生产国，现生产的大多数集中在南部圣保罗地区，未来将向全国扩散。巴西将组合生物乙醇－生物柴油炼制厂，以生产高附加价值化学品。巴西汽车已试用70%石油基柴油和30%生物柴油的B30柴油燃料。生物柴油由75%大豆油和25%蓖麻油生产。在巴西，"柔性燃料"汽车用乙醇可以采用不同比例调入汽油，使乙醇用量可高达25%（E25）。巴西另一种类型的燃料是水合生物乙醇，属纯的生物乙醇（E100），含有少量水。乙醇是吸水性物质，会从空气中吸收水分。从总体上看，巴西汽车的28%可采用这些生物乙醇方案中的一种行驶，生物乙醇现占巴西运输燃料的比重高达12.6%。2006年，巴西出口生物乙醇约20%，大多数出口到美国。巴西采用现有技术仅可望供应2025年世界乙醇需求目标值的一半，即270亿加仑，而其他国家将供应另外一半。

巴西还不断加快生物柴油的发展。巴西Biocapital公司在Charqueada拥有生物柴油工厂。巴西将采用植物油和动物脂肪生产生物柴油。Biocapital公司的工厂原生产生物柴油能力为6万吨/年，到2008年年初该公司将使产量提高到25.2万吨/年（7600万加仑）。巴西能源消费较多的依赖柴油，柴油占巴西运输燃料市场58%。巴西现进口的柴油约占其柴油用量15%。但为了改变这一状况，巴西法规规定，到2008年，巴西的柴油必须含有2%生物柴油，这表明需要约2.1亿加仑/年生物柴油，到2013年掺加量要求增大到5%，即约需6.35亿加仑/年生物柴油。这一规定在很大程度上刺激着巴西生物柴油产业的发展。

第六节　本章小结与启示

根据上文对国外生物质能源开发与利用及政策实施的现状分析，可以得出以下结论。

第一，能源危机已经成为一个世界上大多数国家不可回避的历史事实，未来能源发展安全程度，成为各国在世界经济舞台上进行角逐的关键因素。经济越发达的国家，受能源日益枯竭所带来的不确定影响越大。能源多元化战略是世界经济发达国家应对能源不可持续的一种策略，开发利用生物质能源在世界范围内已达成基本的共识。

第二，由于不同国家能源资源构成不同，导致开发利用生物质能源的目标存在较大差异。作为能源资源较为丰富的国家，开发利用生物质能源更多是处于节能和环境保护的目的；而作为能源资源较为贫乏的国家，更多的是减小能源对外依存度，应对环境保护的压力。由于出发点不同，各国政府都制定了适合自己国情的生物质能源开发利用策略。逐渐形成了以立法手段为主，技术和政策优惠手段为辅，推向市场实现产业化为目的的生物质能开发支撑体系。该体系一方面以缓解能源安全，增加生态效益和社会效益为目标；另一方面又以增加就业，增加农民收入为目标。我国作为世界上最大的发展中国家，开发利用生物质能源需要在明确发展其目标的基础上，正确地选择适合我国国情的开发策略，通过一系列的立法措施、政策补贴手段等来支持生物质能源的健康发展。

第三，生物质能源产业作为一个新兴的产业，政府为其培育良好的市场环境相当重要。政府统一的科研机构为其开发利用提供了良好的基础，是技术研发转化的保证，而相应的政策优惠、经济和法律手段、产前产后服务、原料上游和下游的补贴是其顺利走向市场的推力。在初期，政府的"管"是生物质能源走向市场的保证，也是日后其政府退出生物质能市场的关键。美国、欧盟等发达国家，在开发利用生物质能源的过程中，都有着统一的国家科研机构和专门的研究领域，并有着专门的技术和政策支持手段，在不同目标的鞭策下，形成了本国开发生物质能源的特殊战略，不断推动着生物质能产业的市场化。这对我国生物质能源的开发利用无疑是一个最好的借鉴。

第四，纵观国外生物质能源生产国的发展路径都是选择本国具有资源禀赋优势的农产品作为主要的原料来源，因为生物质产业的发展都与本国其他产业部门相关联。美国生物质液态燃料开发利用的主要原料是以玉米制取生物燃料乙醇。玉米是美国最大宗的农作物之一，在世界主要玉米生产国中，美国玉米产量占全球玉米总产量的40%左右，稳居世界首位，其综合优势明显。以玉米为原料的生物质能源发展路径成为美国目前的必然选择。欧盟的代表性国家德国则形成了油菜制生物柴油。此外，印度尼西亚与马来西亚用丰富的棕榈油生产生物柴油。这对于我国生物质能源的未来原料开发选择上，给了一个良好的警示作用。我国特殊的国情决定了生物质能源开发利用的原料必须坚持"不与人争粮、不与粮争地"的原则，并依据于我国的资源禀赋优势，选择非粮植物和林木资源及农业生产、人类生活废弃物为原料。

第五，中国是一个发展中国家，工业化刚刚进入中期阶段，未来经济的发展、能源需求势必日益增长，对能源危机未雨绸缪，积极及尽早开发利用生物质能源对于中国比世界其他国家更具有战略意义。中国是一个农业大国，农村工业化、农业现代化必然改变农村的能源消费结构，使农村的生产用能、商品用能增加，从农村开始积极有效地进行生物质能源的开发利用，在农村及时地推广和运用能源新技术，发展沼气等再生能源，发展秸秆碳化、固体成型等节能技术，无疑具有世界其他国家无法比拟的特殊意义。借鉴他国经验，从农村起步，从技术上飞跃，迅速兴办和发展生物质能源产业，是中国落实科学发展观，真正实现可持续发展的必由之路。

第五章
我国生物质能源开发
利用现状与政策导向

生物质能源是人类一直赖以生存的重要能源，仅次于煤炭、石油和天然气，居于世界能源消费总量第四位。目前，生物质能源在世界能源总消费量中占14%，在近几年中国的能源消费结构中占15%以上。从环境的观点来看，它是构成自然生态系统的基本要素之一，因而在整个能源系统中占有重要地位。有关专家估计，生物质能源极有可能成为未来可持续能源系统的主要组成部分，到21世纪中叶采用新技术生产的各种生物质替代能源将占全球总能耗的40%以上。

第一节　我国生物质能源开发利用的资源基础

自然界生物质种类繁多，分布广泛，包括了所有水生生物和陆生生物及其代谢产物，但是能够作为能源用途的生物质才属于生物质能资源，其基本条件是可获得性和可利用性。在我国现有的科技水平和认识水平条件下，生物质能源按原料的化学性质分，主要包括糖类、淀粉和木质纤维素物质；按原料来源分，则主要包括：①农业生产废弃物，主要为农作物秸秆；②薪柴、树木枝杈、柴禾、柴草；③农林加工废弃物，木屑、谷壳和果壳；④人畜粪便和生活有机垃圾等；⑤工业有机废弃物，有机废水和废渣等；⑥能源作物，包括所有可作为能源用途的农作物、林木和水生植物资源等。其中，各类农林、工业和生活有机废弃物是目前生物质能利用的主要原料，主要提供纤维素类原料。

一、我国生物质资源的特点

（一）资源丰富

生物质资源是指自然界中的植物、人畜粪便以及城乡有机废弃物等可转化成能源的资源。我国生物质资源十分丰富，农业、林业生物质资源主要有农作物秸秆、能源作物、畜禽粪便、农产品加工副产品（稻壳、玉米芯和甘蔗渣）、薪柴、薪炭林及林地残积物等。石元春院士参考袁振宏等的资料，经整理和统一折算认为，我国年产的农林废弃物资源实物量（干物质）为14.35亿吨，相当于7.5亿吨标准煤；可用于生物质产业开发的实物量为9.5亿吨，相当于4.79亿吨标准煤。在可用资源量中，作物秸秆占46%，薪柴、薪炭林和林地残积物占33%，畜禽类粪便占12.5%，三者合占91.5%。根据农林业2020年的发展预测，估计届时农林废弃物的实物量为19.5亿吨，可开发量为11.8亿吨，相当于8.3亿吨标准煤，资源潜力是很大的（表5-1）（石元春，2005）。

表5-1 我国生物质资源统计

种 类	实物量 / 标准煤	可用率/%	可用量 / 标准煤	所占比例/%	备 注
作物秸秆	6.05 / 3.65	60	3.6 / 2.2	45.9	按1998年资料
畜禽粪便	3.20 / 1.1	55	1.8 / 0.6	12.5	按2000年资料
林地残疾物	2.0 / 1.1	50	1.0 / 0.63	13.2	
薪炭林	0.63 / 0.26	100	0.63 / 0.26	5.4	面积292万公顷蓄积量
薪 柴	1.7 / 0.7	100	1.7 / 0.7	14.6	按1998年资料
工业废弃物	0.77 / 0.4	100	0.77 / 0.4	8.4	木材及粮食加工废弃物
累 计	14.35 / 7.5	9.5 / 4.79	100		

它具有资源种类多、分布范围广的特点，可转化为电力、燃气和液体燃料等多种高品位能源。

我国有高等植物3万多种，居世界第三位，每年通过植物获取能量的理论值约为50亿吨标准煤，是目前我国年总能耗的3倍多。另外每年还有7亿吨作物秸秆（其热值相当于3.5亿吨标准煤）、2亿多吨林地废弃物和木材加工剩余物，禽畜粪便实物量1.2亿吨（干），数百万吨的树木果实和天然树脂，以及数百万吨的废弃生物油脂未被利用。就总资源量而言，我国生物质资源热值总量相当于8亿吨标准煤，其中可以作为能源开发的约为4.5亿吨标准煤，预计林业生物质资源量的热值到2020年将会达到15亿吨标准煤。

此外，我国有丰富的不宜用于农田而可作为能源植物种植的后备土地资源约1亿公顷，其中荒草地为4925万公顷、可人工造林面积为4667万公顷和薪炭林面积为445万公顷。我国广阔的亚热带和热带的低山丘陵是一座丰富的生物质资源宝库，按利用率20%计，可年产10亿吨生物质，产能5亿吨标准煤。在我国耕地及其后备资源十分紧缺，且鼓励发展非粮生物质能源的政策下，将不适宜耕种的边际性土地资源用于开发种植木薯、甜高粱、甘蔗等能源作物，不仅会有效地增加生物质能资源，还会为我国生态环境保护和可持续发展开启一片新的天地。

（二）来源广泛

目前已知道世界上的生物多达25万种，生物的多样性决定了生物质资源的多样性，任何一种生物都有可能为人类提供一种或多种生物质。例如，水稻可以提供稻壳和秸秆，含有淀粉、木质素和纤维素；树木可以提供树干、树根、树叶、果实和分泌物等，含有纤维素、木质素、单糖及多糖、松脂、单宁、生漆、植物油脂等。我国地大物博，南北跨度大，从暖温带到寒带的气候特点决定了具有生物多样性，使得生物质资源来源广泛，品种多样，为缓和能源供求矛盾和多样化利用及多维度开发创造了条件。

（三）用途多样

生物质资源开发利用转化途径具有多样性，这决定了生物质资源使用性能上的多样性。利用生物质资源可以生产清洁燃料，如沼气、生物乙醇、燃料乙醇和生物柴油等，还可以用于开发出适应未来市场需要且环境友好的石油和天然气的替代品生物基。以玉米为原料的生物燃料乙醇在产生过程中还可以生产高蛋白饲料，可以替代传统的饲料产品。例如，利用生物质资源还可以开发生物质能源高分子材料、生物质源精细化学品等。在这一过程中，由于生物质主要成分为碳水化合物，在生产及使用过程中总量上不会增加二氧化碳的排放，故此，发展生物质产业既有利于丰富物质经济，又不会对环境造成危害。我国农业部与美国能源部项目专家组对我国生物质资源可获得性评价中的预测是：到 2010 年，我国粮食产量为 5.6 亿吨，秸秆总量 6.57 亿吨，除了 2800 万吨用于造纸，1.13 亿吨用于饲料，还田 1.089 亿吨外，可作能源利用的秸秆约 4.071 亿吨。此外，每年产生畜禽粪便约 25 亿吨或干物质 1.2 亿吨，2020 年达 40 亿吨或干物质 2.2 亿吨（国务院发展研究中心调查研究报告，2007）。如果得以开发利用，并充分利用其多样性的特点，将大大丰富我国的物质经济。

生物质资源作为一种可再生能源，可免于我们面对未来能源枯竭的尴尬局面。它是一种可再生的、源源不断的、可更新的能源，如果能够充分地开发利用，将在很大程度上利于实现国家的能源安全和环境保护。

二、我国生物质资源的拥有量及分布

（一）农作物秸秆

农作物秸秆是籽实收获后留下的纤维含量很高的作物残留物，包括禾谷类、豆类、薯类、油料类、麻类，以及棉花、甘蔗、烟草、瓜果等多种作物的秸秆，是农作物的主要副产品，是自然界中数量极大且具有多种用途的可再生生物质资源（石磊等，2005；刘丽香等，2005）。农作物秸秆是我国主要的生物质能资源之一，据联合国环境规划署报道，世界上种植的农作物每年可提供各类秸秆约 20 亿吨，我国农作物秸秆年产量为 7 亿吨左右，位列世界之首，折合标准煤量为 3.53 亿吨，占全世界秸秆总量的 30% 左右，我国每年农作物秸秆资源量占生物质资源量的近一半（曹稳根等，2007）。1998 年，我国农作物秸秆总产量为 6.05 亿吨，可获得系数为85%，约5.14亿吨，相当于3.1亿吨标准煤，其中水稻、玉米和小麦秸秆约2.5亿吨标准煤，占秸秆总产量的84.3%左右。1999年我国农作物秸秆资源总量约为6.4亿吨，其中稻秸、小麦秸和玉米秸为三大农作物秸秆，约占秸秆资源总量的75.6%，目前我国农作物秸秆资源量已经超过7亿吨（郑晋鸣，张黎，2007）。随着科技的不断进步，农业单产能力的不断提高，以及农业高效化肥的使用，牲畜饲料的日益丰富，农村中电力、煤气等洁净能源的普及，不少造纸厂由于排放有害废液而被迫关闭等因素，我国农作物秸秆资源量将呈现逐年递增的趋势。专家预计到2010年将达到7.26亿吨，相当于3.5亿吨标准煤。我国各类农作物秸秆的资源量组成如图5-1所示，我国主要农产品产量变化趋势如图5-2所示。

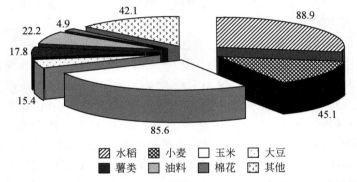

图 5-1　我国农作物秸秆资源组成（单位：100 万吨标准煤）（2001 年）

我国农作物秸秆资源主要集中在内地的粮食产区，如华北、东北、华东和华南等地区。农作物秸秆的可获得量主要与粮食等农作物的产量有关，如果农作物产量增加，则秸秆量也会相应的增加。目前我国主要农作物的产量变化趋势如图5-2所示，具有呈稳定上升的趋势。

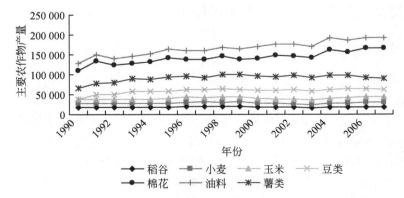

图 5-2　1990～2007 我国主要农作物产量变化趋势图

资料来源：中国统计年鉴 2008，其中薯类、油料单位为千吨；棉花单位为百吨；其他单位为万吨

根据李十中提供的农作物草谷比，由 $S_n = \sum_i^n S_i d_i$ 可以估算我国农作物秸秆资源量和其区域分布状况，根据图 5-2 的变化趋势很容易发现，近年来随着粮食产量的平稳上升，农作物秸秆产量也呈现出上升趋势。

尽管我国农作物生物质资源丰富，但如图 5-3 所示，在省际分布极不均匀，以致其在实际使用过程中存在一些问题。一是对秸秆综合利用认识不足，没有把秸秆真正作为资源来看待，缺乏统一规划，利用现状不明，综合利用推进不力，以致造成浪费和污染环境；二是秸秆利用的市场机制不完善，没有建立起有效的市场运作机制和储运体系，秸秆的商品化程度低；三是秸秆资源利用及拥有量家底不清，政策激励不够，缺乏鼓励秸秆综合利用和进行技术创新的配套政策；四是缺乏秸秆开发利用的经济适用技术和产业体系，秸秆的产业化开发不力。长期以来受消费观念和生活方式的影响，我国农作物秸秆完全处于高消耗、高污染、低产出的状况，相当多的一部分农作物秸秆被弃置或者进行焚烧，没有得到合理的开发利用。我国西北地区，如陕西、甘肃等省的农民目前仍然以秸秆为主要的炊事和取暖的燃料，以直接燃烧秸秆的方式进行低效利用。而直接燃烧的效率十分低下，热效率仅为 5%~8%，由此造成了对农作物秸秆资源的大量浪费。据调查，目前我国秸秆利用率约为 33%，其中大部分未加处理，经过技术处理后利用的仅约占 2.6%。随着中国农村经济的发展，农民收入的增加，现代生活意识的逐渐增强和农业产业结构的调整，大量的商品能源逐渐走进农村家庭，农业高

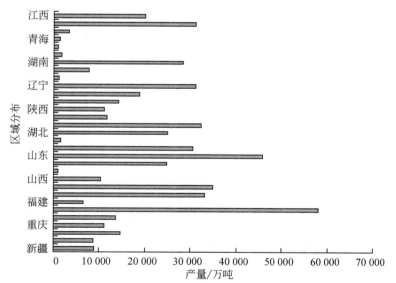

图 5-3　2007 年我国主要农作物产量区域分布

资料来源：中国统计月报 2008，这里主要农作物即图 5-1 中的农作物

效化肥的使用都将秸秆资源取而代之，使得近年来在我国粮食主产区出现了因焚烧秸秆而严重污染环境的现象。既浪费了资源，也给人们的生活和工农业生产带来了很大的影响。因此，综合利用农作物秸秆资源，特别是将其能源化，对于节约资源、保护环境、增加农民收入、促进农业的可持续发展都具有重要的现实意义。

（二） 林业生物质资源

我国的林业生物质资源非常丰富，它的应用范围十分广泛，不仅可以用于家庭生活，还可用于工业生产。根据 2004 年第六次全国森林资源清查结果，我国现有用材林面积862.58 万公顷，蓄积55.124 亿公顷；薪炭林面积303.44 万公顷，蓄积5.627 亿公顷；经济林面积2139.00 万公顷；竹林面积484.26 万公顷。据统计每年约有1.5 亿吨森林采伐、木材加工的生物质废气物；约有1 亿吨各种修枝等林业生物质；200 多万吨的树木果实和天然树脂；100 多万吨没有开发利用的松脂，若充分开发这些目前没有得到充分利用的资源，将会替代约1.3 亿吨石油能源。

目前全国森林面积已达 1.75 亿公顷，蓄积量为 124.56 立方米；现有林业生物质中可用作工业能源原料的生物量有 3 亿多吨，包括林木加工剩余物约 2000 万吨，薪炭林约 2270 万吨，用材林约 11 790 万吨，灌木林约 3390 万吨，疏林约270 万吨以及其他林木废弃物等。全部开发利用可替代 2 亿吨标准煤。此外，丰富的林地和沙地等边缘性土地资源，可以发展为林木生物质能源基地；多样化的油料树种和速生乔木、灌木树种，为发展林业生物质能源提供了丰富的种质资源。充分利用这些资源开发林业生物质能源，形成新的能源产业，一方面将成为解决我国能源问题的一条重要途径（唐红英，2008），另一方面也能够实现中央提出的生物质能源不与人争粮，不与粮争地的目标。

（三） 禽畜粪便

禽畜粪便也是一种重要的生物质能源。除在牧区有少量的直接燃烧外，禽畜粪便主要是作为沼气的发酵原料。中国的禽畜主要是鸡、猪和牛，根据这些禽畜品种、体重、粪便排泄量等因素，可以估算出粪便资源量。根据计算，目前我国禽畜粪便资源总量约 8.5 亿吨，折合 7837 多万吨标准煤，其中牛粪 5.78 亿吨，可折合 4890 万吨标准煤，猪粪 2.59 亿吨，可折合 2230 万吨标准煤，鸡粪 0.14亿吨，可折合 717 万吨标准煤。畜禽粪便是很重要的沼气生产原料。据估计，全国畜禽粪便的理论沼气生产量在 650 亿立方米以上。

在粪便资源中，大中型养殖场的粪便是更便于集中开发和规模化利用的。如能在大型养殖厂配套建设畜禽粪便—沼气池—发电设施，我国的生物质能发展会上一个新的台阶。我国目前大中型牛、猪、鸡场有 6000 多家，每天排出粪尿及冲洗污水 80 多万吨，全国每年粪便污水资源量为 1.6 亿吨，折合 1157.5 万吨标准煤。目前只有 20% 的粪便污水受到不同程度的厌氧或耗氧处理，处理数量有限，大部分都是直接排泄在环境中，故对环境造成了很大的污染。在传统农业中我国的禽畜粪便主要用于农业肥料，只是在西藏、青海等少数民族地区才通过风干直接燃烧的方法利用禽畜粪便为燃料。随着农户经营被现代化、工业化的农业经营替代，传统的畜粪肥田—种田增粮—养畜模式被打破，农业很难消耗利用畜粪，以致畜牧业的环境污染日益严重。尽管目前在广大农村用禽畜粪便作为沼气原料而获得能源较为普遍，但仍有大量畜禽粪便没有被利用。

（四）城市有机垃圾

随着我国城市化水平的提高，城市数量和城市规模都在不断扩大。与此同时，我国城镇垃圾的产生量和堆积量均在逐年增加（表 5-2），年增长率在 10% 左右。1995 年中国城市总数达 640 座，垃圾清运量为 10 750 万吨。城镇生活垃圾主要是由居民生活垃圾，商业、服务业垃圾和少量建筑垃圾等废弃物所构成的混合物，成分比较复杂。目前中国大城市的垃圾构成已呈现出向现代化城市过渡的趋势，表现为以下特点：一是垃圾中有机物含量接近 1/3，甚至更高；二是食品类废弃物是有机物的主要组成部分；三是易降解有机物含量高。目前中国城镇垃圾热值在 4.18 兆焦/千克（1000 千卡/千克）左右。

表 5-2　我国生活垃圾清运量

时 间	垃圾清运量/10^6 吨	时 间	垃圾清运量/10^6 吨	时 间	垃圾清运量/10^6 吨
1985 年	44.8	1997 年	109.8	2000 年	118.2
1990 年	67.7	1998 年	113.0	2001 年	123.8
1995 年	107.5	1999 年	114.2		

城市生活垃圾的资源统计难度较大，因为不同地区、不同城市的垃圾成分差异很大，甚至同一城市不同来源的垃圾组成也不同，主要与生活水平、生活习惯、生产结构、产品结构、能源结构、城市建设、绿化面积、城市地理位置和季节气候等极为复杂的因素有关（表 5-3）。

表 5-3　我国典型城市的生活垃圾组成　　　　　　　　　单位:%

城 市	厨余垃圾	废 纸	废塑料	废纤维	炉 渣	碎玻璃	废金属	有机物总量
北 京	27	3	2.5	0.5	63	2	2	33
天 津	23	4	4		61	4	4	31
杭 州	25	3	3		5	2	2	31

城 市	厨余垃圾	废 纸	废塑料	废纤维	炉 渣	碎玻璃	废金属	有机物总量
重 庆	20				80			20
哈尔滨	16	2	1.5	0.5	76	2	2	20
深 圳	27.5	14	15.5	8.5	14	5	5.5	65.5
上 海	71.6	8.6	8.8	3.9	1.8	4.5	0.6	92.9

(五) 工业有机废弃物

工业有机废弃物可分为工业固体有机废弃物和工业有机废水两大类。在我国，工业固体有机废弃物主要来自木材加工厂、造纸厂、糖厂和粮食加工厂等，包括木屑、树皮、蔗渣、谷壳等。工业有机废水资源主要来自食品、发酵、造纸工业等行业，以及制药、屠宰、面粉、植物油、石化、天然橡胶、糠醛等非轻工业行业。初步统计，目前全国年产有机废水 25.2 亿吨，废渣 0.7 亿吨，可获得沼气资源量为 106.8 亿吨。我国的木材加工生产线都是跑车带锯制材生产线，锯材规格质量较差，合格率仅为 50% 左右。如按平均原木出材率为 70%、锯材利用率为 60% 计算，1995 年全国木材剩余物的数量应为 3700 万立方米，约占木材生产总量的 55%，由粮食加工行业排出的谷壳量达 4000 万吨，除小部分用于酿酒、饲料和生产能源外，其余大部分沦为废弃物，成为该行业的环境负担。

第二节 我国发展生物质能源开发利用的动因

一、能源危机是开发利用生物质能源的直接动力

能源是人类经济社会发展最根本的动力。近年来，我国经济每年以 7%~8% 的速度增长，而相应的能耗也以平均每年 8.25% 的速度增长，石油的消费从 1982 开始一直维持着年平均 5.6% 的增长速度。根据中国国家统计局数据，中国近几年的石油进口量分别为：2000 年 9748.5 万吨，2001 年 9118.2 万吨，2002 年 10 269.3 万吨，2003 年 13 189.6 万吨，2004 年进口石油达 15 168 万吨。虽然 2005 年中国原油和成品油的消费量呈负增长趋势，但是石油净进口达到 13 617 万吨，成品油净进口为 1742 万吨。2005 年美国能源环境信息署（IEO2005）又发布了：能源的剩余可采储量、储量增长潜量及待发现资源量的信息，全球石油还可用 53 年，天然气可用 63 年，煤炭可用 90 年（石元春，2007）。据国家发展和改革委员会预计，2007 年我国石油消费量将达到 3.5 亿吨，高于 2006 年 3.4 亿吨的年消费量。而 2006 年我国石油的进口依存度接近 50%，专家预计 2007 年的

石油对外依存度将达到50%；到2010年我国需要一次性能源标准煤30亿～40亿吨，最低不少于20亿吨；到2020年需要标准煤60亿～80亿吨。而我国探明可利用的煤炭总储量接近1900亿吨，人均煤炭储量为17 136吨，按每年耗储50亿吨计算，1900亿吨可利用煤的储量也支撑不到40年；探明的油气资源的储量将不足10年消费，最终可采储量勉强可维持30年的消费（2003年中国地质科学院《矿产资源与中国经济发展》报告），能源危机已经成为摆在我们面前的一个不可否认的事实（王雅鹏等，2008）。

按照世界经济发达国家的历史发展经验，一般情况下，经济总量和能源消费量是同步上升的，中国要持续推动经济发展，就必须保持能源的持续供给，就必须面对难以避免的两个情况：一是石油消费量显著增加；二是受石油资源的约束需要大量进口石油满足国内需求。中国石油供应的一大半将依赖国际资源，一方面将对国际石油市场的供求关系产生一定影响；另一方面使中国的石油安全问题变得十分突出，如何准确把握影响石油安全的国际形势和树立切合实际的石油安全观，如何充分利用好国内外两种资源，如何建立针对石油安全的紧急应对机制和预警机制，如何参与到有利于保证中国石油安全的国际合作框架中，如何提高中国石油企业参与国际市场竞争的能力，是摆在中国政府和企业面前需要很好地解决的重要问题（张无敌等，2000）。在此背景下，生物质资源作为可再生性替代能源，其开发利用必然会受到重视；当生物质能这种清洁能源通过现代化高效技术的转化利用，在世界范围内闪烁亮点并成为能源家族中的后起之秀和石油战略中的调节器时，生物质能则成为各国制定能源安全战略决策的重要考虑因素，其开发利用必然备受重视。

二、丰富的生物质资源是发展生物质能源的巨大引力

生物质能源，源于太阳，储于生物，是以农林等有机废弃物和利用边际性土地种植的能源生物为原料，以农作物淀粉、油脂为调剂所生产的可再生性清洁能源。与粮食安全和农业生产结构组成有直接关系的液态生物质燃料——燃料乙醇和生物柴油，都属于生物质能源。

燃料乙醇的生产原料主要有玉米、甜高粱、木薯、甘薯等。我国有11 608万公顷边际性土地，可种植甜高粱、木薯、旱生灌木等能源植物。甜高粱对土地条件要求低，盐碱地、沙荒地都可以种植，对水的利用效率也高，甜高粱秆糖度为14%，可以直接榨取糖分进行乙醇发酵，加工工艺比淀粉乙醇简单，糖分发酵后就成为乙醇，其加工成本也比较低，比玉米乙醇大约低30%。我国是薯类生产大国，种植面积占世界总面积的2/3。目前，主要用作饲料和淀粉，对其进行深加工，用其淀粉糖制作燃料乙醇，具有很大的生产潜力，而且其剩余物中的

大量木质纤维素等营养物质仍会以饲料和肥料的形式进入土壤及生物质的循环系统，为农业进一步持续发展提供有利条件。制备生物柴油的原料包括大豆、油菜籽、花生、芝麻等草本油料和油桐籽、油茶等木本油料或动物脂肪。由于木本油料生长周期长、规模小，大豆、花生的种植与粮食争地，目前最主要的原料是油菜籽，油菜种植面积能否扩大和产量能否提高，是生物柴油能否发展的关键。从面积扩大的可能性看，我国黄淮海流域、西北、东北等广大地区都适宜种植油菜，仅长江流域和黄淮海地区适宜种植油菜的冬闲地就有 0.2 亿公顷，发展生物柴油有丰富的原料产能；从产量提高的可能性看，我国油菜单产比欧洲国家低，出油率也比其低近 10%，通过品种改良和引进推广，潜力也是很大的。甜高粱、薯类、油菜籽的生产状况和潜力共同构成了生物质液态燃料发展的一种潜能，成为促进其开发利用的强大引力。

三、良好的生态效益和经济效益是生物质能源得以开发利用的推动力

大量使用煤炭、石油、薪柴等一次性能源，不仅造成了能源危机，更重要的是破坏了生态环境，使温室气体效应、二氧化碳过量排放、二氧化硫过量排放及酸雨等问题接踵而来。英国政府公布的一份 700 页的报告指出，现在的情况远比制定《京都议定书》时预期的问题还要严重，如果温室气体的排放按目前的速度增长，海平面升高引发的洪水可能使 1 亿人被迫离开家园，冰川消融可能导致全球 1/6 的人口缺水，而干旱可能造成数千万的"气候难民"（表 5-4）。今后两个世纪内全球为此付出的成本将达到 GDP 的 5%~20%（李雁争，2007）。我国现有的能源消费构成中，煤炭占 71.6%，石油占 19.8%，天然气占 2.1%，其他生物质能占 6.5%，以消耗煤炭为主。煤炭燃烧除排放大量的二氧化碳外，还排放大量的二氧化硫。据吴辉 2003 年对京西北电力走廊、新疆的考察证明，华北地区的荒漠化根源于燃煤发电排放的二氧化硫，它造成大面积的植被死亡、生态环境退化、蓄水能力下降。燃煤发电是山西、内蒙古生态退化的罪魁祸首，是北京沙尘暴的主要原因（王卉，2007）。

生物质能源属于清洁能源，可大大减轻人类使用能源造成的环境危害。生物质能源作物玉米、甜高粱、薯类、油菜等在生长期要吸收和消耗空气中大量的二氧化碳，排放出氧气，在转化成燃料以后虽然也有二氧化碳排放，但一般可以做到二氧化碳吸收与排放平衡。生物质液态燃料——燃料乙醇和生物柴油中氧的含量高，不含对环境造成污染的芳香族烷烃，因而有利于保护环境。同时，生物质能源的开发利用在经济上也是有利可图的。据专家测算，如果玉米价格不超过1800 元/吨，石油价格每桶不低于 60 美元，加工生产燃料乙醇的企业就会有效益，而国际石油价格 2008 年初曾经多次突破每桶 100 美元，生产加工利润是不

言而喻的了。尽管 2008 年由美国次贷危机引发的金融风暴侵袭实体经济，使得国际油价大幅下滑。但据新华网获悉，此轮油价下跌根本原因在于经济下行带来的需求疲软，随着全球经济回暖，石油需求必然大幅回升。法国石油巨头道达尔中东地区负责人称"石油依然是未来人们利用的主要能源，他预计到 2030 年石油占世界能源供应的比重将仅从目前的 80% 微降至 75%"。国际能源署首席经济学家比罗尔称"已经得到有关能源投资将被延迟的消息，这是一个很大忧虑，或将引发石油供应短缺及出现史无前例的高油价"[1]。

表 5-4　全球生态环境恶化的具体表现

项目恶化	表　现
土地沙漠化	10 公顷/分钟
森林消失	21 公顷/分钟
草地减少	25 公顷/分钟
耕地减少	40 公顷/分钟
物种灭绝	2 个/时
土壤流失	300×10^4 吨/时
二氧化碳排放	1500×10^4 吨/时
垃圾产生	2700×10^4 吨/时
各种废水或污水排放速度	
各种自然灾害造成的损失	1200×10^8 吨/年

同时生产燃料乙醇以后的副产品还可以作为饲料使用。用油菜籽生产生物柴油，综合利用其副产品菜籽饼粕以后，效益也很好。据对华中农业大学开发的油菜籽直接生产生物柴油工艺进行效益核算，一套总投资 6000 万元左右的年加工 3 万吨油菜籽的生物柴油综合处理装备，可制备生物柴油 1 万吨、甘油 1000 吨、菜籽饼粕 2 万吨。对菜籽饼粕进行进一步加工，可生产浓缩蛋白 8500 吨、无毒饲料 7000 吨、植酸钠 400 吨，年销售收入可达 14 000 万元，利税总额为 2500 万元，利润空间很大。生物质能源开发利用的良好环境效益和经济效益，有力地推动了其迅速发展。据中国科学技术信息研究所战略研究中心黄军英（2007）分析：在过去两年，全世界在可持续能源（可再生能源和能效）领域的投资增长了 1 倍多。2004 年该领域的投资为 275 亿美元，2005 年增长到 496 亿美元，2006 年进一步增长到 709 亿美元，2007 年第一季度的投资继续呈上升趋势，据估计，2007 年可持续能源投资有望达到 850 亿美元。

---

① 新华网：http://news.xinhuanet.com/fortune/2008-11/15/content_10360757.htm。

四、增加农民收入和就业机会，是生物质能源开发的社会驱动力

生物质能源产业化的发展将是我国能源可持续发展的新动力。随着生物质能源产业的发展，将会促进大部分农作物向能源作物转变、发展。并能够在很大程度上促进新农村建设的发展和农村产业结构的调整，特别是定向培育能源林政策的出台，既有利于为物质能源的开发利用提供原料来源，又有利于农民从中获取补帖收入和劳务收入。

此外，生物质能资源的开发，将是农民增收和农转工就业致富的新途径。中国农村人口有9亿，其中约有50%的农村低收入和贫困人口分布在比较贫困的山区、沙区；65%人口的生活燃料依赖传统的可再生能源。新开发的菊芋、木薯、甜高粱、薪炭林等高产能源作物，可种植在荒山、滩涂等边际性土地上，这将为种植业结构的拓宽开辟新的领域。目前我国尚有1亿多公顷的土地不宜垦为农田，但这些边际性土地对生物质产业来讲是宝贵的资源，可种植高抗逆性能源植物。据统计，这些边际性土地种植能源作物可以年产或替代6亿吨燃油（相当于目前全国石油年消费量的1倍），这对土地贫瘠、偏远的农村来讲，大力发展生物质能源，既能增加农民收入，又能为其提供廉价、清洁的能源，对有效解决贫困和能源供应问题，提高农民生活水平，实现脱贫致富，无疑是一条十分有效的途径。

开发利用生物质能源，不但可以通过现代化的生化技术、物化技术将生物质能源转化为类似于市场上消费的常规能源，还可以形成成千上万种的化工产品。因此，推进生物质转化基地建设，将会创造更多的农民就业岗位，它直扣当今"三农"、能源和环境三大主题。在全国农业生产秸秆的大县和山区林木种植大县，开发绿色能源，可以充分利用当地的剩余劳动力，可以启动农业生物质转化基地工程，发挥乡镇一级组织、加工、协调的主导作用。据测算，由此可新增400亿元和至少1000多万个就业岗位。既能推动中小城镇的发展，减少大中城市的人口和就业压力，又能缩小工农及城乡间的差距，为农民创造就业岗位和增加收入开辟新径，走出一条具有中国特色的"开发现代农业新能源"的道路。

第三节　我国生物质能源开发利用状况

我国政府及有关部门对生物质能源的利用极为重视，科学技术部已连续在4个国家五年计划中将生物质能技术的研究与应用列为重点研究项目。目前我国已涌现出一大批优秀的科研成果和成功的应用范例，如户用沼气池、生物质气化发电和集中供气、生物压块燃料等，取得了可观的社会效益和经济效益。同时，我

国已形成了一支高水平的科研队伍，在国内有名的科研院校和大专院校中，拥有一批热心从事生物质技术研究与开发的著名专家学者。20余年来，通过生物质资源的开发、能量转换技术研发和小规模产业化工程示范，我国的生物质能产业已形成了一定的发展基础。

目前我国生物质能源的生产已经进入产业化阶段，生物化工产业快速发展，有机化学、有机肥料、生物化学农药及生物医药等行业已实现规模化生产。在技术水平方面，发展生物质产业的关键技术已经基本成熟，在部分领域已拥有一批具有自主知识产权、技术水平位居世界前列的成果，已基本具备了规模化生产和产业化经营的技术条件。与发达国家相比，我国在木质纤维素水解、微生物利用水解糖、连续发酵和再现分离等技术方面占有一定优势，如果政策措施得力、部署得当，有望取得突破。

一、生物质能源开发利用机构简介

中国科学院青岛生物能源与过程研究所（筹）（Qingdao Institute of Biomass Energy and Bioprocess Technology，Chinese Academy of Sciences，QIBEBT，CAS）是中国科学院、山东省与青岛市于2006年7月开始共同筹建的，是瞄准国家战略需求和世界科技前沿建立的新型研究所，是纳入国家知识创新工程支持范围的中国科学院直属科研机构。

建所使命：坚持知识创新、技术创新与区域创新相结合，坚持科技创新与人才培育相结合，面向能源、环保与资源等国家重大需求，面向国际生物加工与转化科技前沿，重点在生物资源、微生物转化、生物过程工程等领域开展植物、微生物等生命体遗传改良的技术研究，生物过程集成优化研究，提升我国工业生物技术研究与产业化水平，从根本上解决生物能源技术体系中生物质资源不足、生物转化和加工效率低下以及生物转化工艺难以规模化生产等难题，引领构建我国生物质能源科技创新体系；建立面向社会的工业生物技术与过程公共技术研发平台，提升区域自主创新能力，带动区域相关产业发展，培育新兴产业；结合科技创新实践培养研究生，结合区域经济社会发展需求与知识技术转移转化为社会培养、培训、输送技术人才。

研究领域：基于各类生物资源，以工业生物技术为主线，以战略高技术研发为主要任务，研究开发生物基能源、生物基材料以及其产品、工艺和技术，服务于国家和地方在资源开发、能源利用、清洁生产过程等领域的需求。主要开展能源植物培育与改良、微生物筛选改造、微生物催化与代谢调控、生物降解过程、生物过程工程中反应、分离和放大集成、生物转化过程和计算机系统仿真、重要技术安全性评价等研究领域。

广东省新能源和可再生能源研究开发与应用重点实验室：依托于中国科学院广州能源研究所，省政府早在 1995 年就开始通过省长专项基金支持实验室基础建设工作，并在 1999 年 11 月正式立项建设，2002 年 10 月通过广东省科技厅验收。2003 年初开始进行学科调整，以新能源和可再生能源为主线设置 3 个研究方向：生物质能、天然气水合物和能源战略。2003 年 9 月立项进行二期建设，并搬迁到五山创新园区，根据研究方向布局建立相应的创新体制和机制，实行与国际接轨的实验室管理。拥有热能工程硕士点，与科研院所联合培养博士。

研究内容：生物质能源植物选育、利用过程的环境与生态影响评估、分布及特性，生物质能利用过程碳、氢、氧、氮循环模拟；生物质气化与燃烧、气化发电、热解液化、高能转化；化学合成液体燃料，生物质柴油改性提质及利用，气化制氢；RDF 的研究及技术开发，特种垃圾的热解焚烧，固体废弃物处理成套技术设备及系统集成。天然气水合物形成机制和分布特征研究；探测技术、资源评价和综合判识系统的研究；热力学、动力学和传热、传质学理论研究；天然气开采理论与技术；能源利用及环境保护技术研究。能源战略设计理论和方法研究；能源资源结构分析；能源政策分析与战略研究，能源利用过程的经济、环境评价与污染控制、微能源系统、微流体 MEMS，生物传热理论与技术。

二、我国生物质能源发展的示范工程

我国生物质能源发展的示范工程主要表现在生物质气化发电技术和生物质热解气化技术方面。我国已经开发出多种固定床和流化床气化炉，以秸秆、木屑、稻壳、树枝为原料生产燃气。目前用于木材和农副产品烘干的有 800 多台，村镇级秸秆气化集中供气系统近 600 处，年生产生物质燃气 2000 万立方米。兆瓦级生物质气化发电系统已经推广应用 20 多套，"十一五"期间，国家"863 计划"支持建设了 6 兆瓦规模的生物质气化发电示范工程[①]。中国科学院广州能源研究所从 20 世纪 80 年代就开始从事生物质能的开发与利用研究，在 1 兆瓦生物质气化发电系统研制的基础上，又承担了国家高新技术"863 计划"项目：大型生物质气化发电产业化关键技术的研究，4 兆瓦级生物质气化整体联合循环发电示范工程设计就是在这一背景下产生的。该示范工程位于江苏省镇江市丹徒经济技术开发区。2006 年 12 月 1 日，我国第一个国家级生物质发电示范项目——国家电网公司国能单县生物质发电有限公司正式投产，这标志着我国生物质能发电事业实现了新的突破。2009 年 11 月，我国引进一个特大沼气工程 CDM（清洁发展机制）项目——山东民和 2 万立方米沼气并网发电工程，利用全球环境基金资助在

---

① http：//www.biotech.org.cn/news/news/show.php? id＝56574。

广东省实施牲畜废弃物管理东南亚工程，农业部在全国示范建设 16 处大型秸秆沼气集中供气工程。

此外，生物质致密成型、生物质裂解与干馏技术也取得了进展。目前，可以采用如下方法利用生物质能：一是利用热化学转换技术，获得木炭焦油和可燃气体等品位高的能源产品，其具体方法分为高温干馏、热解、生物质液化等方法；二是生物化学转换法，主要指生物质在微生物的发酵作用下，生成沼气、乙醇等能源产品；三是利用油料植物所产生的生物油；四是直接燃烧技术，包括炉灶燃烧技术、锅炉燃烧技术、致密成型技术和垃圾焚烧技术等。从技术成熟性上看，目前我国生物质气化发电技术处于国际先进水平，而生物燃油特别是生物乙醇的研发、示范也取得了相当的经验。

热解气化技术：目前全国已经建设推广了 100 多个示范工程。生物质发电在我国已经有 40 年的历史，其主要原料是稻壳和谷壳，且主要用于大米加工厂。由于发电规模小，经济效益差，发展缓慢，发电规模一直维持在 60～200 千瓦。

三、我国生物质能源开发利用政策分析

我国生物质资源丰富，迫于能源与环境危机的压力，我国政府也开始重视生物质能源的开发利用。2001 年为了解决大量的库存粮积压带来的沉重的财政负担和发展石化替代能源，中国开始了以陈化粮为原料的燃料乙醇生产，国家计划委员会发布了示范推行车用汽油中添加燃料乙醇的通告，之后试点方案与工作实施细则出台。自 2002 年 3 月国家经济贸易委员会等 8 部委联合制定颁布了《车用乙醇汽油使用试点方案》和《车用乙醇汽油使用试点工作实施细则》，明确试点范围和方式，并制定试点期间的财政、税收、价格等方面的相关方针政策和基本原则，对燃料乙醇的生产及使用实行优惠和补贴的财政及价格政策。之后随着《车用乙醇汽油扩大试点方案》和《车用乙醇汽油扩大试点工作实施细则》的发布，车用乙醇汽油试点工作在中国大部分地区扩大，与此相应的优惠措施也在进行中。自 2002 年以来，中央财政积极支持燃料乙醇的试点及推广工作，主要措施包括投入国债资金，用于河南、安徽、吉林 3 省燃料乙醇企业建设；实施税收优惠政策，对国家批准的黑龙江华润乙醇有限公司、吉林燃料乙醇有限公司、河南天冠燃料乙醇有限公司、安徽丰原生化股份有限公司 4 个试点单位，免征燃料乙醇 5% 的消费税，对生产燃料乙醇的增值税实行先征后返；建立并优化财政补贴机制，在扩大试点规模阶段，为促进企业降低生产成本，改为按照平均先进的原则定额补贴，补贴逐年递减。随后，2006 年 9 月，财政部、国家发展和改革委员会、农业部、国家税务总局、国家林业局联合出台了《关于发展生物质能源和生物化工财税扶持政策实施意见》，在风险规避与补偿、原料补助、示范补助、

税收减免等方面对于发展生物质能源和生物化工制定了具体的财税扶持政策①。目前,国家对定点生物燃料乙醇生产企业的财政补贴由过去的定额制改为弹性制,按照最新制定的《生物燃料乙醇弹性补贴财政财务管理办法》规定,当油价上涨,燃料乙醇销售结算价高于企业实际生产成本,企业实现盈利时,国家不予亏损补贴。企业应当建立风险基金,风险基金要由企业专户存储,专项用于弥补今后可能出现的亏损。该办法还规定了弹性补贴标准的核定方法。当燃料乙醇销售结算价低于标准生产成本,企业发生亏损时,先由企业用风险基金以盈补亏,风险基金不足以弥补亏损时,国家将启动弹性补贴。此外,自 2006 年 1 月 1 日起,《中华人民共和国可再生能源法》正式生效以来,国家有关部门相继出台了《可再生能源发电有关管理规定》等配套实施细则,重点支持可再生能源发电技术;财政部也发布了财税支持政策;农业部也适时发布了《农业生物质能产业发展规划》。上述政策措施的出台十分有利于保证投资人的利益,为生物质能的开发利用带来良好的发展机遇,促进了生物质产业的发展。随后政府又出台了一系列的法律、法规以及有关财税补贴方面的具体措施。以下就财税方面的具有措施作以简要阐述。

(1)政府补贴

1)事业费补贴。中央财政不仅为中央和地方的专门管理机构的运转提供经费,同时也为这些部门的活动提供资金。

2)研究与发展补贴。中央政府通过国家发展和改革委员会和科技部对可再生能源技术的科技攻关提供资金。其中科技部"九五"期间的科技攻关费用约6000 万元 用于可再生能源的发展,平均每年约 1500 万元。"十五"期间,包括科技攻关、"863 计划"和"973 计划",都为可再生能源发展提供了大量的经费支持,总额已超过 3 亿元。

3)投资贴息补贴。中央政府通过相关部门由中央财政对可再生能源技术的发展项目提供贴息。例如,国家经贸委每年拥有 1.2 亿元的贴息贷款用于支持可再生能源产业发展。

4)项目补贴。中央政府也通过不同的渠道对可再生能源技术进行补贴,如户用沼气系统、省柴灶推广等。

(2)税收优惠政策

1)关税优惠。尽管中国没有关于生物质能技术的产品进口采用低税率的明文规定,但在实际执行中可参照风力发电和其他可再生能源技术所享受的政策,主要部件和整机进口关税都享受了优惠税率。由双边援助或多边援助,用于边远地区供电系统或扶贫项目的光伏发电系统一般可以申请免税。

---

① http://www.agri.ac.cn/DecRef/AgriCyc/200709/49515.html。

2）增值税优惠。目前，虽然对可再生能源还没有制定统一的增值税优惠政策，但其中有3个例外，使得可再生能源的增值税明显低于其他产业。一是人工沼气的增值税按13%计征；二是水力发电增值税税率按6%计征；三是风力发电的增值税按6%计征。

3）所得税优惠。企业利用废气、废水、废渣等废弃物为主要原料进行生产的，可在5年内减征或免征所得税。对中外合资、合作和独资企业实行的税收"三免两减"的政策，这一般是对所得税而言的。当企业使用银行贷款时，所得税可以税前还贷或税后还贷。采取税前还贷，实际上是对企业减免所得税的一种方式。减免所得税的另一种方式是加速折旧，减少企业账面利润。

4）地方税优惠。地方税主要有所得税、增值税附加、土地占用税等，目前还没有出台对可再生能源企业减免所得税的政策，只是一些地方考虑以加快设备折旧的方式来减少企业的所得税。内蒙古对风能系统采取了降低增值税附加税率的措施（由8%降为3%），大部分地区对风电机占地采取了减免土地税和土地划拨政策，实际上风电机征地是零费用，生物质能比照该税率征收。

四、典型应用领域

（一）沼气

沼气技术是我国发展最早和应用最广的生物质能源利用技术。在20世纪30年代，著名科学家周培源教授在江西省宜兴县建造沼气池，用以点灯做饭。20世纪50年代末，全国推广沼气池，但技术不成熟。到20世纪70～80年代，针对农村能源严重短缺情况，重点发展了户用沼气池、节柴炕灶、薪炭林和大中型沼气工程系统等技术（第九届全国人大四次会议，2001）。经过多年的研究、开发与应用，我国的沼气技术基本上已经实现了商业化，并在农村得到了普遍推广，取得了很好的社会效益和环境效益。1998年，全国推广了省柴节煤炉灶1.85亿户，发展户用沼气有688万户（其中10.9万户为集中供沼气），大中型沼气工程为748处，城市污水净化沼气池为5万处，总池容为209万立方米。到2005年底，全国沼气利用量达到80亿立方米，户用沼气池发展到1807万户、大中型沼气工程累计建成3556处、城市污水净化沼气池累计49 300处。至今，我国已建设了大中型沼气池3万多个，总容积超过137万立方米，年产沼气5500万立方米，主要用于处理农作物秸秆、禽畜粪便和有机废水，取得了一定的环境效益和社会效益，对发展当地经济和使用厌氧技术起到了积极作用。以沼气利用技术为核心的综合利用技术模式（如"四位一体"模式、能源环境工程等），由于其明显的经济效益和社会效益得到快速发展，成为我国生物质能利用的一大特色。同时沼气产业规模发展不断扩大，沼气灶具及其配套产品年生产能力已达到500万套，沼气产品基本实现了标准化，工程实现了规范化设计和专业化施工，沼气产业建设已进入了一个新的发展阶段。截至 2009 年底，全国农村沼气用户已达到 3050 万户，年生产沼气约 122 亿立方米，约生产沼肥（沼渣、沼液）3.85 亿吨，使用沼气相当于替代 1850 万吨标准煤，减少排放二氧化碳 4500 多万吨，替代薪柴相当于 0.07 亿公顷林地的年蓄积量，每年可为农户直接节支增收 150 亿元（杨希伟等，2010）。

（二）生物质液态燃料

我国目前生物质液态燃料主要包括燃料乙醇和生物柴油。2002 年后全球燃料乙醇产量出现井喷，尤其是美国燃料乙醇产量以超常规速度增长。我国从 2002 年开始了燃料乙醇试点工作，主要在吉林燃料乙醇、黑龙江华润乙醇、河南天冠燃料乙醇和安徽丰原燃料乙醇 4 家定点生产，起初的生产原料主要为陈化粮，目的是调节库存流通与生产，减少过高的库存积压成本，之后燃料乙醇便在全国迅速发展起来。2003 年 11 月，吉林省率先开始在全省范围内封闭运行推广车用乙醇汽油；2004 年下半年，辽宁、黑龙江两省相继实现了全省车用乙醇汽油封闭销售。至此，整个东北地区全部封闭推广车用乙醇汽油。此后我国分别在河南、安徽、吉林和黑龙江建设了以陈化粮为原料的燃料乙醇生产厂，2005 年总产量达到 102 万吨，成为继巴西、美国之后的世界第三大燃料乙醇生产国和使用大国。2006 年我国燃料乙醇的生产量进一步达到 144 万吨。2006 年 7 月财政部还表示，中央财政投入国债资金 418 亿元，积极支持燃料乙醇的试点及推广。自 2002 年试点以来，4 家燃料乙醇定点生产企业共减免两税 119 亿元；中央财政共拨付亏损补贴 20 亿元，还免征燃料乙醇 5% 的消费税。随着陈化粮的消失殆尽，以玉米为原料生产燃料乙醇项目的跟风建设在很大程度上影响着国家的粮食安全。2007 年，以玉米为原料的燃料乙醇项目扩张被叫停，实行"因地制宜，非粮为主"的发展原则。目前已经开发出了非粮食原料乙醇生产技术，以木薯为代表的非食用薯类、甜高粱、木质纤维素等为原料的生物质燃料乙醇已经有产品问世。2005 年广西壮族自治区的木薯乙醇产量已经达到 30 万吨，以甜高粱茎秆为原料制取燃料乙醇的技术研究与开发也开始起步。

生物柴油作为生物燃料的另一个热点，2005 年底全球生产能力已超过 600 万吨，较一年前增加了 1 倍多；2006 年底全球生产能力已达到 1000 万吨。国内以各种废弃或回收的动植物油、含油量高的油料作物。例如，油菜籽、大豆、麻风树（学名小桐子）、黄连木等为原料的生物柴油生产在海南正和生物能源公司、四川古杉油脂化工公司、福建卓越新能源发展公司等都有所发展，相继建成了年生产能力达 1 万 ~2 万吨的生产加工装置；奥地利一家公司在山东威海市建成了年生产能力 25 万吨的生物柴油厂；意大利一家公司在黑龙江佳木斯建设了年生产能力 20 万吨的生物柴油厂，预计中国生物柴油产量在 2010 年前约可达到每年

100 万吨。但由于 2006 年 10 月以来国内外食用植物油价格大幅上涨之后居高不下，在一定程度上制约了国内生物柴油产业的发展，生物柴油产量难以出现大幅增加。目前，国内已建成的大型生物柴油企业开工率都保持较低水平，投资热情正在下降。2007 年新开工建设的生物柴油项目已明显减少，停建和缓建的生物柴油项目也不断增加，许多原计划 2007 年扩大生物柴油生产能力的企业大多数暂停了改扩建工作。尽管如此，我国生物柴油生产能力仍继续保持增加的趋势，只是增速开始放缓。目前，已开工建设或即将开工建设、计划 2008 年竣工投产的生物柴油项目仍有 10 多个，到 2008 年年底我国生物柴油生产能力至少会增加 100 万吨，达到 400 万吨（王欧，2007）。

第四节　我国开发与利用生物质能源存在的问题

一、生物质能源开发利用中的"瓶颈"性约束

生物质能源在开发应用中，从原料的选择、产品的研发、产品的销售等过程中，总是会涉及不同的产业部门和微观化的不同利益主体。从原料生产、供应讲，农业是生物质能源产业的产前部门；从生物质能源的消费看，农业又是其产后部门，而农民又是产前部门和产后部门的行为主体。从产品的研发和销售看，生物质能源企业是农业产前部门和产后部门的桥梁，也是生物质能源产品开发的核心部门，而投资厂商是这个过程中的投资行为主体。政府部门制定的产业规划、生物质能源产品标准、生物质能源发展的相关政策等，是生物质能源产业发展的航向指引，决定着投资厂商的积极性和农业部门原料供应的稳定性，以及生物质能源产业发展及其开发利用技术和产品推广利用的程度。目前，由于生物质能源产业规划不完整和缺乏生物质能源产品标准加之投入不足，使得其利用推广力度不够，投资厂商积极性不高，农民提供能源作物的意愿不高，以致生物质能源产业发展缓慢。另外，由于发展生物质能源具有较强的正外部性，其发展还处于起步阶段，开发成本较高，无法与常规化石能源进行竞争。因此，仅仅依靠市场的力量不能使该产业迅速走向规模化和商业化，出现了产业推进的孕育性弱化阶段。要迅速消除这些瓶颈约束，加快发展步伐，政府必须进行强有力的干预和支持。

二、阻碍生物质能源开发利用的主要因素

（一）原料因素

按理而论，生物质能源开发利用的原料来源于自然界的再生性资源，不会有

原料约束问题。但是，我国和世界许多国家在开发利用生物质能源时，都是从技术最成熟的粮食加工开始起步的，以致生物质能源开发利用出现了与"人争粮、与粮争地"的局面，发展面临着原料供应约束。我国是一个粮食供求长期处于紧平衡状态的国家，如果以粮食作为原料发展生物质能源产业，会面临原料不足的严重制约。我国目前建成投产的燃料乙醇等生物质产业项目，原料部分来自往年积累的陈化粮，主要是安徽、吉林和黑龙江的陈化玉米和河南的陈化小麦。使用陈化粮作为生物质产业的主要原料，目的在于调剂农产品余缺、解决粮食库存过高的问题。但随着陈化粮的消失殆尽，以陈化粮为原料的生物燃料乙醇产业发展将难以为继。同时以玉米或小麦为原料的生物质能源产业发展，又在一定程度上影响着国家的粮食安全。为此，2007 年国家发改委明确叫停继续扩展粮食乙醇项目。虽然燃料乙醇"非粮原料"新政的实施，提倡大力发展木薯、甘蔗、甜高粱等能源作物替代粮食原料，明确了"因地制宜、发展非粮乙醇"原则，但是由于面临技术研发的风险、较高的生产成本、种植地域的限制等因素的制约，使得生物质能源产业的发展仍就处于原料约束及其能否持续供应的尴尬境地。

（二）生产规模及成本因素

实现规模化生产，采用先进的生产技术以降低成本，提高生产效益，是一切产业发展和壮大的共同之路。当前，生物质能源发展，原料高成本和生产效益低是制约其技术商品化和产业化的最大障碍。导致生产成本居高不下的原因很多，其中生产加工技术滞后、生产规模小是最主要的原因之一。由于生物质能源处在产业发展的初级阶段，生物质能领域的研究和开发还没有得到系统、大规模的投入。研发中自主知识产权创新能力不足，关键性的加工转化技术还有待突破，致使其产业化、规模化发展不足；同时，由于产业化发展不充分，现代生物质能的生产工艺、加工设备和行业标准都还有待进一步的完善和提高，以致其市场化、规模化发展受到约束、效益拉动发展的动力不足。此外，生物质能源收集成本过高，也影响着生物质能源的开发利用。上山砍柴、收集秸秆本是农民的一项重要劳动内容，但近年来中西地区区域经济的发展和沿海发达地区对农民工需求的增加，农村劳动力大量外出，导致农业劳动力的减少和农村雇工价格的急剧上升。据调查，在中西部地区，平均雇工价格为 50 元/天，农忙季节还要承担雇工的用餐、香烟等费用，致使生物质能源原料收集的机会成本相对上升，影响农户对生物质能源的应用，再加上秸秆的体积大、运输储存不便，在平原和丘陵地带农村以拖拉机代替了牲口车以后，收集运输成本也随之上涨。因此，秸秆被大量废弃，为不影响耕作，大多农户直接将玉米秸秆、小麦秸秆等遗弃在田地里或焚烧，造成生物质资源的浪费。目前，生物质能资源与常规能源相比，现代生物质能源的生产技术和产业配套能力还远没有达到完善和成熟的阶段，客观上决定了

中国生物质能源开发利用探索性研究

现代生物质能源在生产环节上的高成本，制约着生物质能源的开发利用。

（三）体制、政策、理念、意识因素

我国一直比较重视包括生物质能在内的可再生能源的发展，并制定了一系列的相关优惠政策，这在很大程度上促进了生物质能源的发展。但是我们也应该看到，相关政策的制定还带有一定的滞后性，现有政策宏观性强，执行力度弱，政策支持不明确。在生物质资源的调查评价、生物质能源的开发利用、生物质能转化、环境经济分析评价等方面的相关政策不明确，致使从事生物质产业的不少企业处于观望阶段。在体制方面，我国实行的是家庭承包、小规模分散经营的体制。这种体制易于对农业生产作业的管理，易于调动经营者的积极性，但也有市场交易成本高、产品标准化程度低、集中难度大、生产效率低等缺陷，使得以农作物秸秆、家畜粪便为原料的生物质能源发展受到了制约。在政策方面，虽然处于资源约束和环境保护的压力，我国政策上鼓励生物质可再生性能源的开发利用，但在能源价格制定中，矿物质能源只考虑了开采运输的人工成本，而没有考虑其资源的稀缺性和供求缺口，以致价格相对生物质能源较低，企业更愿意选择一次性的石化能源，使生物质能源开发利用因不具有市场价格优势和竞争优势而很难快速发展。在意识观念方面，公民能源环境保护意识薄弱，对生物质产业发展的紧迫性、必要性认识不足，还没有真正感受到能源危机的压力，使得该产业的发展受到限制。

三、生物质能源开发与国外相比存在的差距

全球生物质能源的储量为 1.8 万亿吨，相当于 640 亿吨石油，发展前景广阔。从 20 世纪 70 年代开始，英国、美国、日本、俄罗斯、巴西、瑞士等国纷纷投入人力、物力、财力，成立研究机构，进行研究开发。生物质能源的开发利用研究已成为世界性的热门研究课题。许多国家都制定了相应的开发研究计划，如日本的阳光计划、印度的绿色能源工程、美国的能源农场和巴西的乙醇能源计划等。2000 年全世界燃料乙醇的总产量约为 3000 万吨，生物柴油总产量约为 220 万吨。联合国粮食及农业组织估计，到 2025 年，生物燃料产量将比目前增加 5 倍。在生物质能利用研究开发方面，国外尤其是发达国家做了大量有益的工作，其中在热化学转换技术、生物化学转换技术、生产生物柴油技术以及直接燃烧技术等方面取得了突破性的进展，一些科研成果和设备已经转化和商品化，发挥了巨大的经济效益。直接燃烧秸秆的先进设备已投放市场，生物质供热、发电或热电联供已成为现实。在厌氧消化方面，中温和高温下的产气可达 5 立方米/天，百千瓦量级的沼气发电机组已经运行，沼气发电量达 1.4～2.6 千瓦时/立方米，

发电效率高达 38%。在热解气化技术方面已有多项技术装备进入商品化阶段，如荷兰 BTG 开发成功的生物质高温热解装置产气率为 66%；德国、美国等开发出自动化程度相当高的家用生物质气化炉用于用户热水和供暖；产热量达 630 万~2100 万千焦/时的大型生物质气化装置也已开发成功。目前，固化成型燃料在日本、欧美国家等已经商品化，生物柴油在欧美国家已经工业化、规模化生产，巴西和美国通过立法、制定标准、进行政策补贴和政策支持等手段，推动以甘蔗、玉米为燃料的生物质燃料乙醇生产，各种国际组织也在大力推动生物质能的开发。许多国家都在支持和鼓励生物质能源领域的技术创新，极力减小生物质能源与传统石化能源的价格差距，以便达到替代结果。与国外相比，我国生物质能的开发还存在较大差距，主要表现在生物质能技术上的差距：一是厌氧消化产气率低，系统运行和管理自动化水平不高；二是与厌氧消化和综合利用配套的技术和设备还不成熟；三是厌氧消化技术产业化发展缓慢，不便于大规模市场化；四是秸秆气化热值低，在稳定运行、焦油清除、气体净化等技术上需要提高；五是缺乏秸秆直接燃烧供热技术研究和设备开发，不便于多途径能源利用；六是生物质发电技术和装置方面有较大差距。

四、未来生物质能源发展的基本方向

（一）确立生物质能源开发战略目标进行整体规划

我国生物质资源丰富，生物质产品及附加的化工产品品种多样，今后应重点发展较有发展前景、产品加工技术较为成熟、商业化的品种。特别重点发展非粮燃料乙醇、生物柴油、生物塑料、沼气发电和农作物秸秆及林木枝干固化成型燃料等主产品。如对燃料乙醇主要是如何进一步地推广普及新产品，在技术上是进一步提高产业自身的经济性。对生物柴油重点则是试点和工程示范技术方面的进一步提高。生物化工业重点是为生物塑料争得政策平等，以便为其发展提供良好的制度和政策环境。对生物质能源发展进行全面整体规划，一方面是为了更有效、更有序地对生物质能源进行开发利用，使政府能够加大政策支持力度，使全社会能够形成合力，全面推进生物质能的开发利用工作；另一方面是为了使有限的政策、资金等资源要素更集中地支持生物质能产业发展的关键环节和领域，在技术创新、产业化、商品化等环节也有所突破并获得更好的效果（孙自铎，2007）。能够结合实际，认真搞好生物质能产业的发展战略和布局。积极开发研究畜禽粪便、林业废弃物、作物秸秆等具有循环经济性质的生物质能产业发展。有效推动边际性土地种植能源植物和建设生物转化工厂、建设以甜高粱为主题的西北绿色油田、以甜高粱为主题的华北绿色油田、以麻风树和甜高粱为主体的西南绿色油田，以及以多种木本和草本能源植物为主体的东南绿色油田等产业战略布局工作。选择和建立开发绿色资源的路径，真正地在我国实现绿色资源的合理利用与开发，以形成第二个"绿色大庆"。

在技术方面，要重视高新技术的应用，做好试验示范。因地制宜地引进国外先进技术，结合本地情况进行深入研究、试验、改进、示范，用技术水平高、效益显著的成果宣传教育群众，为生物质能开发形成良好的群众基础。在群众中建立较好的生物质能开发利用意识，根据各地的自然条件、经济条件、能源需求等实际情况，分期分批建设各类生物质能产业体系，逐步扩大生物质能源的推广应用。

（二）完善政策配备，强化政府主导力量

目前生物质产业的发展极其需要政府在各个方面给予正确引导和支持，并加大对技术研发的投入。我国生物质能在技术上与国外相比存在很大的差距，一些核心技术如酶制剂等都被外国公司所掌握，其他很多技术仍然处于中试阶段、示范阶段，还没有快速实现商业化。政府应该与时俱进地建立和完善技术标准体系，提高市场进入的技术、资金门槛，选择一些重点、关键性技术集中力量地进行攻关，确保产品质量与生产过程环保达标，要防止一些企业为了获得政府的优惠资金，跟风上项目，以及为了生产生物质能源而在生产过程中又大量消耗常规能源的现象发生。

政府要按照鼓励先进的原则，在已获得市场准入权的企业中，实行招标制度，谁的效率高、补贴低，政府就支持谁。当生物质能源产业发展成熟，具备竞争力时，政府再退出，不再给予直接财政支持，让企业完全按照市场规律办事。政府要出台鼓励农户种植能源作物、厂商对生物质能投资、终端生物质能源消费者选择消费生物质能的优惠政策，从市场的三个微观主体出发，不断扩大生物质能产品的市场需求度。具体包括：农户补贴、投资信贷优惠政策、投资企业风险共担、利益共享的利益联合机制政策、不同于常规能源的税收政策、价格定价机制政策等。

（三）确定生物质能源利用政策的核心

生物质能可再生能源的顺利发展、推广及应用，需要国家的政策支撑，但是更要找好政策的核心，即从长远出发，将重心放到可持续发展上。长期以来，我国在能源战略制定方面，多是解决燃眉之急的一些应急性政策战略，即便是制定了长期的发展战略规划和政策目标，落实到地方之后，就又回归到解决能源紧缺的原点上。为了进一步推动生物质能源产业的稳定发展，近年来除了制定相应的法律法规和行业标准外，2006年9月，财政部、国家发展和改革委员会、农业部、国家税务总局、国家林业局联合又出台了《关于发展生物质能和生物化工财

税扶持政策的实施意见》，在风险规避与补偿、原料基地补助、示范补助、税收减免等方面对于发展生物质能源和生物化工制定了具体的财政扶持政策。2006年1月1日《中华人民共和国可再生能源法》实施执行，为生物质能源的发展、使用提供了可靠的法律保障。但是，与其相应的具体配套措施仍未出台，政策的核心仍不明确，使得生物质能产业发展的政策推动力仍显不足。中国应该学习欧盟，在积极制定和颁布有关生物质能开发利用政策法令的同时，通过鼓励企业开发清洁能源和加强节能技术的国际合作，来树立企业的绿色形象，增强国际竞争力。在实际政策执行时，强调生物质能的环保性、可持续性，给生物质能源开发经营企业和有关主体以政策补贴和扶持，从生物质能的正的外部性和公共产品角度出发，给予政策支持，以便通过实施节能、降低单位 GDP 能耗、绿色照明计划等系列措施，树立中国的绿色形象，消除国外"中国能源威胁论"的借口。

（四）积极培养生物质能源技术研发人员，加强其技术研发与指导

生物质能源的发展依靠的是先进技术，技术的创新进步又依赖于有着一定研发能力、钻研能力的科技人才。因此，生物质能源发展过程中的"人本战略"极其重要。分析我国与国外生物质能源产业发展的差距，除经济实力外，专业型人才缺乏也是一个重要方面。专业型人才不仅是生物质能源工艺技术创新与开发的基础，也是先进的能源作物育种技术和转基因技术产生的基础，同时也是中国生物质能源原材料供应能力及水平提高的保证。因此，中国应在生物质能源加工的生产效率和综合创新方面进行技术突破，如在解决农作物秸秆低效率利用、高效直接燃烧技术创新和设备制造、生物质气化和发电、生物质液化技术、生物质裂解液化技术的研发利用等方面进行相应的技术突破和技术普及推广，要学习欧盟每年把专款给予专门的大学、科研人员进行生物质能源研发人员培训的经验，加强生物质能源产业发展的专门人才培养和引进，同时还要注意在能源植物种植方面的人才培养和技术创新与推广，要有专人给农民以技术指导，以促进我国的生物质能源开发利用和尽快实现产业化、市场化。

（五）积极开展国际合作

生物质能源的开发利用，是经济快速发展和能源危机爆发的产物，发达国家由于工业化起源早，经济发展快，能源供应的压力要早于和大于我国和一切发展中国家，因而开发利用生物质能的时间也较早，很多技术的发展已经成熟和商业化。美国总统奥巴马提出：谁掌握清洁可再生能源，谁将主导 21 世纪；谁在新能源领域拔得头筹，谁将成为后石油时代的佼佼者。在全球经济危机的背景下，欧美各国很想通过开发新能源带来经济转型和产业升级，带动经济复苏，所以近两年特别注意新能源的研发和利用（胡哲，2010）。目前国外一些生物柴油公司

已进入我国市场，利用我国大量的生物资源和人力资源发展生物柴油。如何利用现在的国际背景和国际经济及技术环境，抓住一切市场商机，迎接挑战，是我们必须认真思考的问题。我们既要加强对外合作，抓住难得的机遇；还要坚持自主开发与引进消化吸收相结合的技术路线，掌握核心技术，要有目的、有选择地引进先进的技术工艺和主要设备，站在高起点上发展我国生物质能源产业，加强与国际组织和机构的联系与合作，通过开展国际合作，建立专门的生物质能源植物展示区，增加公众认知度及节能的意识，不断壮大和发展我国的生物质能源产业。

第五节　我国生物质能源开发利用的政策建议

随着 2006 年 1 月 1 日中国《中华人民共和国可再生能源法》的正式颁布，大规模的生物质能源开发利用和相关市场的建立完善已不可阻挡。加之石化能源价格的持续上涨，能源供给压力的日益增大，市场的力量也在推动生物质能源产业的发展。但是，在我国粮食供给处于紧平衡状态和资源数量一定的条件下，生物质能源产业的兴起确实有"与民争粮、与粮争地"的矛盾，如何在生物质能源发展与粮食生产及资源约束的矛盾中求得平衡与协调发展，是一个值得深思的问题。作者建议认真协调好能源作物与粮食作物之间的资源利用关系，在粮食安全目标的前提下，谨慎开发利用生物质液态燃料，具体建议如下。

一、权衡利弊，谨慎发展

粮食安全在中国无论是现在还是将来，永远都是压倒一切的政治问题，但是迫于经济发展、能源短缺、环境危机的压力，政府又不可能对生物质能源产业进行打压和要求彻底"刹车"，这就要在粮食作物和能源作物相互竞争性资源配置上做文章，协调好二者的关系。一是限制把优质粮田大面积的配制于能源作物，鼓励利用冬闲地、盐碱地、荒山荒坡等边际性土地发展能源植物；二是限制性地、灵活性地运用粮食（玉米）转化生产生物质液态燃料，当国家库存粮食增多、陈化粮需要转化时，可以通过税收、财政手段鼓励、支持加工企业生产生物质液态燃料；当库存粮食不足、粮食供求平衡和紧张时，同样可以利用税收、财政手段对其限制、控制，甚至"刹车"叫停；三是加强政府监管，设立严格的生物质能源市场准入门槛，防止燃料乙醇和生物柴油等生物质能源过量、过速发展。因为经济发展的日益市场化，市场的力量会越来越强大，只要对生物质液态燃料市场价格有利，规模性的生物质液态燃料加工业不仅会主动发展，而且还会吸引许多农民种植能源作物，使粮食安全受到消费数量扩张和资源供给不足的双重威胁。所以，要有较高的市场准入门槛和严格的政府监管让其适度限量发展。

二、大力发展非粮能源作物和开发利用技术

生物质能源是以作物秸秆、畜禽粪便、有机垃圾等农林废弃物为原料，将蓄存于植物体内的光能和物质资源深度开发转化而成的能源。利用边际性土地和水面进行能源植物的生产，等于增加了土地和水面对太阳辐射能量的吸收，扩大了资源的利用范围和提高了资源的利用效率。生物质能源植物对土地条件要求低，可以在盐碱地、沙荒地、荒坡荒滩地生产的甜高粱、木薯、甘薯、麻风树、黄连木、油茶、油桐等都是很好的能源植物，对其发展和开发利用，一方面可以充分合理利用我国的边际性土地资源，起到能源植物不与粮争地的效果，另一方面也可以提高生物质能源的原料供给水平，解决粮食、油料对生物质能源开发利用的原料限制问题。为此，要充分合理地利用土地资源，积极种植和发展能源作物提高土地资源的利用率。

三、把握粮食安全形势，防止生搬硬套国外经验，保证健康发展

燃料乙醇在我国的发展有两个背景，一是消化积压多年的陈化粮——玉米，二是能源供应紧张和价格上升。但是，随着这几年的粮食减产和以挖库存来弥补供给不足，陈化粮的处理已经完毕，生物质液态燃料资源的供给背景也发生了变化，现在各地已经纷纷开始用新鲜玉米生产燃料乙醇。同时，我国的粮食安全形势也发生了变化，人均占有粮食水平下降，对国外粮食的进口依存度提高。2006年我国粮食产量为 49 700 万吨，粮食出口 250 万吨，进口 2800 万吨，净进口 2550 万吨（陈劲松，2007），其中大豆生产量 1500 万吨，进口 2800 万吨，2007年大豆进口估计超过 3000 万吨，国内大豆消耗的 2/3 需要进口（陈锡文，2007），以致政府保证粮食安全的成本增大，生物质燃料乙醇的发展开始受到了资源的约束和限制。此外，中国与美国相比，生产燃料乙醇的背景也不一样。美国谷物年总产量为 3.6 亿吨（2003～2005 年 3 年平均），谷物人均占有量为 1226千克，玉米总产量为 2.67 亿吨，是中国的近两倍，玉米人均占有量为 920 千克，是中国的近 10 倍；中国谷物年总产量为 4.04 亿吨（2003～2005 年 3 年平均），谷物人均占有量为 311.2 千克，仅为美国的 1/4；中国玉米总产量为 1.4 亿吨，人均占有量为 96 千克（2003～2005 年 3 年平均）仅为美国人均占有量的10.4%；美国谷物产量中玉米占 76%，中国仅占 30%；美国玉米出口量大，玉米出口量占世界市场 50%～70%，加工玉米等于给玉米找市场；中国玉米出口量小，现在又即将面临从出口国向进口国的转变；美国的耕地资源充足，共有 1.97

亿公顷耕地，现在仅耕种 1.67 亿公顷，有 1/6 的耕地处于休耕状态（郭庆海，2007），发展生物质液态燃料有利于耕地资源的回归和充分利用；中国仅有 1.25 亿公顷耕地，且耕地垦殖率高，发展生物质液态燃料面临着与粮食竞争土地资源的危险。也就是说美国可以大力发展燃料乙醇，而中国要谨慎，我们绝不能盲目地效仿美国，我国在市场环境和资源禀赋方面与美国有着根本性的差异，更不能照搬照抄美国的做法。

四、优化生物质能源内部结构，实现能源安全、粮食安全、环境安全的多赢

生物质能源是包括沼气、农作物秸秆及林木产品固化、气化、碳化和液态生物质燃料等组成的结构系统，其中生物质液态燃料的原料又可分为玉米、油菜籽、薯类、甜高粱、木本油料等。在这个结构系统中，沼气、秸秆气化、碳化在某种程度上体现了循环经济的再利用、资源化、少排放特征，特别是沼气在农牧区的开发利用，创造出了一系列牧、沼、能、农结合的模式，一方面充分利用了人畜粪便和农作物废弃物，为农牧民提供了清洁方便的新能源，缓解了农村能源供给矛盾，防止了面源污染，为社会主义新农村建设创造了良好的环境和条件；另一方面为农业生产提供了优质的有机肥料，提高了农产品的质量安全水平，促进了粮食增产、粮农增收。非主要农作物类型的木薯、甜高粱、木本油料等生物质液态燃料的原料植物，其生产不与粮增地、争水，可以扩大和提高土地、水资源的利用效率。所以，我们要合理的组织、优化生物质能源的内部结构体系，大力发展沼气、秸秆利用等带有循环经济特征的生物质能源，积极种植开发不与粮争地的木薯，甜高粱、麻风树等生物质液态燃料的原料植物，加强其开发利用过程中的技术创新实现能源安全、粮食安全、环境安全。

五、搞好战略布局，加强产业化经营，完善有关政策，促进稳步发展

生物质能产业的兴起和发展，一是以国际性的能源危机和原油价格上升为动因，二是以世界性的环境危机及节能减排、保护环境为动因，同时生物质能源的资源大部分来源于农业和农村，所以，由于农业及农村经济问题、农产品供应问题缠在一起，如何在能源危机缓解、环境资源保护、农产品供应保障和农村经济发展三个方面寻求平衡点，是目前生物质能源开发利用的战略出发点和选择点。作者认为，我国是一个农业大国和农村人口占很大比例的国家，近年来农村的能源供给结构和需求结构发生了变化。在能源供给结构方面，由于劳动力的大量向外转移，直接用于燃烧的体大笨重的农作物秸秆、薪柴的供应比重在降低，由于

技术进步和新农村建设政策扶持，沼气、秸秆气化、固化等清洁性生物质能源的比重增加；在能源消费方面，生产的发展、农业现代化的推进，生产用能的比重增加，生活用能的比重减小；由于经济发展和社会进步，商品性能源的比重增加，自给性的能用比重减小。因此，建议我国在生物质能源的开发利用上采取直面农村、强农济工、侧面出击突破危机的战略。一是加强农村地区的生物质能源开发利用，在农村大力发展沼气、太阳能、风能、水能等新能源，阻滞和降低农村生活、生产中的商品性能源煤炭、天然气、液化气、电力等的消耗，为城市和工业留下更多的商品性能源，以缓解能源危机的矛盾，保证城市和工业能源供给。二是要加强生物质燃料原料的开发利用和生产。一方面通过农业技术研发推广，增加已有的能源原料作物油菜籽、玉米、甘蔗、高粱的产量；另一方面积极开发利用木薯等作物，扩大种植面积、提高产量、品质，同时要积极进军林业系统，充分开发林木生物质能源资源，不仅要把林木加工的副产品用于生物质能的增加，还要把林木种含油的籽实用于生物质能源的生产。对于零星分布、完全出于自然状态的林木生物质资源要积极组织产业化经营和规模化集中生产，为生物质能源产业的兴起提供充足的原料供应保障。三是要加强生物质能开发利用的政策扶持和流通体系建设，使之很快步入市场化运作的轨道。生物质能源由于是新兴产业，成品能源的生产中包含了大量的人类劳动，因而与石化能源相比，没有成本价格优势，在市场中缺乏竞争力；生物质能源有保护环境、实现二氧化碳平衡的特点，在某种程度上讲具有公益性和正外部性的性质，因而政府要给予扶持，从产品的价格、原料生产上予以必要的补贴，为其在市场中有效运作创造公平的竞争环境。同时，要加强生物质能源开发的市场流通体系建设，不仅对其制成品的流通要形成渠道和体系，而且对其原料的收购、储藏、运输也要建立流通体系以保证这一产业的市场化、产业化运作和不断壮大、稳步发展。

第六章
几种主要的生物质能源开发利用方式及状况分析

生物质能源转换技术包括生物转换、化学转换和直接燃烧3种。生物质能源转换的方式有生物质气化、生物质固化、生物质液化和生物质发电4种。生物质能源产品主要有生物质发电、沼气、生物柴油、燃料乙醇等。本章对其从不同角度进行分析。

第一节 生物质能源开发利用方式

一、生物质热解气化

20世纪80年代以来，因环境、能源等问题不断显现，促使多个国家利用生物质热解气化以获得能源。1992年，美国大约有1000个利用木材气化的发电厂开始运转，装机容量为650万千瓦，年发电42亿千瓦时，发电成本4~6美分/千瓦时，每千瓦投资2000~3000美元。加利福尼亚州电力供应的40%来源于生物质发电。目前生物质动力工业在美国已成为仅次于水电的第二大可再生能源工业。我国自"六五"以来，也开展了相应的工作，并且取得了一系列卓有成效的研究成果。截至2006年年底，生物质气化集中供气系统的秸秆气化站保有量539处，年产生物质燃气1.5亿立方米；年发电量为160千瓦时的稻壳气化发电系统已经进入产业化阶段。虽然生物质气化技术已较成熟，有一些炉型有了批量的生产和使用，但从总体看，还没有形成规模性的产业和市场。

二、生物质发酵乙醇

利用生物质发酵的方式生产燃料乙醇，目前比较实用的技术是以糖和淀粉为原料通过微生物发酵而生产燃料乙醇的技术。就是这一项简单实用的技术，却为生物质能开发和形成对石化能源的替代作出了很大的贡献。在国外，以巴西为例，1吨甘蔗可生产酒精65升（95%乙醇），1公顷土地的甘蔗可生产相当于28

吨石油的乙醇,该国车辆已普遍使用乙醇或 60% 乙醇 + 33% 甲醇 + 7% 汽油。2004 年,巴西燃料乙醇产量 42 亿加仑[①],2006 年达到 46.2 亿加仑,约相当于全球总产量的 38%。根据巴西矿产能源部公布的资料,2005 年甘蔗能源在巴西所产的 2.186 亿吨石油当量能源中占 13.9%。目前,生物质能源已成为巴西的第三大能源。新西兰则利用饲料甜菜、紫苜蓿和松树生产乙醇。瑞典利用树汁生产乙醇,每年可获得 300 万吨树汁,用于生产乙醇,相当于年石油消耗量的 50%。澳大利亚利用桉树发酵工艺生产乙醇,用做汽车燃料。美国把乙醇添加在汽油中用于汽车,全国汽油总量的 70% 添加有乙醇,添加比例为 10% 乙醇 + 90% 汽油。目前,乙醇已占美国运输用燃料的 3%。2005 年美国生产燃料乙醇 39 亿加仑,约占全球总产量的 33%。此外,日本、德国、加拿大、印度、印度尼西亚、菲律宾等国的乙醇燃料开发利用也有较大的份额。

三、能源植物

对能源植物的开发利用主要是从油料植物中提取碳氢化合物,分离、提取和加工成燃料油和石油替代产品。据不完全统计,富含碳氢化合物的植物多达数千种,主要集中在:大戟科、蔓摩科、夹竹桃科、桑科、菊科、桃金娘科、豆科等植物中,其开发利用前景广阔。

四、生物质压块成型

生物质压块成型是将秸秆、稻壳、锯末、木屑等有机废弃物,用机械加压的方法,使原来松散、无定型、低发热量的生物质原料压制成具有一定形状、密度较高的固体成型燃料。但目前还存在机组可靠性较差、生产能力与能耗比例失衡、原料密度不够、水分过高、包装与设备不配套等障碍因素,制约其商业化发展。

五、垃圾的能源回收

垃圾回收有利于保护环境,减少污染,实现废物再利用。主要运用以下技术方式进行开发利用而获得能源:①垃圾焚烧回收能源技术;②垃圾厌氧消化技术;③垃圾热解气化技术;④垃圾热分解液化技术;⑤垃圾压制燃料技术。

对于用来进行发电的城市生活垃圾,也是生物质能源的重要物源之一。将垃圾焚烧发电是近年来开发出的一项新能源技术。目前,我国垃圾的年堆存量已达

---

① 1 加仑约为 3.785 升。

60 亿吨，全国 200 多座城市已陷入垃圾围城之中。全国的垃圾清运量在 1.5 亿吨左右，而且还在不断增长。在国内的一些大城市，如北京、上海，垃圾日产量已超过 12 000 吨。如将我国城市生活垃圾量的 1/3 有效地用于发电，相当于每年节省煤炭 2100 万吨。垃圾焚烧发电方式将是城市处置生活垃圾的最佳方式。但由于投入大，目前发展还处在自然环境生态保护层面上，需要在补贴中运行。

六、生物质发酵产氢

利用光合作用和细菌转换能量制氢是一项生物质开发的新技术，所用原料包括生物质、有机废水等。我国在这方面已有可广泛应用的成果，如将光合细菌与发酵细菌联合处理高浓度有机废水持续产氢的代谢模式，其处理废水的效率远比甲烷发酵高，处理成本也低，并可回收清洁能源氢。

第二节　沼气及其综合利用问题分析

一、沼气资源的特点

沼气是在厌氧条件下，由有机物经多种微生物的分解与转化而产生的可燃气体。其主要成分是甲烷和二氧化碳，其中甲烷含量一般为 60%~70%，二氧化碳含量为 30%~40%（容积比）。沼气来源于有机废弃物，广泛产生于污水处理厂、垃圾填埋场、酒厂、食品加工厂、养殖场、农村沼气池等。

合理地利用沼气资源既有利于保护环境，又有利于提高能源利用效率。沼气中所含有的甲烷（占沼气含量的一半以上）是作用强烈的温室气体。其温室效应是二氧化碳的 27 倍。作为能源资源，沼气又是性能较好的燃料，纯燃气热值为 21.98 兆焦/立方米（甲烷含量为 60%、二氧化碳含量为 32%），属于中等热值燃料，沼气还是优良的可再生能源。开发利用沼气资源，既具有保护生态环境，减轻二氧化碳排放引发的温室气体效应的效能，又能突破能源对经济社会发展的瓶颈约束，利用新能源缓解能源供求矛盾，具有重要的现实意义。

二、沼气产业的运作机理

沼气是有机物质在厌氧条件下经过微生物发酵生成以甲烷为主的可燃气体，有机物发酵能产生 3 种物质：一是沼气，以甲烷为主，是一种清洁能源；二是沼液，含可溶性氮、磷、钾，是优质肥料；三是沼渣，主要成分是菌体、难分解的有机残渣和无机物，是一种优良有机肥，并有土壤改良功效。沼气产业的运作机

理 (资树荣等, 2006) 就是利用农村生产、生活过程中的废弃物, 通过沼气池的厌氧反应, 产生沼气、沼液、沼渣, 再将其用于生产、生活的各个环节, 形成一个良性的产业化循环链。

种植业中的秸秆可作为饲料通过牲畜过腹转化为牲畜粪便或直接入池发酵产生沼气, 产生的沼气可用于农户炊事或照明, 也可发电用于农产品加工业, 从而减少了外界能源的输入。沼渣可作为农业生产的底肥, 也可以与氮、磷、钾一起加工成颗粒肥, 还能作为培养基用来生产食用菌和养殖蚯蚓。沼液和沼渣中含有多种氨基酸、生长素、抗生素和多种微量元素, 沼液直接用于叶面施肥, 既能增加作物产量又可以提高品质, 增强植物的抗逆性; 用作饲料添加剂时, 可以使猪提前出栏且肉质提高, 也可以提高鸡的产蛋率。沼液进入鱼塘可促进浮游生物的生长, 是鱼的良好饵料, 可使养鱼的产量提高, 抗病性增强。沼肥能改良土壤, 增加土壤的团粒结构, 增强土壤的保水、保肥、保温和通透性, 改善土壤的微生态环境, 对提高土地的持续生产力具有重要的作用; 同时, 在农业生产中使用沼液、沼渣, 可以减少化肥和农药的施用量, 使农产品成为无公害的绿色食品和有机食品, 增强了食品的安全性和在国际市场上的竞争力。因此, 沼气的多功能生态效益为农业增效和农民增收, 为农业的可持续发展奠定了坚实的基础。

三、沼气的发展现状

据测算, 目前全国家禽年产粪便总量达 5.81 亿吨, 粪水年排放总量达 60 亿吨。其中规模养殖场 (包括猪、牛、鸡) 的年粪便排放量为 6600 万吨 (包括猪、牛、鸡), 如没有处理粪便的沼气工程, 那么大量粪便的露天堆沤也将产生大量的甲烷, 估算排放甲烷量约为 15 000 吨, 这将形成有害于环境的温室气体效应。如果用沼气工程处理这部分粪便, 将避免这部分甲烷的释放, 既有利于环境保护同时还可获得替代矿物燃料的洁净且方便的能源。

截至 2005 年年底, 我国推广农村户用沼气池 1800 万口, 供 7500 万人使用, 相当于 1090 万吨标准煤的能源消耗和 5940 万亩林地的年木材蓄积量。沼气工程 2500 处, 总池容为 150 万立方米, 供 50 万户用气; 城镇生活污水净化沼气池 20 万座, 总池容为 800 万立方米, 年产沼气 1000 万立方米, 供 10 万多户用气; 居民用气 "四位一体" 的沼气及综合利用模式达 50 万户, 户均年收入 4000 元以上。2008 年底, 全国户用沼气池达到 2800 多万口, 大中型沼气设施达到 8000 多处, 沼气年利用量达到 120 亿立方米 (黄朝武, 2009)。

农业部发布的《农业生物质能产业发展规划 (2007~2015 年)》指出, 走中国特色农业生物质能产业发展道路, 一要坚持循环农业理念, 推动农业废弃物能源化利用, 把农业废弃物的能源化利用作为今后农业生物质能产业发展的主攻方向；二要始终把保障国家粮食安全作为农业发展的第一任务；三要坚持技术可行，强化自主创新，积极探索发展农业生物质能的多种有效途径；四要坚持因地制宜和产业协调推进，促进农业生物质能产业和相关产业协调发展。《农业生物质能产业发展规划（2007～2015 年）》提出：到 2015 年，农村户用沼气总数达到 6000 万户左右，年生产沼气 233 亿立方米左右；建成规模化养殖场、养殖小区沼气工程 8000 处，年产沼气 6.7 亿立方米。

沼气既可替代秸秆、薪柴等生物质能源，也可替代煤炭、天然气、液化石油气等能源，而且燃能效率明显高于秸秆、薪柴、煤炭等。由于沼气热效率高，1个沼气池每年可替代 0.8 吨标准煤，能为农户提供 50% 左右的生活能源；每个大中型沼气工程每年可替代 51.4 吨标准煤。

沼气发酵系统与农业结合十分密切，能有效促进农村经济的发展，有利于保护农村生态环境，解放农村劳动力对生活能源的采集强度。以湖北省恩施土家族苗族自治州为例，农民不用再上山砍柴，女人不用每天烟熏火燎，"解放了男人，漂亮了女人"。

四、沼气发电

沼气发电（陈泽智，2000）是把沼气变成更方便、用途更广的能源的重要方式，下面主要从其动力装置及发动机类型等方面进行简单介绍。

（一）沼气发电动力装置

从能量利用的角度看，碳氢燃料可被多种动力设备使用，如内燃机、燃气轮机、锅炉等，采用发动机方式的结构最简单，而且还具有成本低、操作简便等优点，采用内燃机具有较高的利用效率。相对燃煤、燃油发电来说，沼气发电的特点是中小功率性，对于这种类型的发电动力设备，国际上普遍采用内燃机发电机组进行发电，否则在经济性上不可行。因此采用沼气发动机发电机组，是目前利用沼气发电的最经济、高效的途径。

（二）沼气发动机的类型

沼气发动机一般是由柴油机或汽油机改制而成，分为压燃式和点燃式两种。压燃式发动机采用柴油－沼气双燃料，通过压燃少量的柴油以点燃沼气进行燃烧做功。这种发动机的特点是可调节柴油/沼气燃料比，当沼气不足甚至停气时，发动机仍能正常工作。缺点在于系统复杂，所以大型沼气发电工程往往不采用这种发动机，而多采用点燃式沼气发动机。点燃式沼气发动机也称全烧式沼气发动机，其特点是结构简单，操作方便，而且无需辅助燃料，适合在城市的大、中型沼气工程条件下工作，所以这种发动机已成为沼气发电技术实施中的主流机组。

（三）沼气发动机发电机组系统

根据沼气发动机的工作特点，在组建沼气发动机发电机组系统时，要着重考虑以下几个方面。

1）沼气脱硫及稳压、防爆装置：沼气中含有少量的硫化氢，该气体对发动机有强烈的腐蚀作用，因此供发动机使用的沼气要先经过脱硫装置。沼气作为燃气，其流量调节是基于压力差，为了使调节准确，应确保进入发动机时的压力稳定，故需要在沼气进气管路上安装稳压装置。另外，为了防止进气管回火引起沼气管路发生爆炸，应在沼气供应管路上安置防回火与防爆装置。

2）进气系统：在进气总管上，需加装一套沼气－空气混合器，以调节空燃比和混合气进气量，混合器应调节精确、灵敏。

3）发动机：沼气的燃烧速度很慢，若发动机内的燃烧过程组织不利，会影响发动机运行寿命，所以对沼气发动机有较高的要求。

4）调速系统：沼气发动机的运行场合是和发电机一起以用电设备为负荷进行运转，用电设备的装载、卸载会使沼气发动机负荷产生波动，为了确保发电机正常发电，沼气发动机上的调速系统必不可少。

（四）沼气发动机的可靠性

沼气的燃烧速度慢，若不采取有效措施，很容易使发动机出现后燃现象，也就是发动机的排气温度较高，使发动机热负荷增大，影响使用寿命。

近年来，我国已研制出不同型号的沼气发动机，单机功率逐步上升到100千瓦以上，最大的已达到400千瓦。但由于在基础研究（如发动机工作过程）等方面的科研相对滞后，沼气发动机后燃严重未能根本解决。许多发动机实际排温高达650~700℃，排气阀严重磨损，阀座下陷，气缸盖要经常拆动，发动机的可靠性与寿命不过关。而且，由于燃烧过程组织不利，沼气消耗率普遍偏高，实际上1立方米沼气发电不到1.6度，与国际上1立方米沼气能发电2度以上的性能相比，经济性不好。

由于上述原因，许多国产机组不得不降负荷运行。有的在使用中被国外机组替换，甚至有的沼气工程则直接使用国外机组，这对沼气发电技术的国产化造成不利的影响。因此，重视有关问题的研究，加强相关科研攻关，提高国产机组的性能，对推进我国在实施沼气发电技术的水平具有重要意义。

五、沼气利用的问题分析

从近年来生物质能源开发利用的现实来看，沼气是最有效、最经济、最易于开发利用的生物质能源，在农村的普及率逐年提高，对农村的商品性石化能源消费形成了很好的替代。但是，沼气能源的深度开发仍存在有一系列问题。一是沼气池建设绝大部分是分户建立、户用为主，主要和家庭的生产、生活结合在一起，原料以家庭养殖所产生的畜禽粪便、家庭生活所产生的废弃物为主，所产生的沼气主要为家庭生活提供能源，具有很强的自给自足性质；二是由于沼气池分户建设，规模较小，没有相应的储存设备，随着气候的变化，产气量的波动很大，使得产气与用气之间很难实现中间平衡；三是沼气能源的利用方式目前主要是直接燃烧，这就使得在运输用能方面对石化能源的替代受到了限制，使其不能完全替代石化能源；四是沼气从生产到应用还没有进入商业化、市场化、产业化阶段，与社会经济的市场化体制极不相称，阻碍了其向纵深发展；五是沼气的开发利用技术进展缓慢，如沼气的优质厌氧菌菌种的选育、沼气的液化、沼气的发电等都还没有在技术和成本效益方面有突破性的进展。

第三节　秸秆及其综合利用

一、秸秆资源存量的测算

中国是农业大国，也是秸秆资源最丰富的国家之一，稻草、小麦秸和玉米秸占据了农作物秸秆中的大部分。据统计，中国农作物秸秆年产量为 7 亿吨左右，列世界之首，折合标准煤量 3.53 亿吨，占全世界秸秆总量的 30% 左右。每年农作物秸秆资源量约占中国生物质能资源量的一半，秸秆资源的合理利用在中国生物质能源开发利用中占有重要地位。

据各种测试资料，粮食作物秸秆与其能质比，所差无几。例如，稻谷的热值为 16.2 兆焦/千克，而稻草的热值为 13.48 兆焦/千克；玉米的热值为 16.66 兆焦/千克，而玉米秆为 15.67 兆焦/千克，玉米芯为 15.83 兆焦/千克。以我国现有的农作物看，生物质能源极其丰富。

为了具体考察我国农作物秸秆的产量，采用部分调整模型来分析我国秸秆存量及其发展潜力。

（一）相关文献综述

目前，国内对于生物质能源的研究主要从技术利用，包括生物质气化、液化、致密成型、秸秆发电（马晓茜等，2006；贾小黎等，2006；吴祖林等，2005；周肇秋等，2004）、技术标准建设（刘军利等，2006）、国际开发利用扶持政策（郑畹，2006；蒋剑春等，2006；曾麟等，2005；陈晓夫等，2005；刘继芬，2005）等方面进行分析。对农作物秸秆的研究也是基于此，如稻壳气化燃烧发电、秸秆直接燃烧发电（贾小黎等，2006；周肇秋等，2004）。

农作物秸秆作为重要的生物质能源材料之一，在中国具有广阔的来源。面对当前农业结构调整、农村经济改革发展，在保障国家粮食安全的情况下，如何通过农业生产结构的调整优化，在保证农产品有效供给的前提下，提高农作物秸秆的产量和利用率，是一项十分重要的工作。目前我国实行家庭承包经营制度，农民根据效益自发选择经济作物，由此出现"压粮扩经"的现象，这必然也改变了原来的农作物秸秆产出结构，要求生物质能源的开发利用技术必须适应秸秆结构的变化，绝不能因为秸秆利用技术滞后和能源化不利而影响农业生产环境，进而影响结构调整，因而农业结构调整在一定时期内仍然是促进农村经济发展，农民增收的一个方向（林毅夫，2003；黄季焜，2004；王雅鹏，2005）。因此，正确认识粮食总产量与农作物秸秆总产量之间的变化趋势及它们之间的长期关系，正确认识农业结构调整的功能效率，积极进行秸秆开发利用技术创新，不仅有利于促进农村秸秆资源的开发利用，优化农村能源结构，改善农村居民生活水平，而且有利于粮食安全和农村经济发展，应予以重视。

（二）基本假设与模型的设定

（1）基本假设

1）农作物秸秆产量同农作物产量呈一固定比例关系，比例关系为草谷比（k），其中草谷比值为常数。

2）农作物秸秆产量变化服从农作物产量的变化规律。

（2）模型的设定

假定理想的农作物秸秆产量是粮食作物产量的如下线性函数：

$$Y_t^* = \beta_0 + \beta_1 X_t + \mu_t \tag{6-1}$$

式中，Y_t 为农作物秸秆产量；X_t 为粮食作物产量。

由于理想的粮食产量水平不可直接观测，按照 Nerlove（1958）提出的部分调整假设：

$$Y_t - Y_{t-1} = \delta(Y_t^* - Y_{t-1}) \tag{6-2}$$

式中，调整系数 δ 为 $0 < \delta \leqslant 1$；$Y_t - Y_{t-1}$ 为实际变化；$Y_t^* - Y_{t-1}$ 为理想变化，即实际产量变化为理想产量变化的一个比例。

由于农作物大田种植，受自然气候环境、人的经验管理水平等的影响，实际变化只能是理想变化的一个比例，这个比例小于1。将调整机制转化形式可得

$$Y_t = \delta Y_t^* + (1 - \delta) Y_{t-1} \tag{6-3}$$

将式（6-1）代入变化形式后的调整机制中，得

$$Y_t = \delta \beta_0 + \delta \beta_1 X_t + (1 - \delta) Y_{t-1} + \delta \mu_t \tag{6-4}$$

由此得到估计农作物秸秆产量的部分调整模型。其中，式（6-1）为农作物

秸秆产量的长期产量函数，式（6-4）为短期估计函数。长期估计函数同短期估计函数之间的转化通过 δ 完成。

（三）计量分析

主要粮食作物选取稻谷、小麦、玉米、豆类、薯类、油料、棉花、甘薯，数据为 1991~2004 年各作物产量（表 6-1），数据来自《中国统计年鉴 2005》。

农作物秸秆产量 $Y_t = \sum x_{i,t} k_i$，其中 $t = 1991 \sim 2004$，$i \in \{$稻谷、小麦、玉米、豆类、薯类、油料、棉花、甘薯$\}$，$x_{i,t}$ 为 t 年对应作物的产量；k_i 为对于作物的草谷比。通过 SAS 分析，可得

$$\hat{Y}_t = -978.32 + 0.879X_t + 0.299Y_{t-1} \quad P < 0.001, adj-R^2 = 0.8143 \quad (6-5)$$

由此可知，短期边际产量倾向 MPY 为 0.879，调节系数为 0.701，长期边际产量倾向为 1.26。对长期消费倾向而言，粮食总产量每增加 1 吨，主要农作物秸秆总产量则增加 1.26 吨。调节系数为 0.701，主要农作物秸秆产量同其理想产量水平的调整程度为 70%，尚有 30% 的潜力有待挖掘。

表 6-1　主要农作物产量表　　　　　单位：万吨

年　份	草谷比								粮食总产量
	0.952	1.28	1.247	1.5	0.5	2.212	3.136	0.1	
	稻谷	小麦	玉米	豆类	薯类	油料	棉花	甘薯	
1991	18 381.3	9 595.3	9 877.3	1 247.1	2 715.9	1 638.3	567.5	6 789.8	43 529
1992	18 622.2	10 158.7	9 538.3	1 252	2 844.2	1 641.2	450.8	7 301.1	44 265.8
1993	17 751.4	10 639	10 270.4	1 950.4	3 181.1	1 803.9	373.9	6 419.4	45 648.8
1994	17 593.3	9 929.7	9 927.5	2 095.1	3 025.4	1 989.6	434.1	6 092.7	44 510.1
1995	18 522.6	10 220.7	11 198.6	1 787.5	3 262.6	2 250.3	476.8	6 542	46 661.8
1996	19 510.3	11 056.9	12 747.1	1 790.4	3 536	2 210.6	420.3	6 818.7	50 453.5
1997	20 073.5	12 328.9	10 430.1	1 875.5	3 192.4	2 157.4	460.3	7 889.7	49 417.1
1998	19 871.3	10 972.6	13 295.4	2 000.6	3 604.2	2 313.9	450.1	8 343.8	51 229.5
1999	19 848.7	11 388	12 808.6	1 894	3 640.6	2 601.2	382.9	7 470.3	50 838.6
2000	18 790.8	9 963.6	10 600	2 010	3 685.2	2 954.8	441.7	6 828	46 217.6
2001	17 758	9 387.3	11 408.8	2 052.8	3 563.1	2 864.9	532.4	7 566.3	45 263.7
2002	17 453.9	9 029	12 130.8	2 241.2	3 665.9	2 897.2	491.6	9 010.7	45 705.8
2003	16 065.5	8 648.8	11 583	2 127.5	3 513.3	2 811	486	9 023.5	43 069.5
2004	17 908.9	9 195.2	13 028.7	2 232.1	3 557.7	3 065	632.4	8 984.9	46 946.9

资料来源：相关数据来自于历年《中国统计年鉴》；草谷比来自科技部星火计划"农作物秸秆合理利用途径研究报告"

要发挥农作物秸秆产量的理想水平，就需要找出其制约因素。作为农作物的附属产量，农作物秸秆与粮食作物间有一定的相关性，但又有所不同。对比分析影响粮食产量和影响农作物秸秆产量的农业物质投入要素，有利于分析出二者间的异同。选取农业物质投入要素农村劳动力、有效灌溉面积、耕地面积、粮食播种面积、农村用电量、农用化肥施用量、农药用量、农业机械总动力及粮食单产等9个变量，变通过粮食总产与农作物秸秆总产量与各要素进行灰色关联的对比分析。数据取自1993～2004年《中国农业年鉴》和《中国统计年鉴2005》。

在粮食总产量同各要素的灰色关联分析中（表6-2），取分辨系数为0.5，关联系数计算公式为

$$\varepsilon_{0i}(k) = \frac{1.0656}{|x'_0(k) - x'_i(k)| + 1.0656}$$

表6-2　粮食总产量与各投入要素的关联系数

年　份	粮食产量/（千克/公顷）	农村劳动力/万人	有效灌溉面积/1000公顷	耕地面积/1000公顷	粮食播种面积/1000公顷	农村用电量/10^8千瓦	农用化肥施用量/10 000吨	农药用量/10 000吨	农业机械总动力/10 000千瓦
1993	1	1	1	1	1	1	1	1	1
1994	0.992 101	0.969 147	0.976 552	0.978 957	0.993 322	0.836 027	0.932 108	0.862 763	0.924 225
1995	0.996 304	0.995 861	0.989 933	0.978 398	0.975 953	0.775 82	0.900 317	0.800 4	0.9041 16
1996	0.981 536	0.928 602	0.937 266	0.802 627	0.924 674	0.752 235	0.907 029	0.812 039	0.909 304
1997	0.978 653	0.960 343	0.971 706	0.789 746	0.946 016	0.677 1	0.855 21	0.7617 19	0.8174 18
1998	0.970 452	0.935 826	0.956 005	0.815 589	0.920 053	0.640 303	0.860 058	0.759 473	0.781 092
1999	0.976 127	0.951 745	0.979 081	0.813 074	0.922 361	0.627 591	0.845 425	0.701 847	0.714 265
2000	0.982 471	0.937 283	0.920 483	0.760 265	0.971 754	0.533 25	0.778 561	0.678 834	0.624 778
2001	0.962 637	0.915 607	0.897 457	0.752 546	0.971 161	0.490 732	0.748 498	0.672 421	0.589 337
2002	0.943 652	0.917 936	0.903 179	0.767 427	0.945 739	0.431 568	0.739 423	0.658 234	0.565 266
2003	0.910 175	0.867 289	0.865 922	0.750 922	0.960 403	0.370 003	0.700 23	0.629 774	0.527 499
2004	0.921 973	0.850 816	0.922 454	0.758 673	0.907 199	0.333 333	0.7495 71	0.634 524	0.519 903

在农作物秸秆总产量同各要素的灰色关联分析中（表6-3），取分辨系数为0.5，关联系数计算公式为

$$\varepsilon_{0i}(k) = \frac{1.0219}{|x'_0(k) - x'_i(k)| + 1.0219}$$

表6-3 农作物秸秆总产量与各投入要素的关联系数

年 份	粮食产量/(千克/公顷)	农村劳动力/万人	有效灌溉面积/千公顷	耕地面积/千公顷	粮食播种面积/千公顷	农村用电量/亿千瓦	农用化肥施用量/万吨	农药用量/万吨	农业机械总动力/万千瓦
1993	1	1	1	1	1	1	1	1	1
1994	0.998 109	0.977 519	0.985 377	0.987 93	0.996 823	0.837 3	0.938 305	0.865 302	0.929 979
1995	0.980 811	0.972 984	0.967 084	0.955 608	0.953 176	0.782 551	0.915 736	0.808 671	0.919 835
1996	0.969 08	0.915 362	0.924 143	0.803 779	0.911 383	0.751 229	0.913 586	0.813 627	0.915 993
1997	0.956 628	0.938 392	0.949 707	0.796 808	0.924 132	0.678 121	0.866 594	0.767 113	0.826 234
1998	0.944 100	0.909 947	0.929 847	0.827 605	0.894 401	0.641 726	0.875 502	0.767 595	0.790 657
1999	0.940 605	0.917 001	0.943 465	0.831 893	0.888 562	0.632 472	0.867 300	0.711 584	0.724 908
2000	0.964 996	0.985 324	0.965 999	0.784 976	0.921 501	0.538 269	0.805 352	0.695 194	0.636 397
2001	0.975 777	0.970 107	0.948 907	0.782 734	0.912 193	0.495 833	0.778 170	0.693 155	0.601 940
2002	0.995 987	0.973 778	0.956 492	0.800 185	0.888 007	0.433 443	0.768 540	0.677 918	0.576 156
2003	0.967 280	0.917 03	0.915 437	0.783 216	0.899 224	0.369 503	0.726 052	0.647 708	0.536 215
2004	0.997 197	0.911 247	0.997 784	0.802 411	0.838 856	0.333 333	0.791 807	0.659 998	0.532 638

依据灰色关联分析计算关联度,即求对应的关联系数的算术平均值,得到以下关联分析对照表(表6-4)。

表6-4 粮食总产量与农作物秸秆同各物质要素投入关联度对照表

项 目	粮食总产量		秸秆产量	
	关联度	关联序	关联度	关联序
粮食单产	0.968 007	1	0.974 214	1
农村劳动力	0.935 871	4	0.949 058	3
有效灌溉面积	0.943 337	3	0.957 020	2
耕地面积	0.830 685	6	0.846 429	6
粮食播种面积	0.953 220	2	0.919 022	4
农村用电量	0.622 330	9	0.624 482	9
农用化肥施用量	0.834 702	5	0.853 912	5
农药用量	0.747 669	7	0.758 989	7
农业机械总动力	0.739 767	8	0.749 246	8

由粮食总产量与农作物秸秆同各物质要素投入关联度对照表可以看出,影响粮食总产量和主要农作物秸秆产量的因素有较大的相似性。关联序排第一位及第五、六、七、八、九位的要素相同。这些要素中,农用化肥施用量、耕地面积、

农药用量、农业机械总动力、农村用电量6要素对农作物生产的作用很大,影响二者的产量次序相同。而有效灌溉面积、农村劳动力二要素对农作物秸秆产量的影响程度比对粮食生产的影响程度要大。

由前五位要素粮食单产、有效灌溉面积、农村劳动力、农村化肥施用量、农药用量对主要农作物产量及对粮食产量的影响程度可知,随着科技水平的提高、科技推广程度的扩大、农村劳动力水平的提高,农作物秸秆的产量增长速度会快于粮食产量的增长速度。从图6-1中也可以看出,主要农作物秸秆产量与粮食总产量之间的差值呈增长趋势,这也说明了主要农作物秸秆产量的增长速度快于粮食产量的增长速度。

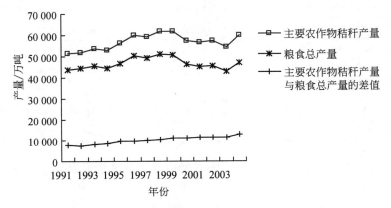

图6-1 主要农作物秸秆产量及粮食总产量变化趋势图

究其原因,主要有以下几点。

(1) 农作物比较效益的低下,"压粮扩经"行为的促使

在我国改革开放过程中,市场经济的观念逐渐深入人心。农民逐渐根据市场价格进行农业生产安排。在比较效益原则下,追求利益最大化,获得更大的预期收益,农民更愿意种植比较效益更高的经济作物和非粮食作物,导致"压粮扩经"行为的产生。

(2) 农业结构调整促使

自20世纪90年代以来,我国农业和农村经济发展的背景产生了诸多变化。主要由过去的农产品供求短缺转向了过剩,结构问题日趋突出,农民增收缓慢,增收困难,且城乡差距、工农差距在扩大。另外一个背景就是加入WTO,资源利用和生产经营面临着国际市场的竞争,是农业发展受到挑战,农民增收受到挑战。在此背景下,通过结构调整,旨在提高农产品质量、效益和竞争力,提高农民收入。在调整过程中,种植业结构朝经济效益高的经济作物方向发展,使得粮食总产量的增长速度慢于主要农作物秸秆产量增长速度。

（3）资源利用效率优先原则促使

早在 1987 年，诺贝尔经济学奖获得者舒尔茨在其《改造传统农业》一书中提出了著名的农民理性假说，即"在传统农业中，生产要素配置效率低下的情况是比较少见的"。随着农村改革使农民基本摆脱温饱开始向小康迈进，农民的需求层次也由满足生理需求向其他需求过渡，农民不仅要追求利益最大化，还要追求既得收益下付出的最小化。由此导致了农民对农业物质资源、家庭劳动力资源配置的调整。在种植业内部，农民的理性行为促进农民在物质资源、家庭人力资源的配置中遵循资源利用效率优先原则，把有限的资源投入到了非粮食作物中，促进了非粮食作物的增长。

4. 科技进步的结果

新中国成立以来，我国一直重视粮食作物的科学研究，以提高粮食产量。目前粮食单产的水平已经在一个较高的水平上，相对其他非粮食作物而言，近年来粮食作物单产的增长水平低于经济作物，如棉花、油菜籽、甘蔗（表 6-5），由此导致主要农作物秸秆总产量增长率高于粮食总产量的增长速度。

表 6-5　谷物、棉花、油菜籽、甘蔗增长率三次移动平均值

年份	谷物			棉花			油菜籽			甘蔗		
	单产/（千克/公顷）	三次移动	增长率/%	单产/（千克/公顷）	三次移动	增长率/%	单产/（千克/公顷）	三次移动	增长率/%	单产/（千克/公顷）	三次移动	增长率/%
1994	4 500	—	—	785	—	—	1 296	—	—	57 671	—	—
1995	4 659	4 684.33	—	879	851.33	—	1 416	1 359.33	—	58 136	57 425.67	—
1996	4 894	4 791.67	2.29	890	931.33	9.40	1 366	1 420.33	4.49	56 470	58 254.67	1.44
1997	4 822	4 889.67	2.05	1 025	974.67	4.65	1 479	1 372.33	-3.38	60 158	58 726.00	0.81
1998	4 953	4 906.67	0.35	1 009	1 020.67	4.72	1 272	1 406.67	2.50	59 550	59 015.33	0.49
1999	4 945	4 883.67	-0.47	1 028	1 043.67	2.22	1 469	1 420.00	0.95	57 338	58 171.33	-1.43
2000	4 753	4 832.67	-1.04	1 093	1 076.00	3.13	1 519	1 528.33	7.63	57 626	58 529.67	0.62
2001	4 800	4 812.67	-0.41	1 107	1 125.00	4.55	1 597	1 531.00	0.17	60 625	60 971.33	4.17
2002	4 885	4 852.67	0.83	1 175	1 077.67	-4.21	1 477	1 552.00	1.37	64 663	63 103.67	3.50
2003	4 873	4 981.67	2.66	951	1 079.00	0.12	1 582	1 624.00	4.64	64 023	64 628.33	2.42
2004	5 187	—	—	1 111	—	—	1 813	—	—	65 199	—	—
累积增长率			6.25			24.59			18.37			12.02

资料来源:《中国统计年鉴 2005》

（四）小结

生物质能源作为可再生能源，具有许多优良特性，如可再生性、可储藏性、可替代性、资源丰富、二氧化碳零排放等。面对当前国内能源消费压力，积极开发生物质能源是一条适宜的可选途径，既有利于缓解当前能源消费压力，又可在当前新农村建设中，提高农村地区对生物质的利用效率，减轻农村同城市对能源的竞争性压力，促进"生产发展、村容整洁"，提高人民生活水平。因此，积极开展生物质能源的相关研究，意义重大。农作物秸秆作为生物质能源的一个重要组成部分，蕴含量大，资源丰富又可持续供给。随着我国农村改革的深入、结构调整的深化、科技水平的提高、农民经营管理水平的提高，生物质能源的含量会进一步提高，积极探索出一条合适的秸秆转化为能源的利用方式，将对国家能源安全和能源消费、农村地区能源消费、农民生活产生深远影响。

二、秸秆利用的一般途径

我国农作物秸秆资源丰富，经过多年努力，秸秆利用初见成效，利用途径多种多样。秸秆人造板、秸秆直燃发电、秸秆沼气、秸秆气化、秸秆成型燃料等综合利用方式不断问世，秸秆还田、保护性耕作、秸秆快速腐熟还田、过腹还田、栽培食用菌等技术不断得到推广。

1）用作工业原料，建筑及保温材料。主要是用于造纸，原料有芦苇、芒秆、竹子、甘蔗渣、秸秆（麦秸、稻草）、麻、棉等，麦秆还可以用于砌墙，稻秆、麦秆可用作覆盖材料，起到保温作用。

中国制浆纤维原料中，木材比重很少，草类等非木材原料所占比重十分突出，是世界上的最大草浆生产国。世界非木材纸浆的75%以上产自中国（表6-6）。

表6-6　1980～2000年中国制浆造纸纤维原料结构

项　目	1980 年	1985 年	1990 年	1995 年	2000 年
木材/10^6 立方米	4.7	5.89	7.27	10.18	15.00
芦苇/10^6 吨	1.31	1.82	2.14	2.38	3.15
竹子/10^6 吨	0.22	0.27	0.39	0.88	1.17
蔗渣/10^6 吨	0.45	0.66	0.64	1.38	2.30
稻麦秸/10^6 吨	4.95	7.89	15.05	22.32	18.5
废麻、棉/10^6 吨	0.46	0.66	0.56	0.63	1.5
废纸/10^6 吨	1.02	2.00	4.90	9.50	12.86
其他/10^6 吨	0.16	0.31	0.29	0.65	

资料来源：曹振雷，2001

2）用作燃料，主要有稻秆、棉花秆、玉米秆、高粱秆、黄豆秆、油菜秆、烟秆、麻秆、葵花秆等。秸秆一直是中国农村居民的主要生活燃料之一，其能源密度一般为 13 376～15 466 千焦/千克。根据农业部科教司"九五"期间全国农村可再生资源统计资料（2001），"九五"期间，全国秸秆能源用量仍占农村生活用能的 30%～35%（表6-7）。

表6-7　我国农村秸秆能源用量在农村生活用能中的比重情况

年　份	小计标煤/万吨	秸　秆		秸秆能源用量占农村生活用能的比重/%
		实物/万吨	标煤/万吨	
1996	34 069	27 964	11 996	35.2
1997	42 712	—	—	—
1998	36 584	26 779	11 488	31.4
1999	35 346	29 143	12 502	35.4
2000	36 999	28 812	12 360	334

资料来源：韩鲁佳等，2002

3）用作饲料：主要有麦秆、玉米秆、胡豆秆、红苕藤、花生藤、草莓藤、瓜藤、瓜叶等。目前，秸秆用作饲料目前主要是以秸秆养畜、过腹还田的方式进行的。目前约有 15% 秸秆经过处理用作饲料，大部分不经任何处理，只是铡切至 3～5 厘米长饲喂牲畜。未经处理的秸秆不仅消化率低，粗蛋白含量低，而且适口性差，采食量也不高，单纯饲喂这种秸秆，牲畜连维持正常的生理生长需要都难满足，这就制约了草食家畜生产水平的提高。随着青储、氨化等秸秆处理技术的推广以及品种改良、科学补饲技术和快速育肥技术的普及，中国农作物秸秆的利用步伐明显加快，牛羊的生产水平不断提高。

4）用作废料：一是直接还田，主要有稻秆、麦秆等。有用采割穗留茬的办法，让稻秆还田，也有让再生稻稻草全部还田。二是将秸秆烧后的草木灰当钾肥还田。三是用作牲畜的垫草或与畜禽粪便一起堆沤发酵后作肥料。

原国家计划委员会（现为国家发展和改革委员会）、农业部、原建设部等在 1991 年就已下达文件指出：要大力推广秸秆还田技术，因地制宜采用留高茬、盖田、机翻还田等多种形式，多层次利用。这有力地推动了秸秆还田技术的研究和还田机械的研制，促进了秸秆还田的大面积推广。以机械化秸秆还田为主要内容的秸秆禁烧和综合利用工作也取得了明显成效。

秸秆中含有 C、N、P、K 以及各种微量元素。秸秆还田后可使作物吸收的大部分营养元素归还给土壤，增加土壤有机质（每年 0.01%），对维持土壤养分平衡起着积极作用，同时还可改善土壤团粒结构和理化性状，增加土壤肥力，增加作物产量，节约化肥用量，促进农业可持续发展（表6-8）。

表6-8　全国主要农作物秸秆分布情况

作物名称	分布（主要产区）
稻　谷	湖南、四川、广东、江苏、湖北、江西、浙江、广西
小　麦	山东、河南、河北、江苏、四川、陕西、湖北、黑龙江
玉　米	吉林、山东、黑龙江、河北、河南、辽宁、四川、内蒙古
谷　子	河北、内蒙古、山西、山东、黑龙江、河南、辽宁、吉林
高　粱	辽宁、黑龙江、吉林、山西、河北、内蒙古
薯　类	四川、山东、河南、安徽、广东、河北、福建、湖北
大　豆	黑龙江、山东、吉林、河南、河北、内蒙古、辽宁
其他杂粮	江苏、四川、云南、浙江、内蒙古、河北、湖北、山西
夏　粮	山东、河南、江苏、四川、河北、湖北、陕西、甘肃
棉　花	山东、河南、新疆、河北、江苏、湖北、安徽、湖南
花　生	山东、河南、河北、广东、江苏、四川
油菜籽	四川、江苏、湖北、安徽、湖南、贵州、江西、浙江
芝　麻	河南、湖北、安徽、河北、江西、山西、陕西
胡麻籽	甘肃、内蒙古、山西、新疆、宁夏
向日葵	内蒙古、吉林、新疆、山西、黑龙江、河北
烟　叶	云南、河南、贵州、四川、山东、黑龙江

三、秸秆综合开发利用新技术

（一）秸秆优质化能源利用技术

随着人们生活水平的提高，秸秆低效不清洁的直接燃烧利用方式已不满足农民生活水平提高的需要，为了给农民创造一个良好的生活环境，提供优质、清洁、方便的能源，同时，为了保持良好的生态环境，使农村、农业持续发展，长期以来秸秆的清洁、方便能源利用技术研究一直都在进行，目前已取得了一些成果，技术已日趋成熟，并得到了一定程度的推广。国内现行的秸秆优质能源利用技术主要有秸秆气化集中供气技术、秸秆压块成型及碳化技术等（表6-9）。

表 6-9　秸秆优质化能源利用情况

年　份	气化集中供气			碳　化			秸秆压块成型		
	数量	供气量/万立方米	秸秆用量/吨	数量	年产量/吨	秸秆用量/吨	数量	年产量/吨	秸秆用量/吨
1998	164	4 572	26 727	5	710	1 500	35	410	410
1999	254	8 248	45 084	—	—	—	2	750	750
2000	388	15 057	86 837	7	2 600	7 950	3	1 250	1 250

资料来源：农业部科技教育司，2001

（二）秸秆皮瓤分离及其综合利用技术

秸秆不同部位的营养价值、理化特性不同。通过机械方法将秸秆的叶、皮与瓤各部分进行分离，分离出来的叶、瓤具有较高的营养价值，可用来直接饲喂家畜，秸秆皮部分营养价值较低，但木质纤维素含量高，用于造纸、板材等加工工业十分有利。这样，从饲料角度看，无须进行氨化处理就能得到相当于优质牧草的秸秆叶饲料，而对于工业用途，秸皮部分又优于整株秸秆。目前，该技术已由辽宁省农业科学院研制开发成功。

（三）可降解型包装材料生产技术

用降解塑料代替非降解塑料，已是当今发展生态农业、促进农业可持续发展的重要途径。国内已有许多科研单位研究开发秸秆降解膜技术，并且取得了一定的成果。例如，西安建筑科技大学以麦秸秆、稻草等天然植物纤维素材料为主要材料，配以安全无毒物质，开发出完全可以降解的缓冲包装材料。该产品体积小、质量轻、压缩强度高、有一定柔韧性，成本和泡沫塑料相当，低于纸和木材制品，在自然环境中一个月可以全部降解成有机肥。

（四）一次性可降解餐具生产技术

随着人们生活条件的改善，一次性的餐具及制品的用量越来越大。现在的一次性的餐具及制品多用发泡塑料制品制成，用过后变成大量的白色垃圾，造成严重的环境污染。一次性可降解餐具有环保、洁净的功效，开发利用一次性可降解餐具是现代一次性的餐具及制品的发展趋势。

（五）轻型建材生产技术

目前秸秆在建筑材料领域内的应用已相当广泛，秸秆消耗量大、产品附加值高，又能节约木材，很有发展前景。按胶凝剂分为水泥基、石膏基、氯氧镁基、树脂基等。按制品分为复合板、纤维板、定向板、模压板、空心板等。按用途分为阻燃型、耐水型、防腐型等。

（六）秸秆发电技术

利用秸秆气化发电，是秸秆利用的一个重要技术。大规模的生物质气化发电一般采用生物质联合循环发电（IGCC）技术，其生物质资源、能源开发利用效率高。利用秸秆供热发电上网，影响其秸秆发电电价的一个重要因素是秸秆的收集、运输和到厂价格。秸秆的价值会随其使用价值而变化。伴随秸秆用途的增加，其使用价值会上升，价格将会随之变动。另外，秸秆的收集难易程度、劳动力价格的变化、运输费用的变化，都将是影响秸秆到厂价格的重要因素。此外，关键设备也是影响秸秆发电成本的一个重要因素。

四、当前秸秆开发利用存在的问题

根据以上分析，农作物秸秆是主要的生物质资源，在我国用途相当广泛。据有关资料，目前农作物秸秆的使用流向是：15%还田，24%饲用，2.3%用于工业，近60%用于薪柴或在露地直接无为的燃烧或者腐烂，利用极不充分。如何把被不经济的、浪费性使用的近60%的农作物秸秆转化为生物质能源，进行高效合理的利用，是一个亟待解决的问题。

分析秸秆不能被加工制备成新型生物质能源而高效合理利用的原因：一是秸秆分布分散，体积大，笨重，不易运输和集中，在农作物刚刚收获完以后，农业作业需要把秸秆在农田中清理干净，而此时秸秆中的水分含量很高，笨重而不易运输，即是通过运输把其收集起来，也会因水分含量过高而腐烂。二是秸秆本身热值不高，直接作为薪柴燃烧，由于没有经过加工制造生物质能源的环节，没有人类劳动投入，因而价值很低，这恰恰满足了农民因收入水平低，希望降低生活消费成本而平衡与其他社会群体的收益的心理需求，所以，千百年来秸秆一直被农民以直接燃烧方式低效使用。三是目前的秸秆气化、固化、成型技术都追求规模效益，加工环节要求秸秆高度集中，规模较大，这就使得从原始的秸秆集中到秸秆加工制成品的分散消费，运输距离半径加大，无形中提高了生物质能源的成本。四是用秸秆加工制造而成的生物质能源和其他生物质能源一样，是人类劳动的产物。产品中包括了人类劳动，与天然开采来直接利用的石化能源相比价值较高，因而不具备市场竞争优势，如果石化能源与生物质能源的比价问题不能得到有效解决，则以秸秆为原料的生物质能源的发展会受到市场机制的约束。

第四节 生物柴油及其综合开发利用

一、生物柴油简介

（一）生物柴油概念

生物柴油是清洁的可再生能源，它是以大豆和油菜籽等油料作物、油棕和黄连木等油料林木果实、工程微藻等油料水生植物以及动物油脂、废餐饮油等为原料制成的液体燃料，是优质的石油柴油代用品。生物柴油是典型绿色能源，大力发展生物柴油对经济可持续发展，推进能源替代，减轻环境压力，控制城市大气污染具有重要的战略意义。

柴油分子是由 15 个左右的碳链组成的，研究发现植物油分子则一般由 14～18 个碳链组成，与柴油分子中碳数相近。因此，生物柴油就是一种用油菜籽等可再生植物油加工制取的新型燃料。按化学成分分析，生物柴油燃料是一种高脂酸甲烷，它是通过以不饱和油酸 C_{18} 为主要成分的甘油酯的分解而获得的。

（二）生物柴油生产方法

目前生物柴油的生产方法有化学法、生物酶法和工程微藻法三种。

（1）化学法

生物柴油的化学法生产是采用生物油脂与甲醇或乙醇等低碳醇为原料，并使用氢氧化钠（占油脂重量的 1%）或甲醇钠（sodium methoxide）作为触媒，在酸性或者碱性催化剂和高温（230～250℃）下发生酯交换反应（transesterification），生成相应的脂肪酸甲酯或乙酯，再经洗涤干燥即得到生物柴油。甲醇或乙醇在生产过程中可循环使用，生产设备与一般制油设备相同，生产过程中产生10% 左右的副产品甘油。

但化学法合成生物柴油有以下缺点：反应温度较高、工艺复杂；反应过程中使用过量的甲醇，后续工艺必须有相应的甲醇回收装置，处理过程繁复、能耗高；油脂原料中的水和游离脂肪酸会严重影响生物柴油的获得率及质量；产品纯化复杂，酯化产物难回收；反应生成的副产物难去除，而且使用酸碱催化剂产生大量的废水、废碱（酸）液排放容易对环境造成二次污染等。

化学法生产还有一个不容忽视的成本问题：生产过程中使用碱性催化剂要求原料必须是毛油，如未经提炼的菜籽油和豆油，原料成本就占总成本的 75%。因此，采用廉价原料及提高转化率从而降低生产成本，是生物柴油能否真正实现工厂化、企业化生产和被选用为替代能源的关键。为此美国试图通过提高生物质原料本身的含油量而降低成本，已开始采用基因工程方法研究高含油量的植物

（见工程微藻法）；日本采用工业废油和废煎炸油，欧洲是在不适合种植粮食的土地上种植富油脂的农作物。

（2）生物酶法

为解决上述问题，人们开始研究用生物酶法合成生物柴油，即用动物油脂和低碳醇通过脂肪酶进行转酯化反应，制备相应的脂肪酸甲酯及乙酯。酶法合成生物柴油具有条件温和、醇用量小、无污染排放等优点。2001 年日本采用固定化 Rhizopusoryzae 细胞生产生物柴油，转化率在 80% 左右，微生物细胞可连续使用430 个小时。

2005 年 6 月 4 日，《中国环境报》报道：清华大学用生物酶法制生物柴油中试成功，在中试装置上采用新工艺生物柴油生产率达 90% 以上。中试产品技术指标符合美国及德国的生物柴油标准，并满足我国 0 号优等柴油标准。中试产品经发动机台架对比试验表明，与石化柴油相比，采用含 20% 生物柴油的混配柴油作燃料，发动机排放尾气中一氧化碳、碳氢化合物、烟度等主要有毒成分的浓度显著下降，发动机动力特性基本不变。

由于利用生物酶法合成生物柴油具有反应条件温和、醇用量小、无污染物排放等优点，具有环境友好性，因而日益受到人们的重视。但利用生物酶法制备生物柴油目前存在着一些亟待解决的问题：脂肪酶对长链脂肪醇的酯化或转酯化有效，而对短链脂肪醇（如甲醇或乙醇等）的转化率低，一般仅为 40%~60%；甲醇和乙醇对酶有一定的毒性，容易使酶失活；副产物甘油和水难以回收，不但对生物质产物具有依附性，而且甘油也对酶有毒性；短链脂肪醇和甘油的存在都影响酶的反应活性及稳定性，使固化酶的使用寿命大大缩短。这些问题是生物酶法工业化生产生物柴油的主要"瓶颈"。

（3）工程微藻法

美国国家可更新实验室（NREL）通过现代生物技术研制生产工程微藻，即硅藻类的一种"工程小环藻"。在实验室条件下可使工程微藻中脂质含量增加到60% 以上，户外生产也可增加到 40% 以上，而一般自然状态下微藻的脂质含量为5%~20%。工程微藻中脂质含量的提高主要是由于乙酰辅酶 A 羧化酶（ACC）基因在微藻细胞中的高效表达，在控制脂质积累水平方面起到了重要作用。目前，正在研究选择合适的分子载体，使 ACC 基因在细菌、酵母和植物中充分表达，还进一步将修饰的 ACC 基因引入微藻中以获得更高效的表达。利用工程微藻生产柴油具有重要经济意义和生态意义，其优越性在于：微藻生产能力高、用海水作为天然培养基可节约农业资源；比陆生植物单产油脂高出几十倍；生产的生物柴油不含硫，燃烧时不排放有毒气体，排入环境中也可被微生物降解，不污染环境。发展富含油质的微藻或者工程微藻是生产生物柴油的一大趋势。

（三）现行生物柴油标准

1）生物柴油的国际标准是 ISO4214A，另一个是 ASTM 国际标准 AST-MD6751，这一标准是美国所采用的标准，1996 年该标准由美国环境保护局在清洁空气法的 211（b）部分加以了法律确认。另一被广泛认同的是德国的 DIN 生物柴油系列标准，是迄今为止最为详细的生物柴油标准，该标准体系针对不同的制造原料有不同的 DIN 标准：以油菜籽和纯粹以蔬菜籽为原料的 RME（rapeseed methyl ester）、PME（vegetable methyl ester）生物柴油 DINE51606 标准，以蔬菜油脂和动物脂肪为混合原料 FME（fat methyl ester）的生物柴油 DINV 51606 标准。欧盟也在 2003 年 11 月颁布了 EN14241 生物柴油燃料标准。此外奥地利、澳大利亚、捷克、法国、意大利、瑞典等国家也拟定了生物柴油燃油规范。

2）德国 DINV51606 生物柴油标准（表 6-10）。生物柴油的标准主要对以下成分进行考评：生产制造的整个反应过程，甘油的去除情况，催化剂的去除情况，酒精的去除情况，以及确保不含游离脂肪酸。生物柴油的生产标准评定指针包括比重、动态黏度、闪火点、硫含量、残留量、十六烷值、灰分、水分、总杂质、三酸甘油酯、游离甘油等。生物柴油标准的规范，正在极大地推动生物柴油在德国汽车工业中正式的应用和合法化，同时，大多数国家对生物柴油的认可，也正在推动生物柴油作为一种新型可再生生物能源走向国际化。

表 6-10　德国 DINV51606 生物柴油标准表

名　称	标准值	检验方法
15℃时的密度/（克/毫升）	0.875 ~ 0.900	DIN EN ISO3675
40℃时的动力黏度/（平方毫米/秒）	3.5 ~ 5.0	DIN EN ISO3104
按 Pensky-Martens 法	≥110	DIN EN ISO22719
在密闭杯中的闪点/℃		
冷滤点（CFPP）/℃		DIN EN 116
4 月 15 日至 9 月 30 日	≤0	
10 月 1 日至 11 月 15 日	≤ -10	
11 月 16 日至 2 月 28 日	≤ -20	
3 月 1 日至 4 月 14 日	≤ -10	
硫含量（质量分数）/%	≤0.01	DIN EN ISO14596
残炭（质量分数）/%	≤0.05	DIN EN ISO10370

名　称	标准值	检验方法
十六烷值	≥49	DIN51773
灰分（质量分数）/%	≤0.03	DIN51575
水分/（毫克/千克）	≤300	DIN51777-1
总杂质/（毫克/千克）	≤20	DIN51419
对铜的腐蚀效能 （在50℃时3小时腐蚀程度）	1	DIN EN ISO2160
氧化稳定性，诱导期/小时	未给出	IP306
中和值（KOH）/（毫克/千克）	≤0.5	DIN51558-1
甲醇含量（质量分数）/%	≤0.3	
碘值/（克/100克）	≤115	DIN53241-1
磷含量/（毫克/千克）	≤10	DIN51440-1
碱含量（Na＋K）/（毫克/千克）	≤5	依据 DIN51797-3，增加钾

（四）生物柴油工艺流程简介

1）物理精炼：首先将油脂水化或磷酸处理，除去其中的磷脂、胶质等物质。再将油脂预热、脱水、脱气进入脱酸塔，维持残压，通入过量蒸汽，在蒸汽温度下，游离酸与蒸汽共同蒸出，经冷凝析出，除去游离脂肪酸以外的净损失，油脂中的游离酸可降到极低量，色素也能被分解，使颜色变浅。各种废动植物油在 DYD 催化剂作用下，通过酯化、醇解反应，生成粗脂肪酸甲酯。

2）甲醇预酯化：首先将油脂水化脱胶，再用离心机除去磷脂和胶等水化时形成的絮状物，然后将油脂脱水。原料油脂加入过量甲醇，在酸性催化剂存在的条件下，进行预酯化，使游离酸转变成甲酯。蒸出甲醇水，经分馏后，无游离酸可分出 C12-16 棕榈酸甲酯和 C18 油酸甲酯。

3）酯交换反应：经预处理的油脂与甲醇一起，加入少量 NaOH 作催化剂，在一定温度与常压下进行酯交换反应，即能生成甲酯。再采用二步反应，通过一个特殊设计的分离器连续地除去初反应中生成的甘油，使酯交换反应继续进行。

4）重力沉淀、水洗与分层。

5）甘油的分离与粗制甲酯的获得。

6）水分的脱出、甲醇的释出、催化剂的脱出与精制生物柴油的获得。

整个工艺流程实现闭路循环，原料全部综合利用，实现清洁生产。大致描述如下：原料预处理（脱水、脱臭、净化）—反应釜（加醇＋催化剂＋70℃）—搅拌反应1h—沉淀分离排杂—回收醇—过滤—成品。

（五）生物柴油的理想原料——油菜籽

目前我国发展生物柴油的"瓶颈"是原料，即原料的量和价格。尽管许多木本油料都可以加工为生物柴油，但规模有限。大豆、花生等草本油料也可作为生物柴油的原料，但它们与我国主要的粮食作物（如水稻、玉米等）争地，扩产潜力有限。

作为生物柴油的理想原料，油菜籽具有独特优势。一是油菜适应范围广，黄淮流域、长江流域、西北、东北等广大地区都适宜油菜生长，我国适宜种油菜区域的耕地面积在 1 亿公顷以上，仅长江流域和黄淮地区适宜种油菜的冬闲田就有0.2 亿公顷以上。二是菜油的化学组成与柴油很相近，加工工艺相对简单。三是种油菜的土地不与主要粮食争地，可较好地协调我国能源安全和粮食安全的矛盾。长江流域和黄淮流域的油菜为冬油菜，仅利用耕地的冬闲季节生长，在品种改良后并不影响水稻包括双季稻等主要粮食作物的生长。四是可培肥地力，油菜的根系发达，可以疏松土壤，枯枝落叶残留量大，可以培肥地力，有效地增加后茬作物的产量。五是可增加高蛋白饲料资源，菜籽饼粕的蛋白质高，且硫氨基酸的含量高于大豆，是良好的高蛋白饲料资源，可促进畜牧业发展。六是在长江流域，农民群众创造了油菜一菜两用技术，即冬前把油菜苗、早春把油菜薹作为蔬菜食用，降低生产成本，提高种植效益，有效增加生产收入。

（六）以油菜作为生物柴油进行产业化发展的重要意义

1）油菜已形成我国的优势种植产业，生物柴油的发展使油菜的利用空间扩展为无限，对农业的稳定和耕地的有效使用有利。

2）油菜的种植具有比较效益，可增加农民收入（亩平增收 50～80 元）、增加地力，有利于农业的可持续发展。

3）生物柴油的生产及综合利用可提高油菜的综合价值，以湖北省为例，若种植面积达到 166.7 万公顷，年产油菜籽 500 万吨，则可加工生物柴油 225 万吨，形成一个年产值 200 亿元以上的新兴产业，增值额约为 85 亿元。

4）将有效解决我国进口石油的替代问题，若生物柴油的年生产量达到 2000 万吨，就意味着柴油的替代率可达 20%，一方面可以大大降低我国能源对进口的依存度；另一方面应用生物柴油可以减少污染排放，改善空气质量和防止空气污染。

5）生物柴油的良性发展将促进油菜秸秆、饼粕的综合利用，特别是饼粕的深加工装置比较复杂、原材料来源有限，联合加工企业有能力开展饼粕的综合利用，以此作为降低生物柴油成本的重要途径，与生物柴油的生产形成良性互动。

6）提高科研成果的转化效率，激发研究机构对关键技术和相关技术深入研究的积极性，使科研、生产、种植共同发展。

二、发展生物柴油有着良好的应用前景

（一）与石化柴油相比，生物柴油具有许多优良性能

生物柴油环保性能好，其硫含量低，使得二氧化硫和硫化物的排放低，排放量可减少约30%；不含会对环境造成污染的芳香族烷烃，其废气对人体的损害低于石化柴油。检测表明，与普通柴油相比，使用生物柴油可降低90%的空气毒性，降低94%的患癌率；由于生物柴油含氧量高，使其燃烧时排烟少，一氧化碳的排放与柴油相比减少约10%；生物降解性高。冬季冷滤点达−20℃，具有较好的低温发动机启动性能。润滑性能较好，可使喷油泵、发动机缸体和连杆的磨损率低，延长其使用寿命。闪点高，对运输、储存有利，方便且安全。十六烷值高，使其燃烧性好于石化柴油。燃烧残留物呈微酸性，使催化剂和发动机机油的使用寿命加长。生物柴油的制取原料为生物质，具有可再生性，因此，生物柴油是可再生能源，可以保障永续使用。对于传统的柴油机，无需改动便可直接添加使用生物柴油，以一定比例与石化柴油调和使用，可以降低油耗、提高动力性，并降低尾气污染（表6-11）。

表6-11　生物柴油和石化柴油的性能比较

项　　目	生物柴油	石化柴油
冷滤点（CFPP）	−10℃（夏季）、−20℃（冬季）	0℃（夏季）、−20℃（冬季）
20℃的密度/（克/毫升）	0.88	0.83
40℃动力黏度/（毫米^2/秒）	4～6	2～4
闪点/℃	>100	60
可燃性/十六烷值	>56	>45
热值/（兆焦/升）	32	35
燃烧功率/%	104	100
硫含量（质量分数）/%	≤0.001	<0.2
氧含量（体积分数）/%	10	0
芳烃含量（质量分数）/%	微量	≤25
燃烧1千克燃料按化学计量法的最小空气消耗量/千克	12.5	14.5
水危害等级	1	2
3周后的生物分解率/%	98	70

资料来源：忻耀年，2005

（二）世界各国大力发展生物柴油

欧盟通过替代燃料的立法支持、税收优惠、油料生产的补贴等途径促进生物柴油产业蓬勃发展。欧盟推广生物柴油的目标是：到 2010 年达 830 万吨。德国目前加油站中有 300 多个可加注生物柴油，生物柴油的年生产能力可达 100 万吨；同时国家对生物柴油采取免税政策，于 2003 年颁布法规，自 2004 年起，准许在石化柴油中最多加入 5% 的生物柴油，其生物柴油的市场价格低于石化柴油。法国使用标准是在普通柴油中掺加 5% 的生物柴油，对生物柴油的税率也为零。比利时、捷克、波兰、匈牙利等国目前也在积极发展生物柴油项目。同时，欧洲各大汽车制造商（如奥迪、大众等）均已允许在其各款柴油轿车和卡车中使用满足欧盟标准 EN 14214：2001-09 的生物柴油，并保证同样给予用户相应车辆的机械保证和保养。

美国 1992 年能源政策法案，确立到 2000 年用非石油代用燃料来替换 10% 的发动机燃料，到 2010 年提高到 30% 的目标。2002 年美国生物柴油消费量比 2001 年的 4.73 万吨增加了 4%。2004 年 10 月，美国政府通过了联邦公司税赋法案，作为税赋法案的一部分，生物燃料法案规定：在常规柴油中每混合 1 个百分点的生物柴油，可以按每加仑 1 美分的比例向联邦政府申请税费减免，以此降低消费者使用生物柴油的成本，到 2010 年，美国生物柴油的产能将从 2004 年的 100 万吨提高到 1200 万吨（图 6-2）。

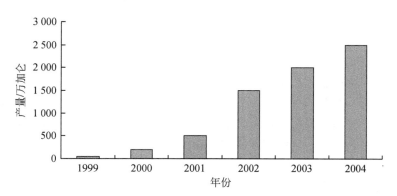

图 6-2　1999～2004 年美国生物柴油产量增长情况
资料来源：王静波，2005

日本生物柴油年生产能力已达到 40 万吨。巴西政府强制性规定到 2008 年石化柴油中混合 2% 生物柴油。泰国于 2001 年 7 月发布了发展生物柴油的计划，泰国石油公司承诺每年收购 7 万吨棕榈油和 2 万吨椰子油用于生物柴油的生产，国家对生物柴油实施税收减免政策。可见，世界各国均积极发展生物柴油，其主要政策措施为：免税、财政补贴、法律规定生物柴油的最低份额。

（三） 我国发展生物柴油前景广阔

由于必须改善生态环境、缓解能源消费的压力加上生物柴油的优良性能，世界各国都积极发展生物柴油。2000 年，欧洲市场上柴油轿车的销售量已达到 440 万辆，比 1995 年翻了 1 番，新型柴油轿车购买率达 30%。在美国市场上，商用车的 90% 为柴油车，日本将近 10% 的家用轿车是柴油车，38% 的商用车为柴油车。美国、日本及欧洲的重型汽车几乎全部使用柴油机作为动力。

中国作为一个石油进口大国和消费大国，石油的大量进口和进口依存度的提高，关系到中国的能源安全。未来几年内柴油的供需平衡问题将是生物柴油市场发展的焦点问题。随着中国原油加工量的上升，汽油和煤油拥有一定数量的出口余地，但柴油的供应缺口仍然较大。预计到 2010 年，中国柴油需求量将突破 1 亿吨，与 2005 年相比，将增长 24%；至 2015 年市场需求量将会达到 1.3 亿吨左右。目前，生产柴油汽油的比约为 1.8，而市场消费的柴汽比均在 2.0 以上。

目前汽车车型柴油化的趋势加快。2005 年世界汽车产量为 6600 万辆，其中柴油车为 1850 万辆，占总量的 28%。中国柴油汽车的产量占汽车产量的比例已由 1990 年的 15% 上升到 2005 年的 25%，2005 年柴油汽车产量为 142.8 万辆。我国目前已成为世界上重型汽车发展前景最被看好的国家，重型汽车需求量的不断增长，为重型汽车发动机制造业提供了广阔的市场空间，而伴随着社会的发展，人们的环境保护意识不断提高，对重型汽车发动机的质量也提出了越来越高的要求。由于柴油发动机效率高、马力大、经济性强、运行质量可靠，目前，我国重型汽车 100% 采用的都是柴油发动机。100 多年来，柴油发动机一直是载货汽车的动力配置首选。近年来，柴油机的污染问题引起各方面重视，有关专家致力于新能源的开发和利用研究，但迄今没有取得实质性的进展，据估计，在 20 年以内，柴油发动机仍将是重型载货汽车的动力首选。中国柴油车产量的增长趋势还将继续下去，汽车柴油化是中国汽车工业的一个重要的发展方向。

三、发展生物柴油的优势

油菜籽作为加工生物柴油的最佳原料，在我国生产优势明显。第一，在种植业结构系统中，种植油菜不仅经济效益好，而且根茬可以肥田，有利于后茬作物增产；第二，我国是世界油菜生产大国，拥有世界上最优良的油菜品种；第三，我国长江南北大部分地区适宜油菜种植，油菜在发展地域和规模上有很大的潜力。下面我们以湖北省为例，对以油菜籽加工生物柴油的优势和潜力作深入分析。

（一）生物柴油原料丰富

自 20 世纪 90 年代以来，湖北省油菜籽种植面积逐年增加。由 1990 年的 55 万公顷增加到 2004 年的 118.6 万公顷，增加了 1 倍多，总产由 71 万吨增加到 235.1 万吨，增长了 2.31 倍，达到历史最高水平。当前，湖北省油菜籽面积和产量占全国的 20%，占世界的 5%。湖北省油菜发展速度较快，高于全国水平。2002 年世界油菜面积比 1998 年减少 16%，中国增加 8.1%，而湖北省增加 30.3%（表 6-12 和图 6-3）。目前油菜籽总产量和"双低化"率连续十一年居全国首位，其中，历史最高的 2004 年，平均亩产 123.47 千克，总产突破 200 万吨，面积、单产、总产均超过历史最高水平。2005 年，湖北省油菜收获面积 117.1 万公顷，单产 114.7 千克/亩，总产 201.55 万吨；2007 年湖北省油菜籽产量为 193.3 万吨，占全国总产量的 18.3%，同 2004 年相比，虽然面积、单产、总产"三减"，但仍然居全国首位。2005 年以油菜轻简高效栽培、一菜两用、无公害标准化栽培为主的新技术推广面积累计达到 105 万公顷，比 2004 年增加 26.3 万公顷，双低品种普及率为 96%，比 2004 年提高 1.9 个百分点，其中杂交双低品种占 65%。湖北因此已成为名副其实的全国油菜生产大省、科研强省和商品油菜籽集散地，形成全国最大的双低油菜产业带。

表 6-12　油菜籽种植面积　　　　　　　单位：万公顷

年　份	世　界	中　国	湖　北
1998	2 580.2	652.7	88.6
1999	2 762.4	689.9	101.1
2000	2 583.46	749.4	115.9
2001	2 396.1	709.5	111.8
2002	2 165.8	714.3	115.525
2003	2 369.47	722.1	117.46
2004	2 622.96	727.1	118.61
2005	2 705.09	727.8	117.865
2006	2 779.64	598.4	100.12
2007	3 023.49	564.2	92.71

资料来源：中国农村统计年鉴、中国农业年鉴、国际统计年鉴，其中，由于数据获得性，2007 年世界油菜籽种植面积为收获面积

（二）油菜科技支撑体系强

在育种技术上，华中农业大学和中国农业科学院油料作物研究所两家科研育种单位依托其独有的育种材料和手段，培育出了低芥酸、低硫苷的双低油菜品种，在全国乃至全世界都享有很高的盛誉，育种专家傅廷栋院士被誉为油菜之

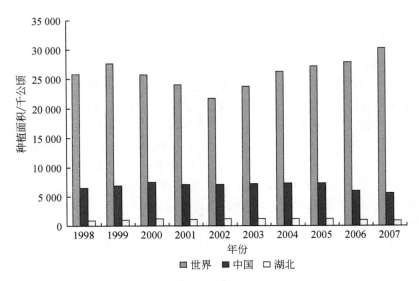

图6-3　1998~2007年油菜籽种植面积变化趋势

父。湖北省从1981年开始便试种低芥酸油菜品种，1985年开始大面积示范推广。20世纪90年代以来，"双低"优质油菜面积增长很快，双低油菜品种有30多个，占长江流域已审定应用品种的60%以上，双低品种普及率由1990年的7.2%增加到2003年的93%，平均每年提高6.5个百分点，比全国同期高20多个百分点（表6-13），有力支撑了全省双低油菜品种的加快更新与应用推广。

表6-13　湖北省双低油菜发展情况

年　份	全　国			湖　北		
	总面积/万公顷	双低油菜面积/万公顷	双低油菜/%	总面积/万公顷	双低油菜面积/万公顷	双低油菜/%
1990	550.4	19.5	3.5	55.0	2.5	4.5
1995	690.7	107.4	15.5	83.7	18.7	22.3
1999	689.9	259.3	37.6	101.1	58.7	58.1
2000	749.4	358.5	47.8	115.9	85.3	73.6
2001	709.5	423.9	59.7	111.8	97.1	86.9
2002	714.3	448.0	62.7	115.5	104.5	90.5
2003	722.1	—		117.46	109.4	93.1
2004	727.1	—		118.61	109.35	92.2
2005	727.85	—		117.865	105.299	89.3
2006	688.79	—		108.13	—	—
2007	564.22			92.71		

在栽培技术上，示范并推广了两大技术。一是以稻田免耕套播、稻田免耕移栽、棉林套播、套栽4种模式为主的轻简化栽培技术，应用区域每亩节约成本50元。二是双低油菜—菜两用技术示范，应用区域每亩平均增收265元。

在加工技术上，华中农业大学、中国农业科学院油料作物研究所、武汉工学院与企业合作，开发出了菜籽脱皮、冷榨、膨化和饼粕深加工等一批国内领先和国际先进的高新技术，建立了近20条中试、示范生产线。

为促进双低高产杂交油菜新品种选育审定成果的转换和双低油菜生产与油菜加工业的协同快速发展，省农业厅与华中农业大学加强农科教结合，联手解决油菜产业发展瓶颈。合作包括：建立培植油菜种业和深加工业两大科技产业公司，使其成为带动湖北省油菜产业化发展的龙头企业，已与天门市天德绿色发展有限公司、浠水华益公司等公司合作，产业发展前景好。中国农业科学院油料作物研究所以转让、买断、代理、合作开发等形式和企业深入合作，并构建以品种为核心、以企业为先导、以广大农户为"原料车间"的优质油菜种子产业化开发模式，与此同时，借助企业营销网络，加快成果转化步伐。

（三）油菜加工规模大，加工水平高

湖北省油脂加工设备利用率远高于全国平均水平。榨油机拥有量22 767台，每台压榨量为126.1吨，每台油菜籽压榨量为83吨，分别占全国的6.4%、15.2%、23.3%。全省现有万吨以上规模油菜加工企业300多家，每个主产县都有5家以上，总加工能力超过500万吨，其中年加工能力在10万吨以上的有10多家。"十五"期间有5家公司从事双低油菜收购加工，分别是湖北天颐科技股份公司、湖北日月油脂股份有限公司、湖北华益油料产业科技股份有限公司、洪森公司沙洋县三月花油脂分公司和湖北嘉禾粮油有限公司等。这5家企业油菜籽年加工能力为120万吨，2004年销售收入10.48亿元，利税7200多万元，油菜籽订单收购面积超过36万公顷，带动农户170多万户。

（四）油菜加工技术成熟

制约我国生物柴油工业化的根本问题是成本太高，其中75%来自原材料成本。为降低成本，加强生物柴油综合开发利用技术的攻关是关键。通过综合利用，提高以油菜籽提取生物柴油的经济效益，有利于降低生物柴油的成本，实现生物柴油的工业化。

华中农业大学在生物柴油研究中，参考了国内外的若干做法，制定了切合实际的研发措施，已取得了初步成效，生产的生物柴油已达到国际标准AST-MD6751的要求，特别是在催化剂的选用和后处理方面有独到之处，能够较大程度地降低生产成本和减少环境污染。省农业厅组织该校与百万亩油菜大市——天

门市合作，在天门天德绿色发展有限公司建设年产 1 万吨的中型生产线，已于 2006 年 10 月建成，投入试生产。

华中农业大学吴谋成教授及其团队研制了一种新技术，生物柴油的研发主要存在的问题是成本高、环境污染严重，经过深入的探索性研究，提出了一条从油菜籽中直接生产生物柴油并综合利用其副产品菜籽饼粕的工艺路线，大大地提高了油菜籽的附加值。该技术采用不经过榨油直接从油菜籽中生产生物柴油。同时对转化成生物柴油后的菜籽饼粕和油脚进一步深加工，获得植酸、多酚、多糖、维生素 E 和甾醇等高附加值产品。

工艺过程如下：

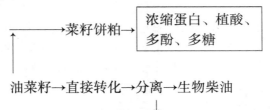

油脚→提取、分离纯化制备维生素 E、甾醇

预期达到的目标：①生物柴油成本、性能与柴油基本相同；②产值比油菜籽提高 20 倍以上；③建立生物柴油、饲用浓缩蛋白、植酸、多酚、多糖、维生素 E 和甾醇示范生产线各一条。

收益模型［来源：生物柴油发展趋势和研发情况介绍（省政府研发中心）］：

应用华中农业大学研发技术，以处理 3 万吨油菜籽为例，生产 1 万吨生物柴油，1000 吨甘油。2 万吨饼粕生产饲用浓缩蛋白 8500 吨，无毒精饲料 7000 吨，植酸钠 400 吨。

（1）用油菜籽生产生物柴油的综合利用项目效益分析

1）总产值：16 060 万元

其中：生物柴油　　　　1 万吨 ×3500 元 =3500 万元
　　　甘油　　　　　　1000 吨 ×6500 元 =650 万元
　　　饲用浓缩蛋白　　8500 吨 ×5000 元 =4250 万元
　　　无毒精饲料　　　7000 吨 ×1800 元 =1260 万元
　　　植酸钠　　　　　400 吨 ×16 万元 =6400 万元

2）成本：10 905 万元

其中：油菜籽　　　　　3 万吨 ×2500 元/吨 =7500 万元
　　　生物柴油　　　　10 000 吨 ×900 元/吨 =900 万元
　　　甘油　　　　　　1000 吨 ×800 元/吨 =80 万元
　　　植酸钠　　　　　400 吨 ×5 万元/吨 =2000 万元

饲用浓缩蛋白 + 无毒菜籽饼粕　8500 吨 ×500 元/吨 =425 万元

3）纯利润：16 060 – 10 905 = 5155 万元

（2）只生产生物柴油和饼粕效益分析

以处理 3 万吨油菜籽为例，生产生物柴油 1 万吨，1000 吨甘油，2 万吨饼粕。

1）总产值：6650 万元

其中：生物柴油　　　　1 万吨 × 35 000 元/吨 = 3500 亿

　　　　甘油　　　　　　1000 吨 × 6500 元 = 650 万元

　　　　饼粕　　　　　　2 万吨 × 1250 元 = 2500 万元

2）成本：8840 万元

其中：油菜籽　　　　　3 万吨 × 2500 元/吨 = 7500 万元

　　　　生物柴油　　　　10 000 吨 × 900 元/吨 = 900 万元

　　　　甘油　　　　　　1000 吨 × 800 元/吨 = 80 万元

　　　　制油成本　　　　3 万吨 × 120 元/吨 = 360 万元

3）亏损：8840 – 6650 = 2190 万元

（3）只生产食用菜油和饼粕效益分析

以处理 3 万吨油菜籽为例，生产菜油 1 万吨，2 万吨饼粕。

1）总产值：8500 万元

其中：菜油　　　　　　1 万吨 × 6000 元/吨 = 6000 万

　　　　饼粕　　　　　　2 万吨 × 1250 元 = 2500 万元

2）成本：7860 万元

其中：油菜籽　　　　　3 万吨 × 2500 元/吨 = 7500 万元

制油成本　　　　　　　3 万吨 × 120 元/吨 = 360 万元

3）纯利润：8500 – 7860 = 640 万元

注：价格及成本估计（成本只计算能耗、人工、辅料等，不包括原料）

生物柴油：3500 元/吨　　　成本：900 元/吨

甘油：6500 元/吨　　　　　成本：800 元/吨

植酸钠：16 万/吨（国内）　成本：5 万元/吨

饲用浓缩蛋白：5000 元/吨

无毒菜籽饼粕：1800 元/吨　成本：500 元/吨

四、生物柴油发展展望

用油菜籽加工生物柴油效益良好，进行综合开发利用效益更佳，具有良好的发展前景。下面我们仍以湖北省为例，对其发展前景给予展望，对其优势进一步阐述。

（一） 发展生物柴油对粮食安全不构成威胁

在湖北生物柴油的原料油菜仅利用耕地的冬闲季节生长，在品种改良后并不影响水稻包括双季稻等主要粮食作物的生长。在油菜加工获得生物柴油的过程中产生饼粕，可作为高蛋白饲料资源，对饲料粮食是一种有效的替代。油菜还可种植于滩涂、湖滨等地区，可增肥地力，增加后茬作物的产量，有改善土壤性能的作用。

（二） 发展生物柴油有利于缓解湖北能源消费压力

湖北是全国 4 个能源自给度最低的省（直辖市）之一，能源自给度只有10.8%。其他三个省（直辖市）分别为上海，自给度 2.1%；浙江，自给度2.3%；北京，自给度 14.1%。一次能源自给度过低和煤炭对外依存度过大，其煤炭消费量从 1995 ~ 2002 年增长了 20%。一次能源自给度排在上海、浙江之后，是全国最低的三个地区之一；煤炭消费量排在江苏、广东之后，列全国第三；煤炭对外依存度排在上海、天津、浙江、广东之后，列全国第五。2002 年，河南和陕西两省煤炭外运总量 5022.4 万吨，即使全部运往湖北，也补不上湖北当年5797.7 万吨的缺口。2004 年原煤产量 630 万吨，消费量 7999 万吨，自给率也仅为 8.3%，能源自给缺口大。发展生物柴油有利于缓解湖北能源消费压力。

（三） 发展生物柴油、藏能源于民

当食用油充足时，利用油菜生产生物柴油，当食用油不足时，可停止油菜籽油转化为生物柴油的工业化过程。鼓励农民种植油料作物一方面保障了油质安全；另一方面由于生物柴油技术的产生，农民手中的油菜，也是能源，做到了藏能源于民。

（四） 生物柴油产业具有广阔的前景

能源缺口及车型柴油化为生物柴油产业提供了广阔的空间。生物柴油产业发展具有联动效应。生物柴油产业大有可为，发展生物柴油一改以往"农转农"的老路，而是将农林植物转化为工业产品，其效益可观，可以促进农民增收和加大就业机会。发展生物燃油产业将为中国"三农"问题的解决作出应有的贡献，因为建设从能源农林业到生物燃油加工业的产业链，可以使农林业生产环节增值，可以为农林产品找到新的市场需求，可以为农民增加新的就业岗位，全面带动农业经济和林业经济的发展。2020 年生物燃油开发量预计为 1900 万吨左右，初步估算可给国家和地方创产值 1000 亿元。到 2050 年生物燃油开发量如果能达到 1.05 亿吨，将创造 5000 亿元左右的年产值，吸纳 1000 万个以上的劳动力，带动农村经济发展将创造大量就业机会特别是农村地区的就业机会，为实现农村剩余劳动力的有效转移创造条件，提供保障。

五、对生物柴油综合开发利用的建议

国外经验表明，清洁能源产业发展初期主要依靠政策支持。面对当前国内环境，粮食作物有经济补贴，而油料作物无补贴，油料作物相对粮食作物比较效益的下降，直接导致农民种植油料作物的积极性下降，生产被迫性转移，管理粗放化，使部分地区总产、单产下降。为抓住机遇，使我国在新能源开发中抢占先机，为缓解能源供求矛盾和农民增收创造新途径，我国应积极发展生物柴油。从以下几个方面促使生物柴油产业持续、快速、健康的发展。

1）重视油料作物的生产，加大对油料作物生产的扶持政策。我国是世界油料作物——油菜的生产大国，应利用该优势，抓住机遇，生产新型能源——生物柴油。全国对于生物柴油的发展，应有相应的支持与补贴，以保障生产经营者和农民的利益。

2）加大科研力度。为保障研发的时效性，抢占先机，可对生物柴油科研项目提供专项科研资金支持。加强科研整合，充分发挥我国油菜科研育种优势，发挥华中农业大学、中国农业科学院油料作物研究所等各科研院所的优势资源，大力支持油菜品种改良、油菜提炼生物柴油技术、油菜综合开发利用等方面的科研，推广高产高含油、抗病、抗倒的能源油菜品种，建立稳定的原料生产基地。

3）出台鼓励支持生物柴油产业的相关政策，加快制定生物柴油产品规格，规范将生物柴油推向市场的程序，保证用油质量。根据可再生能源法，制定扶持生物柴油产业发展的政策，如对生物柴油采取与乙醇汽油相当的扶持政策。

4）重点扶持一批具有创新精神、潜力好、产品市场反应好的生物柴油生产企业，给予政策优惠，通过税收优惠等途径扶持一批具有市场竞争力的企业，在全国范围内打响湖北生物柴油品牌。

第五节　燃料乙醇及其综合开发利用

可持续发展是人类追求的适宜发展模式。伴随着经济的发展，能源消耗不可避免。而地球上的煤炭、石油资源有限，因此，发展可再生能源是必由之路。地球的生物质资源十分丰富，估计其年产量相当于目前所得能源的 10 倍，但被作为能源利用的还不到 1%，故开发生物质加工制造液体燃料的技术很有发展前途，其中又以生物质加工制造燃料酒精最为工业化。

早在 1908 年，美国福特公司就生产出了既能用汽油，又能用纯乙醇的汽车。

在两次世界大战之间的一段时间里，欧洲曾有400万辆汽车使用乙醇和汽油的混合燃料。第二次世界大战中，德国军队的大部分汽车都以土豆乙醇为燃料，当时包括中国在内的其他国家也有很多这种汽车。战后随着廉价中东原油的大量开发，这类汽车才渐渐消失。

随后，因为石油危机，一些国家又开始重视对燃料乙醇的开发和利用。发达国家利用燃料乙醇不仅仅是为了减少对进口石油的依赖，很大程度上也是出于环保方面的考虑。燃烧乙醇放出的有害气体比汽油少得多，温室气体二氧化碳的净排放量也很少。掺入 10%～15% 的乙醇可较汽油燃烧得更完全，减少一氧化碳的排放量。

目前燃料乙醇的原材料成本占总成本的60%，不降低原料成本，总成本的降低空间就不大。美国生物燃料乙醇使用的是玉米，巴西使用的是甘蔗。对于我国，由于以粮食为原料的液体燃料转化与国家粮食安全息息相关，在确保粮食安全的前提下，液体燃料乙醇的加工制造与研发完全取决于国家石油能源的紧缺程度和为此而选择的政策趋向。因此，在我国人地矛盾突出、耕地资源稀缺的背景下，尽管我国已建成了5个年产数千至万吨级的甜高粱乙醇示范工程，但近期内大规模、大面积的转化乙醇替代能源也是不现实的。目前我国木质纤维素水解技术有了新的突破，丰富的作物秸秆和林业废弃物可大量作为低廉的新原料，为乙醇的发展提供了广阔的空间。

我国燃料乙醇的加工技术已经相当成熟，技术的进一步提升方向是从普通酵母间歇发酵改进为基因工程菌连续发酵法。目前，中国农业大学与英国牛津大学合作已构建出高效乙醇生产菌株 *Zymomonas nobilis*，该菌株更容易接受外来基因，克服了乙醇对菌种的抑制作用，比目前使用的酵母菌对乙醇的耐受浓度高1倍（乙醇浓度大于20%），可在低 pH 时正常发酵，六碳糖利用率大于98%，菌体本身安全，可以用作饲料，并通过了美国 FDA 认证，既使以淀粉为原料，用 *Zymomonas nobilis* 亦能降低乙醇成本20%。目前正对该菌株进行基因改造研究，转入6个能代谢五碳糖的基因，使其五碳糖利用率大于95%，为大规模利用木质纤维类植物生物奠定基础。

粮食基燃料乙醇现成本3800元，可能降到3000元以下；甜高粱基现成本3500元，可能降到2600元以下，如果以木质纤维素为原料，成本更低。根据安徽丰原集团最新实验结果初步推算，第一方案，农作物秸秆按350 400元/吨计，生产1吨燃料乙醇需要消耗5.66吨秸秆，能源消耗高于玉米乙醇约30%，如果利用副产品木质素燃烧提供能源，秸秆纤维素制备乙醇吨产品需要的外部能源消耗水平将低于玉米乙醇30%左右，综合成本可下降5600元/吨以内，工艺优化后有望进一步降低，农民每亩地可额外多收获不低于200元。第二方案，秸秆纤维素的转化技术除了生产乙醇外，还可考虑另外一条生产路线：利用秸秆中的纤维素（秸秆中含量约40%）生产乙醇；利用半纤维素（秸秆中含量约20%）生产木糖醇。此方案 8 吨秸秆生产 1 吨乙醇，同时使用创新的发酵技术可生产 0.7 吨木糖醇，市场价值高，目前约 20 000 元/吨，可相对降低乙醇的生产成本，使之低于 4000 元/吨。

第六节　能源林的开发利用

一、我国能源林的项目开发现状

2007 年 7 月，中国石油西南油气田公司与攀枝花市人民政府近日签订《开发建设麻风树生物质能源产业的协议》，拟投资 20 亿元，到 2015 年在攀枝花市建设 12 万公顷麻风树生物柴油原料林基地和 36.7 公顷麻风树良种繁育基地，并建设相应加工能力的生物柴油加工厂。会理县是全国麻风树能源基地建设项目造林示范县之一。按照四川省、凉山州部署，2007 年要完成示范造林 0.53 万公顷，现外业调查工作已全面完成，内业设计以及育苗和整地工作正在紧锣密鼓地进行中。会理县沿金沙江和城河流域地区有近 4 万公顷宜林荒山及土地适宜种植麻风树，全县现有麻风树成熟林 1000 公顷，每年可生产果实 4500 余吨，20 世纪 50 年代开始人工种植，近年来新造林累计已达 10 000 公顷。

2006 年海南正和生物能源有限公司在河北已开发了 11 万亩黄连木种植基地，每年可产果实 2 万~3 万吨，果实出油率为 38%~43%，可获得生物柴油原料 8000~12 000 吨。他们采取的是"政府组织、企业牵头、金融支持、专家指导、农户参与"的"五位一体"可持续发展模式。

中国海洋石油总公司（中海油）2007 年在海南省东方市兴建一座首期规模为年产 6 万吨生物柴油的炼油装置，并在海南种植面积达数 0.67 万公顷的麻风树，以便为炼油装置提供原料。炼油装置建在中海油东方化工城内，项目投资规模主要视种植麻风树的总面积而定，目前该项目正处于可行性研究阶段，年内即可动工兴建。炼油装置建成初期将从国外进口原料进行生产，待海南原料基地建成和形成规模后再转为利用。

2006 年在海南省临高县博厚镇，中海新能源产业开发有限公司已种植 80 多公顷麻风树，中国海洋石油总公司也将兴建一座年产 6 万吨生物柴油的装置，并在海南种植数 0.67 万公顷的麻风树，待海南原料基地形成规模后再转为利用。也是从 2007 年开始，四川省攀枝花市也种植了麻风树生物质能源原料林 0.1 万公顷。

国家计划 2009 年在陕西和河北建立两家生产生物质柴油的工厂，总生产力 10 万吨左右。同时，目前陕西、河北、河南和安徽等地结合绿化造林任务，已规划了 66.7 万公顷黄连木能源林基地，该项目已纳入国家能源林规划。

英国阳光科技集团计划投资 40 亿元人民币，在攀西地区种植 6.67 万公顷麻风树炼生物柴油。美国贝克生物燃料公司于 2005 年已在攀枝花种植了两万亩麻风树，计划未来几年投资 20 亿美元，建成世界最大的生物能源基地——年产近40 万吨生物柴油。中海油基地公司投资 23.47 亿元，预计到 2010 年种植 3.33 万公顷麻风树，建设年产 10 万吨的生物柴油炼油基地。

二、典型地区：湖北省能源林开发利用的优势

湖北地处华中腹地，气候兼南北之优，雨热同季，雨量充沛，光照充足，具有发展木本油料的区位优势和环境优势，属我国能源林发展的典型地区，木本油料在湖北发展具有广阔的发展空间和丰富的木本油料资源。全省有林地 0.09 亿公顷，有宜林荒山、荒滩 53.3 万公顷，可供造林的低山丘陵 20 万公顷，25 度以上的陡坡耕地 53.3 多万公顷。此外，低产低效林地面积达 133.3 万公顷，可以改造为能源林。还有农民房前屋后、田边地角，也为能源林的种植与发展提供了充足的空间。湖北森林资源中，有乌桕、油茶、光皮树、黄连木、油桐等多种丰富的木本油料资源可供开发利用。湖北是植物油料大省，具有开发生物能源的雄厚技术优势，中国农业科学院油料作物研究所、华中农业大学两大国家级植物油料研发单位均坐落在湖北省会城市武汉，完全可利用其优势，打造生物能源中心城市——武汉生物能源之都。中央和湖北省出台了一系列扶持能源林建设的优惠政策。财政部已确定，每亩木本生物能源林基地补助 200 元，省政府也将在未来数年内拿出数十亿元资金扶持基地建设。

三、典型地区：湖北省木本油料植物资源分布

乌桕：大戟科落叶乔木，中国南方著名的工业木本油料树种，有 1500 多年的栽培历史。湖北是我国乌桕自然分布的中心产区，全省现有成林面积 0.8 万公顷，面积和产量均居全国第一，一般亩产油 50～70 千克，果实转化成脂油，果实壳转化成皮油，出油率高达 40% 以上，100 千克果实可出皮油 25～26 千克、梓油 16～17 千克，经过氢化水解可制造成生物柴油，是较理想的生物能源原料。湖北具有发展乌桕生物能源产业的综合优势：具有发展乌桕生物质能源的产业和技术基础，生物柴油产业化已开始起步。乌桕的产量水平与栽培条件有较大关系，对土壤、肥水等生长环境要求较高，适宜在土层深厚、松软的地方生长，同一品种不同地点单株间产量差距大（0.6～8.5 千克），在四旁种植具有较大优势，树形高大，采收不易。应重点开展高产、耐瘠品种筛选培育和矮化集约栽培生产技术研究。

麻风树：是目前正在开发利用的并最有可能成为未来替代石化能源的、有巨大发展潜力和广阔应用前景的能源树种。麻风树是目前已知生长最快的高效速生树种之一，其生长速度是速生桉的 2 ~ 3 倍。麻风树一年种植，二年挂果投产，三年以后即进入盛果期，采摘期长达 50 年。麻风树的干果产量为 300 ~ 800 千克/亩，种子含油量可达 40% ~ 60%，可提取加工出约 180 千克燃油。所产柴油流动性好，与柴油、汽油协调性好，可生物降解，无毒性，其性能优于 0#柴油，闪点高，凝固点低，比传统柴油环保、高效，在栽培油桐的地区均可种植，一般平均气温 15 ~ 17℃，年降雨量 750 ~ 2000 毫米，海拔 0 ~ 1600 米，北纬 31 度 33 分以南的地域为最适宜种植区域。理论上湖北大部分亦属适宜区域，然而低温冻害一直是限制其在湖北省及临近地区大规模发展的关键因素。应重点开展麻风树抗寒、高产、高油品种的种质资源创新和生物技术改良，筛选培育高产、高油、抗寒性强的麻风树品种在我省推广应用。

油茶：是山茶科重要的木本油料植物，适宜在丘陵、山地生长。湖北省的鄂西南地区，即恩施各县市、兴山、通城、通山等都是最重要的油茶老产区。优良品种和无性系亩产茶油可达 80 千克以上，不仅是重要的优质食用油，也是理想的能源油料。在适宜地区推广种植有利于增产、增收，促进农民致富，实现生物柴油与优质食用油的协调发展，产业与生态双赢。因此，湖北要加强适宜湖北低山丘陵地区的高产、高油油茶新品种或无性系的筛选培育和丰产、高效集约化栽培生产技术研究。

黄连木：是一种理想的生物能源油料树种，主要分布于湖北省鄂西南、竹溪、丹江口、红安等地区。因其木材色黄而味苦得名。黄连木籽果实含油率 35% 左右，果肉含油率 50% 左右，种子含油率 25% 左右，按每亩种植 40 棵、每棵产果 20 千克计，则亩产生物柴油约 200 千克。用黄连木种子生产的生物柴油碳链长度集中在 C17 ~ C19，理化性质与普通柴油非常接近，这决定了其在发展生物柴油中的重要地位。但这种树型高大、收获不易，产量受气候环境与生长立地环境影响比较大。因此要加强筛选培育适应湖北全省生产的高产、稳产、矮秆新品种和无性系，加强矮化栽培与集约化技术研究。

油桐：属于大戟科落叶乔木。湖北为我国四大桐油主产省份之一。地方品种金丝油桐、景阳桐含油率均达 59% 以上，来凤、郧西、郧县是闻名全国的"油桐之乡"，桐油是一种优良的干性油，含不饱和脂肪酸 94% 以上，是天然植物中化学性质极为活泼的干性植物油。具有干燥快、有光泽、耐碱、防水、防腐、防锈、不导电等特性，是重要的工业用油。一般生产林分产油量为 5 ~ 10 千克，采用优良品种建立的丰产林产量为 30 ~ 50 千克，小面积示范林可达到 50 千克以上，含油率 54% ~ 68%。油桐适用于多种栽培模式，可用纯林经营和桐农间种模式经营。可制取生物柴油，但由于是干性油，主要成分是桐酸（80%），转化效率较低，加工处理可能需要更复杂的工艺、更长的时间和更高的成本。因此应重点开展高效加工和转化技术的研发与优化。

湖北省木本油料资源虽然丰富，但因开展林木生物质能源研究时间较晚，起点不高，还没有形成大规模的生物质能源林基地。生物乙醇（柴油）生产成本较高，仍是制约其产业化的"瓶颈"。相关科研经费的严重不足，严重制约了湖北省生物质能源项目的开发。

四、发展木本油料生物质能源的几点建议

生物质能源产业是功在当代、利在千秋的宏大事业，在发展木本油料生物质能源过程中，应有长期观念，应用科学发展观，大力推进、科学发展、经济高效、积极稳妥进行。在制定生物质能源产业发展规划和相关科研项目时，要有立足长远的战略思维。

1）要科学评价现有木本油料资源，制定合理的发展规划和利用途径。木本油料树种，一般具有野生性的特点，特别需要进行品种筛选培育、区域性试验及合理区划后进行规模种植，不宜盲目扩大栽培种植规模，避免不合理的生产开发带来经济损失和产业失误。

2）要加大科技投入，以高技术引领生物能源产业开发。重点开展高产高油高效木本油料品种的选育与繁育技术、矮化栽培与集约化生产技术；开展木本油料的加工与生物柴油转化技术的研发与优化；开展木本油料副产品深加工与多梯度利用技术研究，开发生物药物和高附加值的功能食品，利用高技术开拓副产品的新功能、新用途。重点加强乌桕、光皮树、黄连木等矮化栽培与集约化生产技术、麻风树抗寒性的生物技术改良，桐油的生物柴油高效转化等关键技术的研究，形成对木本油料绿色能源产业的有力技术支持。

3）木本油料具有资源多样性，不同物种具有不同的脂肪酸成分，有些木本油料树种由于受到目前转化利用技术和动力设备的限制，可能暂时还不适宜进行生物柴油的产业化开发，对这类木本油料应重点进行转化技术的创新研究和优化，现阶段宜谨慎推广开发。

4）原料成本是木本油料进行生物柴油开发必须优先考虑的问题，如木本油料生产栽培成本、管理成本、采收储藏成本以及加工成本等。因此，建立生物柴油木本油料的重点应放在栽培基础条件好，生产易集中连片，分布区域广，发展空间大、经济效益高，易于集约化经营的能源品种上。而为降低原料成本，可以通过以下途径进行：①选择产油量高、易于收获、加工、转化的木本油料品种；②扩大栽培面积，提高产量，提高规模效益，降低原料价格；③建立生态经济型复合种植模式：间种（如桐农间种）、退化地营造生态经济林（如盐碱地造乌桕

林、石漠化下坡地造麻风树林、油桐林等）；④注重副产品（如油茶残饼油、果壳和籽壳等）的深加工利用研究和产业化开发；⑤注意能源木本油料和与食用木本油料的协调发展，实行生物能源油料和优质食用油料因地制宜的规划种植。因为从长远来看，饱和的食用油完全可以转化为生物柴油。因此，在发展木本油料的时候要因地制宜，在适宜种植油茶等优质食用油的地方不能因为其为优质食用油而不去发展。对于木本油料经济林树种，进行能源利用和食用双重利用更可有效规避市场风险，提高综合经济效益，克服经济林树种生产大起大落的情况发生。

第七章
生物质能源开发利用的
政策法规

第一节　国家现有生物质能源开发利用
政策法规形成的背景

一、推进我国能源安全与发展的需要

我国长期以来十分重视生物质能源的开发利用，早在 2004 年 6 月 13 日财政部部长朱志刚就指出，财税政策支持新能源推广，财政部正会同有关部门制定生物质能替代石油的财税政策。

在 2006 年 6 月 8～9 日召开的"第二届中国替代能源与电力国际峰会"上，国家发展和改革委员会能源局可再生能源处处长史立山表示，我国将制定相应措施来促进可再生能源产业的发展，争取到 2010 年可再生能源在能源消费结构中的比例达到 10%。并指出根据《可再生能源发展规划》，我国可再生能源发展有三大目标，即：第一，提高可再生能源在能源消费结构中的比重，争取 2010 年达到 10%，2020 年达到 16%；第二，解决偏远农村 1000 万无电人口的生活用电和生活燃料短缺问题；第三，培育产业体系，促进可再生能源技术和产业的进步，要求到 2010 年，可再生能源装备能力基本实现以国内制造为主，2020 年实现以自有知识产权为主。

在 2006 年 6 月 17 日"中国可再生能源和新能源产业化论坛"上，国家能源领导小组办公室副主任兼国家发改委能源局局长徐锭明表示，国家发改委将采取系列政策和措施来促进可再生能源的发展，包括加大财政投入和税收优惠力度等。

据悉，为确保完成上述目标，国家发展和改革委员会提出要对非水电可再生能源实行配额制，即发电容量超过 500 万千瓦的能源企业，非水电可再生能源到 2010 年要达到发电量的 5%，2020 年要达到 10%。此外，国家发改委还将制定相应的措施来保证可再生能源产业的发展，如加大财政投入和税收优惠政策、建立可再生能源的服务体系等。

2007 年 6 月 7 日，国务院总理温家宝主持召开国务院常务会议，审议并通过《可再生能源中长期发展规划》。会议指出，当前和今后一个时期，要加快水电、太阳能、风能、生物质发电、沼气的开发利用。总的目标是：提高可再生能源在能源结构中的比重，解决偏远地区无电人口的供电问题，改善农村生产、生活条件，推行有机废弃物的能源化利用，推进可再生能源技术的产业化发展。

会议要求，开发利用可再生能源，要与推进节能降耗、应对全球气候变化相结合，坚持以下原则：一要根据可再生能源发展的目标要求，抓紧制定和完善相关配套政策；二要采取有效措施，培育持续稳定的可再生能源市场；三要加大财政投入，实施税收优惠政策，重点支持可再生能源科学技术的研究、应用示范和产业化发展；四要科学规划，因地制宜，合理布局，有序开发，不得占用耕地，不得大量消耗粮食，不得破坏生态环境。

二、我国能源产业壮大与完善的需要

中国可再生能源的开发利用虽然取得了较大进步，但除水电、沼气和太阳能热水器外，其他可再生能源的发展却比较缓慢。国家发展和改革委员会也承认，目前我国的可再生能源产业基础较为薄弱，应用规模小，还没有形成支撑可再生能源技术大规模发展的人才培养、研究开发、设备制造和技术服务体系。

全国政协副主席张梅颖直言，目前我国的可再生能源发展存在六大问题，如缺乏完善的政策支持，不能从法律法规上给予确实保障；管理较混乱、政出多门；投入少等。

国家能源领导小组办公室副主任兼国家发展和改革委员会能源局局长徐锭明明确表示，发改委将和财政部等几大部委联合推出系列政策和措施，以大力推进可再生能源的发展。对非水电可再生能源发电要规定强制性的市场份额目标，引导主要能源企业积极投资可再生能源产业。电网企业收购可再生能源电量所产生的费用，应高于按照常规能源发电平均上网电价计算所发生费用之间的差额，在全国销售电价中分摊。

财政和税收方面，国家将设立可再生能源发展专项资金，用于支持其技术研发、产业体系建设、解决无电地区的用电问题和支持新技术示范项目建设等。同时，还要对可再生能源开发利用给予税收优惠，支持可再生能源产业尽快发展。国家还将研究设立综合性的可再生能源研究开发机构，专门负责研究可再生能源法规政策、发展战略及规划。

为了确保可再生能源开发利用的健康发展，中央各相关部委制定了一列政策法规，以支持生物质能源的发展。

第二节　我国目前颁布的有关生物质能源开发利用的政策

一、《城市生活垃圾处理及污染防治技术政策》

《城市生活垃圾处理及污染防治技术政策》（建成［2000］第120号）由建设部、国家环境保护总局、科学技术部于2000年5月29日联合发文实施。它为生物质能源中有关垃圾资源的开发利用提供了依据，内容主要包括：

1）总则中的第6条，认为卫生填埋、焚烧、堆肥、回收利用等垃圾处理技术及设备都有相应的适用条件，在坚持因地制宜、技术可行、设备可靠、适度规模、综合治理和利用的原则下，可以合理选择其中之一或适当组合。在具备卫生填埋场地资源和自然条件适宜的城市，以卫生填埋作为垃圾处理的基本方案；在具备经济条件、垃圾热值条件和缺乏卫生填埋场地资源的城市，可发展焚烧处理技术；积极发展适宜的生物处理技术，鼓励采用综合处理方式。禁止垃圾随意倾倒和无控制堆放。

2）第三款垃圾综合利用中的第二条指出，要鼓励垃圾焚烧余热利用和填埋气体回收利用，以及有机垃圾的高温堆肥和厌氧消化制沼气利用等。

3）第六款焚烧处理中指出：焚烧适用于进炉垃圾平均低位热值高于5000千焦/千克、卫生填埋场地缺乏和经济发达的地区；垃圾焚烧目前宜采用以炉排炉为基础的成熟技术，审慎采用其他炉型的焚烧炉。禁止使用不能达到控制标准的焚烧炉；垃圾应在焚烧炉内充分燃烧，烟气在后燃室应在不低于850℃的条件下停留不少于2秒；垃圾焚烧产生的热能应尽量回收利用，以减少热污染；垃圾焚烧应严格按照《生活垃圾焚烧污染控制标准》等有关标准要求，对烟气、污水、炉渣、飞灰、臭气和噪声等进行控制和处理，防止对环境的污染；应采用先进和可靠的技术及设备，严格控制垃圾焚烧的烟气排放。烟气处理宜采用半干法加布袋除尘工艺；应对垃圾储坑内的渗沥水和生产过程的废水进行预处理和单独处理，达到排放标准后排放；垃圾焚烧产生的炉渣经鉴别不属于危险废物的，可回收利用或直接填埋。属于危险废物的炉渣和飞灰必须作为危险废物处置。

二、《中华人民共和国可再生能源法》

《中华人民共和国可再生能源法》于2005年2月28日在第十届全国人民代表大会常务委员会第十四次会议通过，其中有关生物质能源开发利用的条款有：

1）第四章推广与应用中的第十四条，电网企业应当与依法取得行政许可或者报送备案的可再生能源发电企业签订并网协议，全额收购其电网覆盖范围内可再生能源并网发电项目的上网电量，并为可再生能源发电提供上网服务。第十八条，国家鼓励和支持农村地区的可再生能源开发利用。县级以上地方人民政府管理能源工作的部门会同有关部门，根据当地经济社会发展、生态保护和卫生综合治理需要等实际情况，制定农村地区可再生能源发展规划，因地制宜地推广应用沼气等生物质资源转化、户用太阳能、小型风能、小型水能等技术。县级以上人民政府应当对农村地区的可再生能源利用项目提供财政支持。

2）第五章价格管理与费用分摊中的第十九条，可再生能源发电项目的上网电价，由国务院价格主管部门根据不同类型可再生能源发电的特点和不同地区的情况，按照有利于促进可再生能源开发利用和经济合理的原则确定，并根据可再生能源开发利用技术的发展适时调整。上网电价应当公布。依照本法第十三条第三款规定实行招标的可再生能源发电项目的上网电价，按照中标确定的价格执行；但是，不得高于依照前款规定确定的同类可再生能源发电项目的上网电价水平。第二十条，电网企业依照本法第十九条规定确定的上网电价收购可再生能源电量所发生的费用，高于按照常规能源发电平均上网电价计算所发生费用之间的差额，附加在销售电价中分摊。具体办法由国务院价格主管部门制定。第二十一条，电网企业为收购可再生能源电量而支付的合理的接网费用以及其他合理的相关费用，可以计入电网企业输电成本，并从销售电价中回收。第二十二条，国家投资或者补贴建设的公共可再生能源独立电力系统的销售电价，执行同一地区分类销售电价，其合理的运行和管理费用超出销售电价的部分，依照本法第二十条规定的办法分摊。第二十三条，进入城市管网的可再生能源热力和燃气的价格，按照有利于促进可再生能源开发利用和经济合理的原则，根据价格管理权限确定。

3）第六章经济激励与监督措施中的第二十四条，国家财政设立可再生能源发展专项资金，用于支持以下活动：①可再生能源开发利用的科学技术研究、标准制定和示范工程；②农村、牧区生活用能的可再生能源利用项目；③偏远地区和海岛可再生能源独立电力系统建设；④可再生能源的资源勘查、评价和相关信息系统建设；⑤促进可再生能源开发利用设备的本地化生产。第二十五条，对列入国家可再生能源产业发展指导目录、符合信贷条件的可再生能源开发利用项目，金融机构可以提供有财政贴息的优惠贷款。第二十六条，国家对列入可再生能源产业发展指导目录的项目给予税收优惠。具体办法由国务院规定。第二十七条，电力企业应当真实、完整地记载和保存可再生能源发电的有关资料，并接受电力监管机构的检查和监督。

电力监管机构进行检查时，应当依照规定的程序进行，并为被检查单位保守商业秘密和其他秘密。

三、《国务院关于加强节能工作的决定》

《国务院关于加强节能工作的决定》〔国发（2006）28号〕中有关生物能源开发利用的部分主要体现在：

1）在加快构建节能型产业体系中的第六条指出，要大力调整产业结构。各地区和有关部门要认真落实《国务院关于发布实施〈促进产业结构调整暂行规定〉的决定》〔国发（2005）40号〕要求，推动产业结构优化升级，促进经济增长由主要依靠工业带动和数量扩张带动，向三次产业协同带动和优化升级带动转变，立足节约能源推动发展。合理规划产业和地区布局，避免由于决策失误造成能源浪费。第九条指出，要优化用能结构。大力发展高效清洁能源。逐步减少原煤直接使用，提高煤炭用于发电的比重，发展煤炭气化和液化，提高转换效率。引导企业和居民合理用电。大力发展风能、太阳能、生物质能、地热能、水能等可再生能源和替代能源。

2）在着力抓好重点领域节能中的第十四条指出，要抓好农村节能。加快淘汰和更新高耗能落后农业机械和渔船装备，加快农业提水排灌机电设施更新改造，大力发展农村户用沼气和大中型畜禽养殖场沼气工程，推广省柴节煤灶，因地制宜发展小水电、风能、太阳能以及农作物秸秆气化集中供气系统。

3）在大力推进节能技术进步中的第十六条指出，要加快先进节能技术、产品研发和推广应用。各级人民政府要把节能作为政府科技投入、推进高技术产业化的重点领域，支持科研单位和企业开发高效节能工艺、技术和产品，优先支持拥有自主知识产权的节能共性和关键技术示范，增强自主创新能力，解决技术瓶颈。采取多种方式加快高效节能产品的推广应用。有条件的地方可对达到超前性国家能效标准、经过认证的节能产品给予适当的财政支持，引导消费者使用。落实产品质量国家免检制度，鼓励高效节能产品生产企业做大做强。有关部门要制定和发布节能技术政策，组织行业共性技术的推广。第十七条指出，要全面实施重点节能工程。有关部门和地方人民政府及有关单位要认真组织落实"十一五"规划纲要提出的燃煤工业锅炉（窑炉）改造、区域热电联产、余热余压利用、节约和替代石油、电机系统节能、能量系统优化、建筑节能、绿色照明、政府机构节能以及节能监测和技术服务体系建设等十大重点节能工程。发展改革委要督促各地区、各有关部门和有关单位抓紧落实相关政策措施，确保工程配套资金到位，同时要会同有关部门切实做好重点工程、重大项目实施情况的监督检查。第十八条指出，要培育节能服务体系。有关部门要抓紧研究制定加快节能服务体系建设的指导意见，促进各级各类节能技术服务机构转换机制、创新模式、拓宽领域，增强服务能力，提高服务水平。加快推行合同能源管理，推进企业节能技术改造。第十九条指出，要加强国际交流与合作。积极引进国外先进节能技术和管理经验，广泛开展与国际组织、金融机构及有关国家和地区在节能领域的合作。

四、《可再生能源发电价格和费用分摊管理试行办法》

《可再生能源发电价格和费用分摊管理试行办法》由能源部等于 2006 年 2 月 10 日联合颁布，其中有关生物能源的部分主要是：

1）在第一章总则中的第四条中指出，可再生能源发电价格和费用分摊标准本着促进发展、提高效率、规范管理、公平负担的原则制定。第五条中指出，可再生能源发电价格实行政府定价和政府指导价两种形式。政府指导价即通过招标确定的中标价格。可再生能源发电价格高于当地脱硫燃煤机组标杆上网电价的差额部分，在全国省级及以上电网销售电量中分摊。

2）在第二章电价制定中的第七条指出，生物质发电项目上网电价实行政府定价的，由国务院价格主管部门分地区制定标杆电价，电价标准由各省（自治区、直辖市）2005 年脱硫燃煤机组标杆上网电价加补贴电价组成。补贴电价标准为每千瓦时 0.25 元。发电项目自投产之日起，15 年内享受补贴电价；运行满 15 年后，取消补贴电价。自 2010 年起，每年新批准和核准建设的发电项目的补贴电价比上一年新批准和核准建设项目的补贴电价递减 2%。发电消耗热量中常规能源超过 20% 的混燃发电项目，视同常规能源发电项目，执行当地燃煤电厂的标杆电价，不享受补贴电价。

在第八条指出，通过招标确定投资人的生物质发电项目，上网电价实行政府指导价，即按中标确定的价格执行，但不得高于所在地区的标杆电价。

3）在第三章费用支付和分摊中的第十二条指出，可再生能源发电项目上网电价高于当地脱硫燃煤机组标杆上网电价的部分、国家投资或补贴建设的公共可再生能源独立电力系统运行维护费用高于当地省级电网平均销售电价的部分，以及可再生能源发电项目接网费用等，通过向电力用户征收电价附加的方式解决。

在第十四条中指出，可再生能源电价附加由国务院价格主管部门核定，按电力用户实际使用的电量计收，全国实行统一标准。

在第十五条指出，可再生能源电价附加计算公式为：可再生能源电价附加 = 可再生能源电价附加总额/全国加价销售电量可再生能源电价附加总额 = Σ〔（可再生能源发电价格 – 当地省级电网脱硫燃煤机组标杆电价）×电网购可再生能源电量 +（公共可再生能源独立电力系统运行维护费用 – 当地省级电网平均销售电价×公共可再生能源独立电力系统售电量）+ 可再生能源发电项目接网费用以及其他合理费用〕其中：①全国加价销售电量 = 规划期内全国省级及以上电网企业售电总量－农业生产用电量－西藏电网售电量；②电网购可再生能源电量＝规划的可再生能源发电量－厂用电量；③公共可再生能源独立电力系统运行维护费用＝公共可再生能源独立电力系统经营成本×（1＋增值税率）；④可再生能源发电项目接网费用以及其他合理费用，是指专为可再生能源发电项目接入电网系统而发生的工程投资和运行维护费用，以政府有关部门批准的设计文件为依据。在国家未明确输配电成本前，暂将接入费用纳入可再生能源电价附加中计算。

在第十六条指出，按照省级电网企业加价销售电量占全国电网加价销售电量的比例，确定各省级电网企业应分摊的可再生能源电价附加额。计算公式为：各省级电网企业应分摊的电价附加额＝全国可再生能源电价附加总额×省级电网企业服务范围内的加价售电量/全国加价销售电量。

在第十七条中指出，可再生能源电价附加计入电网企业销售电价，由电网企业收取，单独记账，专款专用。所涉及的税收优惠政策，按国务院规定的具体办法执行。

在第十九条指出，各省级电网企业实际支付的补贴电费以及发生的可再生能源发电项目接网费用，与其应分摊的可再生能源电价附加额的差额，在全国范围内实行统一调配。具体管理办法由国家电力监管部门根据本办法制定，报国务院价格主管部门核批。

4）在第四章附则中的第二十条指出，可再生能源发电企业和电网企业必须真实、完整地记载和保存可再生能源发电上网交易电量、价格和金额等有关资料，并接受价格主管部门、电力监管机构及审计部门的检查和监督。在第二十一条中指出，不执行本办法的有关规定，对企业和国家利益造成损失的，由国务院价格主管部门、电力监管机构及审计部门进行审查，并追究主要责任人的责任。

五、《可再生能源发电有关管理规定》

国家发展和改革委员会公布《可再生能源发电有关管理规定》（以下简称《规定》）作为《中华人民共和国可再生能源法》和《可再生能源发电价格和费用分摊管理试行办法》的配套法规，明确给出了可再生能源发电项目的审批和管理方式。《可再生能源发电有关管理规定》称可再生能源，包括：风力发电、生物质发电（包括农林废弃物直接燃烧和气化发电、垃圾焚烧和垃圾填埋气发电、沼气发电）、太阳能发电、海洋能发电和地热能发电。此规定是继鼓励国内各类经济主体参与可再生能源开发利用之后，为企业进入可再生能源发电产业提供指导方向和实施标准的一项具有现实意义的规定。

（一）有关四类可再生能源项目可申报国家政策和资金支持的规定

为鼓励可再生能源的电力发展，《规定》要求可再生能源发电项目实行中央和地方分级管理，并将发电规划纳入同级电力规划。主要河流上建设的水电项目和 25 万千瓦及以上水电项目、5 万千瓦及以上风力发电项目，由国家发改委核准或审批。其他项目由省级人民政府投资主管部门核准或审批，并报国家发改委备案。生物质发电、地热能发电、海洋能发电和太阳能发电四类项目可向国家发改委申报政策和资金支持。

（二）有关电价可按招标价格执行的规定

可再生能源发电项目的上网电价，由国务院价格主管部门根据不同类型可再生能源发电的特点和不同地区的情况，按照有利于促进可再生能源开发利用和经济合理的原则确定，并根据可再生能源开发利用技术的发展适时调整和公布。实行招标的可再生能源发电项目的上网电价，按照中标确定的价格执行；电网企业收购和销售非水电可再生能源电量增加的费用在全国范围内由电力用户分摊，具体办法另行制定。国家电监会负责可再生能源发电企业的运营监管工作，协调发电企业和电网企业的关系，对可再生能源发电、上网和结算进行监管。

（三）允许企业和个人投资小型项目的规定

《规定》要求电网企业根据长期发展规划要求，开展电网设计和研究论证工作，根据项目建设的进度和需要，积极建设与改造电网，确保可再生能源发电。全额上网对直接接入输电网的水力发电、风力发电、生物质发电等大中型可再生能源发电项目，其接入系统由电网企业投资，产权分界点为电站（场）升压站外第一杆（架）。同时，太阳能发电、沼气发电等小型可再生能源发电项目，其接入系统原则上由电网企业投资建设。发电企业（个人）经与电网企业协商，也可以投资建设。

六、《可再生能源发展专项资金管理暂行办法》

1）2006 年财政部发布了《可再生能源发展专项资金管理暂行办法》（以下简称《办法》），并自 2006 年 5 月 30 日起施行。

该《办法》指出，可再生能源发展专项资金通过中央财政预算安排，用于资助以下活动：可再生能源开发利用的科学技术研究、标准制定和示范工程，农村、牧区生活用能的可再生能源利用项目，偏远地区和海岛可再生能源独立电力系统建设，可再生能源的资源勘查、评价和相关信息系统建设，促进可再生能源开发利用设备的本地化生产。

2)《办法》明确提出，可再生能源发展专项资金重点扶持潜力大、前景好的石油替代，建筑物供热、采暖和制冷，以及发电等可再生能源的开发利用。具体包括：石油替代可再生能源开发利用，重点是扶持发展生物乙醇燃料、生物柴油等。生物乙醇燃料是指用甘蔗、木薯、甜高粱等制取的液态燃料乙醇。生物柴油是指用油料作物、油料林木果实、油料水生植物等为原料制取的液体燃料。建筑物供热、采暖和制冷可再生能源开发利用，重点扶持太阳能、地热能等在建筑物中的推广应用。可再生能源发电重点扶持风能、太阳能、海洋能等发电的推广应用。并要求国务院财政部门根据全国可再生能源开发利用规划，确定其他扶持重点，予以扶持和资助。

申请使用发展专项资金的单位或者个人，根据国家年度专项资金申报指南，向所在地可再生能源归属管理部门和地方财政部门分别进行申报。可再生能源开发利用的科学技术研究项目，需要申请国家资金扶持的，通过"863计划"、"973计划"等渠道申请；农村沼气等农业领域的可再生能源开发利用项目，现已有资金渠道的，通过现行渠道申请支持。上述两类项目，不得在发展专项资金中重复申请。

3)《办法》规定，对使用发展专项资金进行重点支持的项目，凡符合招标条件的，须实行公开招标。

发展专项资金的使用方式包括：无偿资助和贷款贴息。无偿资助方式主要用于盈利性弱、公益性强的项目。除标准制定等需由国家全额资助外，项目承担单位或者个人须提供与无偿资助资金等额以上的自有配套资金。贷款贴息方式主要用于列入国家可再生能源产业发展指导目录、符合信贷条件的可再生能源开发利用项目。在银行贷款到位、项目承担单位或者个人已支付利息的前提下，才可以安排贴息资金。贴息资金根据实际到位银行贷款、合同约定利息率以及实际支付利息数额确定，贴息年限为1～3年，年贴息率最高不超过3%。

发展专项资金要专款专用，任何单位或者个人不得截留、挪用。对以虚报、冒领等手段骗取、截留、挪用发展专项资金的，除按国家有关规定给予行政处罚外，必须将已经拨付的发展专项资金全额收回上缴中央财政。

七、《国家发改委关于可再生能源产业发展指导目录》

《国家发改委关于可再生能源产业发展指导目录》于2007年3月23日发布，在第三部分中，对生物质能源开发利用中的生物质发电、生物燃料生产、生物质燃料开发中的设备制造和零部件制造、原料基地建设等项目，从技术指标要求到发展状况进行了详细说明，见表 7-1。

表 7-1　生物质能源开发利用系列项目技术指标及发展状况说明表

项　　目	说明和技术指标	发展状况
大中型沼气工程供气和发电	包括大型畜禽场、养殖小区、工业有机废水和城市污水工程	商业化、推广应用
生物质直接燃烧发电	利用农作物秸秆、林木质直接燃烧发电	技术改进、项目示范
生物质气化供气和发电	利用农作物秸秆、林木质气化供气和发电	技术研发、推广应用
城市固体垃圾发电	用于清洁处理和能源化利用城市固体垃圾，包括燃烧发电和填埋场沼气发电	基本商业化
生物液体燃料	利用非粮食作物和林木质生物质为原料生产液体燃料	技术研发
生物质固化成型燃料	将农作物秸秆，林木质制成固体成型燃料代替煤炭	项目示范
生物质直燃锅炉	用于配套生物质直接燃烧发电系统，技术性能和规格需适用于生物质的直接燃烧	技术改进
生物质燃气内燃机	用于配套生物质气化发电，技术性能和规格需适用于生物质气化发电系统	技术研发
生物质气化焦油催化裂解装置	用于将生物质在气化过程中所产生的焦油裂解为可利用的一次性气体	技术研发
生物液体燃料生产成套装备	用于生产上述各类生物液体燃料	技术研发、项目示范
能源植物种植	用于为各种生物燃料生产提供非粮食生物质原料，包括甜高粱、木薯、麻风树、甘蔗等	项目示范、推广应用
能源植物选育	用于选育培养适合荒山荒滩、沙地、盐碱地种植、稳产高产、对生态环境安全无害的能源作物	技术研发，项目示范
高效、宽温域沼气菌种选育	用于沼气工程提高产气率及沼气池在较低温度条件下的使用	技术研发

八、《能源发展"十一五"规划》

《能源发展"十一五"规划》于 2007 年 4 月制定，在第三章建设重点中指出，根据资源条件，按照"优化结构、区域协调、产销平衡、留有余地"的原则，"十一五"时期我国能源建设的总体安排是：有序发展煤炭；加快开发石油天然气；在保护环境和做好移民工作的前提下积极开发水电，优化发展火电，推进核电建设；大力发展可再生能源。适度加快"三西"煤炭、中西部和海域油气、西南水电资源的勘探开发，增加能源基地输出能力；优化开发东部煤炭和陆上油气资源，稳定生产能力，缓解能源运输压力。重点建设以下能源工程。

1）石油替代工程。按照"发挥资源优势，依靠科技进步，积极稳妥推进"的原则，加快发展煤基、生物质基液体燃料和煤化工技术，统筹规划，有序建设重点示范工程。为"十二五"及更长时期石油替代产业发展奠定基础。

2）可再生能源产业化工程。"十一五"期间，重点发展资源潜力大、技术基本成熟的风力发电、生物质发电、生物质成型燃料、太阳能利用等可再生能源，以规模化建设带动产业化发展。

3）新农村能源工程。按照"因地制宜，多元发展"的原则，在继续加快小型水电和农网建设的同时，大力发展适宜村镇、农户使用的风电、生物质能、太阳能等可再生能源。到 2010 年，村镇小型风机使用量达到 30 万台，总容量 7.5 万千瓦；户用沼气 4000 万户，规模化养殖场沼气工程达到 4700 处，全国农村沼气产量达到 160 亿立方米；农村太阳能热水器保有量达到 5000 万平方米，太阳灶保有量达到 100 万台。

九、《电网企业全额收购可再生能源电量监管办法》

《电网企业全额收购可再生能源电量监管办法》于 2007 年 7 月 25 日颁布，共 5 章 24 条，对包括水力发电、风力发电、生物质发电、太阳能发电、海洋能发电和地热能发电在内的可再生能源发电的含义、适用范围、监管职责、监管措施和法律责任等，作出了明确规定。

1）该《办法》指出，国家电力监管委员会及其派出机构（简称电力监管机构）依照《办法》对电网企业全额收购其电网覆盖范围内可再生能源并网发电项目上网电量的情况实施监管。电力企业应当依照法律、行政法规和规章的有关规定，从事可再生能源电力的建设、生产和交易，并依法接受电力监管机构的监管。电网企业全额收购其电网覆盖范围内可再生能源并网发电项目上网电量，可再生能源发电企业应当协助、配合。

2）该《办法》明确指出，电力监管机构具体对 8 个方面实施监管：电网企业建设可再生能源发电项目接入工程的情况；可再生能源发电机组与电网并网的情况；电网企业为可再生能源发电及时提供上网服务的情况；电力调度机构优先调度可再生能源发电的情况；可再生能源并网发电安全运行的情况；电网企业全额收购可再生能源发电上网电量的情况；可再生能源发电电费结算的情况；电力企业记载和保存可再生能源发电有关资料的情况。

3）该《办法》要求，省级电网企业和可再生能源发电企业应当于每月 20

日前向所在地电力监管机构报送上一月度可再生能源发电上网电量、上网电价和电费结算情况，省级电网企业应当同时报送可再生能源电价附加收支情况和配额交易情况。电力监管机构按照有关规定整理、使用电力企业报送的信息。该《办法》同时明确，电网企业应当及时向可再生能源发电企业披露的信息包括：可再生能源发电上网电量、电价；可再生能源发电未能全额上网的持续时间、估计电量、具体原因和电网企业的改进措施。

4）该《办法》规定，电力监管机构对电力企业、电力调度机构违反国家有关全额收购可再生能源电量规定的行为及其处理情况，可以向社会公布。同时，该《办法》还就电网企业、电力调度机构的法律责任作出了规定，要求有下列行为之一，造成可再生能源发电企业经济损失的，电网企业应当承担赔偿责任，并由电力监管机构责令限期改正；拒不改正的，电力监管机构可处以可再生能源发电企业经济损失额一倍以下的罚款：违反规定未建设或者未及时建设可再生能源发电项目接入工程的；拒绝或者阻碍与可再生能源发电企业签订购售电合同、并网调度协议的；未提供或者未及时提供可再生能源发电上网服务的；未优先调度可再生能源发电的；其他因电网企业或者电力调度机构原因造成未能全额收购可再生能源电量的情形。

根据《办法》，除大中型水力发电外，可再生能源发电机组不参与上网竞价。电量全额上网的水力发电机组参与电力市场相关交易，执行国家电力监管委员会有关规定。发电消耗热量中常规能源超过规定比例的常规能源混合可再生能源发电项目，视同常规能源发电项目，不适用该《办法》。

十、《中华人民共和国节约能源法》

《中华人民共和国节约能源法》出台的宗旨是建立节约型社会，通过节能减排有效地缓解能源供求矛盾，防止耗能过程中的大气污染，从侧面刺激生物质能源的开发利用，但由于《中华人民共和国节约能源法》在执行机构上，没有规定明确的执法主体和监督主体；在调整范围上，偏重于工业节能，对建筑、交通、政府机构等领域的节能缺少具体规定；在管理方式上，一些条款带有明显的计划管理特征，对运用财税、价格、金融、政府采购等调控手段以及利用经济规律激励和引导能源合理消费缺乏具体规定；在制度设计上，一些条款过于原则，操作性不强，特别是缺乏强制性的惩罚措施和执法手段，存在有对无效用能和浪费行为惩罚力度不够等问题。为此，2007年经全国人大常委会委员长会议批准，把修订《中华人民共和国节约能源法》列入了常委会立法计划。随后，全国人大财经委《中华人民共和国节约能源法》修订起草组在北京正式成立，全国人大常委会6月24日首次审议了节约能源法修订草案，起草组除了全国人大财经委员会部分组成人员、国务院有关部门负责人外，还吸收了能源、财税和法律方面的专家，为立法提供咨询。

修订后的节能法扩大了法律调整范围，在进一步规范工业节能基础上，增设了建筑、交通运输和公共机构等领域的节能管理规定，并强化了对重点用能单位节能的监管。提交审议的修订草案提出了很多具体可操作的节能措施，包括逐步施行供热分户计量、公共建筑物施行室内温度控制制度、鼓励节能环保型交通工具、限制能耗高污染重的机组发电以及鼓励工业企业采用洁净煤和热电联产技术等。

修订草案在强化政府指导和监管职能的同时，专门新增《激励措施》一章，明确国家实行财政、税收、价格、信贷和政府采购等政策促进企业节能和产业升级。草案还进一步明确了一系列强制性措施限制发展高耗能、高污染行业，包括制定强制性能效标识和实行淘汰制度等。

修订后的节能法将有助于从根本上扭转国内节能减排意识薄弱、责任不明确、政策不完善和协调不得力的现状，其重要意义不仅在于从法律层面确保如期完成"十一五"节能减排目标，而且还在于刺激和促进具有减排环保效能的生物质能源的开发，如果真正实施，将有助于生物质能源的开发利用。

第三节　地方政府颁发的生物质能源开发利用配套政策

一、《湖北省实施〈中华人民共和国节约能源法〉办法》

湖北省第九届人民代表大会常务委员会第二十次会议于2000年9月28日通过了《湖北省实施〈中华人民共和国节约能源法〉办法》，并规定自2001年1月1日起施行，该办法在第四条中规定，各级人民政府应当根据本地国民经济和社会发展目标，制定节能规划；合理调整能源消费结构；支持发展低能耗、高附加值、符合环保要求的产品和产业；组织实施重大节能科研项目和节能示范工程，引导用能单位和个人采用先进的节能工艺、技术、设备和材料；鼓励开发先进节能技术和新能源、可再生能源；协调、指导节能监督管理工作。

在第五条中规定，县级以上人民政府应当在基本建设、技术改造和科学研究资金中每年安排节能资金，用于先进节能技术的研究、能源的合理利用以及新能源和可再生能源的开发。

在第十一条中规定，各级人民政府应当制定合理的能源消费政策，分类组织实施。在城市逐步采用电、天然气、煤气、液化石油气、太阳能等清洁能源以及集中供冷供热等节能技术在农村开发、推广、利用沼气、太阳能、风能、小水电、地热、秸秆气化等新能源和可再生能源。

二、《湖北省农村能源管理办法》

1998 年 12 月 26 日，湖北省人民政府颁布了《湖北省农村能源管理办法》，该办法共分为二十四条，这二十四条对湖北省农村能源的开发利用、节能减排以及生物质能源的发展作出了具体的规定和详细说明。

第八章
我国生物质能源产业
支撑体系构建

生物质能源作为一个新兴的清洁性能源产业，从目前发展阶段来看，像沼气、生物质固体成型燃料、生物质发电、生物质气化—DME 以及生物柴油等均已不同程度地实现了产业化；但从产业经济学的角度来看，只能说是部分生物质产品在部分区域实现了产业化，而整个生物质能源产业还未实现真正意义上的产业化。例如，还未形成稳定的市场，因此也谈不上市场拓展；投融资机制不健全，风险投资介入的较少；原料的开发和原料基地的建设在相关省（自治区、直辖市）刚刚展开；相关的物流系统还不顺畅；标准化和各级标准的制定还不规范等。上述种种问题的存在，制约了生物质能源产业的发展，使其在社会经济体系中，还不能成为一个完整而健康的体系。我们认为，要实现生物质能源真正意义上的产业化，必须明确开发主体，即明确以政府为开发主体，并结合我国生物质能源产业发展的现状和存在的问题，构建以政策支撑体系、技术支撑体系、市场支撑体系、组织支撑体系为主的产业化支持系统，以便生物质能源的开发利用尽快走向市场，实现产业化经营，真正成为一个完整的产业体系并健康顺利运行。

第一节　政策支撑体系

一、多种机制并存的生物质能源支持政策体系的建立

生物质能源产业作为新生的朝阳产业，政策因素是所有因素中最重要的影响因素，仅仅依靠产业自身的力量，没有政府的政策扶持，很难在市场上站稳脚跟。尤其是在生物质能源产业的发展初期，产业自身积累少，市场体系不健全，自我约束和发展能力差，没有政府的政策支撑，很难起步和发展。从目前的现实看，由于生物质能源产业发展具有正外部性和公共物品属性，其发展即使是走向成熟稳定期，政府政策仍然发挥着不可替代的作用。从表面上看，作为经济行为主体的企业具有自主经营、自负盈亏的决策权，政府没有多少权力，但实际上政府作为产业运作的监督执行主体，发挥的职能和作用与企业是不同的，一般不是

强制性的行政干预，而是辅导性的监督和市场调控。在第七章的分析中发现，目前生物质能源的政策支持体系基本形成，只是在具体政策的选择和落实上，其政策支持体系仍不完善，在补贴政策方面有失公平，存在着政策具体操作性不强等问题。从目前已经出台的各项法规和政策来看，我国生物质能发展政策的基本框架结构是以《中华人民共和国可再生能源法》为基础，以《可再生能源中长期规划》为目标，以各部门项目的管理办法和规章制度为体现，通过建立一系列有效的机制推进生物质能源又好又快的发展（李景明等，2008）。具体讲，形成了多种机制并存的政策支持体系。

（一）建立了发展目标机制

在《中华人民共和国可再生能源法》的框架下，在国外制定相应生物质能源发展目标和规划的背景下，国家发展和改革委员会、农业部、财政部等有关部门相继制定了生物质能源的中长期发展规划和财税政策。通过总结国外发达国家的经验，并结合我国国情，在生物质能源发电、生物质液态燃料等领域应用强制性政策和激励性政策，特别是配额制的实施①，要求有关电力企业和石油公司在电力和燃料供应中有一定的配额来自生物质能源，从而把过去完全依靠政府财政支持的政策转向政府管制下的市场机制调节政策，为生物质能源市场的拓展与稳定设计了有利的外部环境，为大规模发展生物质能源创造了条件。

（二）建立了定价机制

在《中华人民共和国可再生能源法》的框架下，有关部门根据我国生物质发电的现实状况，对可再生能源发电项目采取了一系列推介管理措施，进行了推广与应用、价格管理与费用分摊、经济激励与监督，这在一定程度上推动了生物质发电产业的发展。此后国家发展和改革委员会连续出台了有关可再生能源发电的管理规定以及详细的可再生能源发电价格和费用分摊等管理办法，同时对包括生物质能发电的部分企业或者建设项目提出了电价补贴和配额交易方案，保证了生物质能开发机构可以以合理的价格出售电力，并要求电力公司必须购买，促进了生物质发电产业的兴起。

（三）建立了补偿机制

考虑到生物质能开发与利用对传统能源替代、生态环境保护等具有显著综合效益，但其开发和利用成本又暂时无法与传统能源抗衡，所以，我国采取了将高

---

① 我国拟订的生物质能源替代石油的中长期发展目标：到2020年，生物质能源消费量有望占到整个石油消费量的20%。

出传统能源开发利用的成本由社会分摊，或各级财政拿出巨额资金用于补贴生物质能的开发与利用的措施。例如，财政部建立了包括生物质能在内的可再生能源发展专项资金，中央政府每年投入数十亿国债资金专项用于农村沼气建设补助等。而且，还对生物质能源林地发展给予保护，借生态环境保护之名进行补偿，从而形成了以政府补偿为主的补偿机制。

(四) 建立了交易机制

为了依靠市场、政府、社会多重力量推进生物质能开发利用，在政府的支持和主导下，一方面是采取绿色证书交易系统，引入市场竞争，生物质资源丰富地区将优先发展生物质能，并可在配额目标完成的基础上，将超出部分的发电量以绿色证书的形式在交易市场上卖出以获得收益，由此可以促使资金和资源通过市场交易的方式得到合理配置；另一方面则是参照国际社会碳交易等清洁发展机制（CDM）的作法，将利用沼气等生物质能源所获得的碳减排量折算成现金卖给承诺温室气体减排份额的地区或企业，从而使生物质能源开发利用者得到更多的经济利益。

以上几大机制并存的政策支持体系，在很大程度上很好地推动了包括生物质能源项目在内的可再生能源产业的发展。但生物质能源产业是一个集合了多种利用形式的总称，其每种生物质能源利用形式的发展有着较大差异，这样包含在整个可再生能源政策中的生物质能源政策在执行起来，针对性和具体操作性仍显得配套不够，难度较大。既然政策因素对于生物质能源产业的发展至关重要，并能有效地带动其他推动生物质能源产业发展的因素作用的强化。我们必须在上述国家宏观政策支持体系的基础上，专门针对生物质能源产业发展的不同阶段和开发利用中存在的具体问题，制定相应的政策支撑体系。

二、明晰管理部门职责，遵循外部性原则，制定系列支持政策

在目前宏观政策支持体系初步形成的基础上，还需要进一步针对生物质能源开发利用过程中产生的问题，特别是从微观角度进行一系列的规划和指导，通过这些政策的落实更好地推动生物质能源产业的健康发展。

本书第四章已经详细分析了国外发达国家发展生物质能源的政策经验，其中各国专门的生物质能源研究机构和专门的政府管理部门，无疑成为生物质能源产业发展的执行部门，他们在新能源技术研发与推广、政策的制定与落实过程中，充当着各级政府智囊团的角色，成为政府和企业间沟通的桥梁，它们对可再生能源和节能发展战略及政策的制定发挥着重要作用。因此，我国在发展生物质能源的过程中，应该借鉴其经验，确定适宜的能源主管部门，执行、落实相关能源政

策，建立一个能够约束和协调政府在内的企业、农户和消费者多种主体利益关系的管理体系，积极发挥政策功效。例如，英国新能源产业的管理体系主要由英国工业与贸易部（DTI）、电力管理局和能源技术支持公司（ETSU）三大机构组成，其中，由工业与贸易部制订规划，由电力管理局进行市场实际运作，并由电力管理局监督电力市场的稳定、健康运作，而能源技术支持公司作为一家私营公司，在对新能源项目进行监测的同时，还定期举办研讨会或信息发布会，向有关行业协会、公司、银行和客户介绍新能源技术与市场和政府的相关政策，以提高消费者的绿色意识，并为公司和银行提供投资机会（黄雷，2008）。

中国作为一个能源消费大国，其能源管理机构十分薄弱而分散，中国没有像绝大多数能源大国那样，设立能源部。国家发改委的能源局有 50 人，国务院领导小组办公室 24 人，至今管理能源的政府管理机构不足 100 人。为加强能源战略决策和统筹协调，新一届政府设立了高层次议事协调机构——国家能源委员会。同时组建了国家能源局，负责拟定和组织实施能源行业规划、产业政策和标准，并承担国家能源委员会办公室的工作。温家宝总理在关于国务院机构设置的说明中指出，能源关系国民经济、经济可持续发展和国家安全。妥善应对日益增长的能源需求和复杂的国际能源形势，是我们必须长期面临的战略性问题。为加强能源战略决策和统筹协调，方案提出设立高层次的议事协调机构—国家能源委员会，负责研究拟定国家能源发展战略，审议能源安全和能源发展中的重大问题。

事实上我国政府针对包括生物质能源在内的可再生能源产业发展在管理体系上还存在很多问题，主要表现为政出多门、政策供给严重缺位。政府多个部门参与可再生能源的建设规划，都执行一定的管理职能。如国家发改委能源局负责能源产业的综合平衡、重大政策的制定等；国资委负责管理国家电网、南方电网两大电网公司和华能、大唐、国电、华电、中电投五大发电集团；科技部负责能源科技管理；水利部归口管理水利系统的水电站；农业部负责农村能源以及可再生能源管理；财政部大量参与可再生能源相关政策的制定与实施，包括能源价格、财税政策、环境保护等政策的制定与实施，国家林业局主要负责和参与林木生物质能源的开发和管理（黄雷，2008）。而国家林业局为了大力开发林木生物质能源，于 2005 年 7 月专门成立了林木生物质能源小组，办公室设在造林司。这些部门职能交叉重叠现象严重，政策制定由于严重的职能分散形成较高的审批成本。使得生物质能源产业在其发展初期，普遍存在着非良性循环，能源发展的重点仍然集中在强大的常规能源产业上，从而造成了能源领域的马太效应。

因此，在生物质能源产业的未来发展道路上，明晰能源管理部门的职能与职责，做到放权与收权的有效调配至关重要。各个政府职能部门要统一目标，形成合力，防止生物质能源产业发展中非良性循环与能源领域中常规能源与生物质能源发展的马太效应现象的发生。在制定具体生物质能源产业发展的政策时，必须坚持外部性原则和持续自生原则。一般来讲，常规能源具有较多的负外部性，生物质能源则表现出明显的正外部性，应该通过成本分摊机制，为市场主体创造公平的市场环境。鉴于目前化石能源在我国经济发展中的作用，在短期内若对生物质能源的保护性政策力度过大，无疑将会加大政府政策成本并衍生超额负担，也会扭曲能源市场，降低能源的配置与使用效率，增加能源价格上涨的压力，不利于总体经济的发展。因此，需要处理好稳定传统能源与积极发展生物质能源之间的关系。尽可能做到传统能源与生物质能源相互配合，共同保障国家石油安全。传统能源长期享受国家政策倾斜，在生产、销售等环节，占据优势，生物质能源可以利用这种便利条件，为自身发展打开销售渠道（朱志刚，2008）。通过这样的搭配发展，有利于建立我国绿色经济的国际形象，提升国家能源自产比例及能源安全。此外，还要一改我国生物质能源政策中的重开发轻促进、重技术研发、轻宣传推广的政策倾向，不但要有国家法律法规的出台，还要有实际可操作性的指导政策，在关注生物质能源产业化发展扩大、市场进入和降低开发成本等优惠政策的同时，还要关注生物质能源产业在不同发展阶段是如何通过竞争发展来实现资源优化配置和效益增加的，不能让企业一味依赖国家补贴而发展或通过各种名目变相获得补贴政策支持而发展，最终能够达到持续自生。

三、正确处理好各主体间的关系，稳步发展非粮生物质能源

政府、企业、农户是生物质能源开发利用过程中的三个利益主体，而政府在整个开发过程中担当着重要的职责。政府是生物质能源支持政策的供给者，而企业和农户是支持政策的需求者，实现政策供需的均衡，有利于生物质能源产业健康持续发展。

首先，需要明晰政府的职责是制度的构建，在创造有利于生物质能源产业发展机制的同时，还要创造有利于企业和农户积极投身到该产业发展的激励机制。具体来讲就是建立严格的市场准入制度，确立市场进入的技术和资金门槛，杜绝其开发利用过程中的二次污染。由于生物质能源发展初期开发成本高、投资回收周期长，与传统化石能源相比不具有竞争力，因此，需要建立成本风险分摊机制，通过对常规能源的消费征收相应的环境税，予以弥补过高的生物质能源开发成本，实现生态环境成本内部化。

其次，我国非粮生物质液态燃料产业在国有大企业强势加盟与社会资本积极进入的情况下，已经呈现出较好的发展局面，部分技术路径已临近产业化。但是由于纤维素酶和木聚糖酶的生产成本过高以及戊糖的发酵转化效率低，纤维乙醇仍停留在技术研发阶段，缺乏实质性突破。油料林培育由于投资周期较长、原料

的收集与运输较为困难，生产加工企业仍然面临着难以突破的较高"原料成本"，使得"龙头企业＋基地"的运行模式在实践中还有待于进一步完善。政府一方面要注意实际开发过程中企业与林农之间的复杂关系，建立一个约束这两类开发主体的制度机制，监督合同订单的完成，建立相应的违约惩罚办法，使得双方违约后的所得收益小于履约收益，使违约惩罚成本高于市场价与合同价的差价收益，降低双方的主动违约率。另一方面上级政府要进一步明确地方政府的职责，明确中央财政与地方财政各自的职责，鼓励地方政府财政支持生物质能源发展。目前，中央财政建立了可再生能源专项资金，用于支持可再生能源发展规划、资源评估、重大技术研发和重要示范、项目推广（朱志刚，2008）。重点扶持潜力大、前景好、能替代石油的可再生能源的开发利用，特别是扶持发展生物燃料乙醇、生物柴油等，而生物燃料乙醇是指用甘蔗、木薯、甜高粱等制取的燃料乙醇；生物柴油是指用油料作物、油料林木果实、油料水生植物等为原料制取的液体燃料。专项资金中明显已经确立了未来生物质能源的发展方向，即走非粮之路，明确了重点扶持的开发原料，但今后在开发种植能源林中对农户如何进行补贴，补贴多少；对企业如何进行补贴、补贴多少、补贴模式等问题，需要当地政府根据当地实际，坚持示范引路，基地先行，稳步发展非粮生物质能源的技术路径，制定合宜的政策。事实上，发展生物质能源项目，也是增加地方财政税收的重要途径。生物质能源的开发利用，不但可以向后延伸农产品加工链条，将本地农产品资源消化吸收转化为产值，而且还可以向前延伸产业链条，通过原料林基地的建设和能源作物的种植，把闲置性土地、难以利用的边际性土地充分利用起来，吸收广大农户的闲散剩余劳动力，开辟农民就业新渠道。

此外，在此需要进一步说明的是，为了更好地发展生物质能源产业，不论是生物质能源原料的采集、生物质能源加工企业的生产、生物产品在市场上的销售，每一个环节都需要政府按照支持新兴产业发展的方式，制定相应的政策予以扶持。否则，仅仅依靠市场的力量和生物质能源企业的力量，是无法带动生物质能源发展的，也不足以形成生物质能源市场。因此，政策支撑体系在技术支撑体系、市场支撑体系和组织管理体系中有着更为重要的作用和地位，应注重建立与完善。

第二节　技术支撑体系

生物质能源开发利用过程中的技术与设备因素是其降低原料开发成本的重要因素，它关系着原料的加工转换、产品的销售使用，因此，它也是影响其未来产业化发展不可忽略的因素。其开发技术上的突破将赋予生物质能源产业提升投资价值、创新转化方式、提高利用效率等多重功能。在生物质能源产业发展的不同时期，其技术水平差异较大，因此使得原料培育、原料收集、原料储存、原料运输成本差别较大。本节讨论技术与设备的发展问题，最终是想通过一系列的国家优惠政策，加大对生物质能源技术与设备的研发与投入，通过建设有利的技术支撑体系，达到降低生物质能源开发利用成本和提高效益的目的。

一、我国生物质能源开发利用技术发展现状

（一）我国生物质能源开发利用技术的类别及其发展状况

我国政府及有关部门对生物质能源利用极为重视，开展了，如薪炭林基地建设、沼气工程、生物质压块成型、气化与气化发电、生物质液体燃料加工制造等各类生物质能利用技术的研究与开发，并连续在 4 个五年计划中将生物质能利用技术的研究与应用列为重点科技攻关项目，取得了较大的进展。

中国科学院广州能源研究所在循环流化床气化发电方面取得了一系列进展，已经建设并运行了多套气化发电系统；中国林业科学院林产化学工业研究所在生物质流态气化技术、内循环锥形流化床富氧气化技术方面取得了成果；西安交通大学近年来一直致力于生物质超临界催化气化制氢方面的基础研究；中国科技大学进行了生物质等离子体气化、生物质气化合成等技术的研究；山东大学研究了固定床气化技术。目前气化技术已进入应用阶段，特别是生物质气化集中供气技术和中小型生物质气化发电技术，由于投资较少，比较适合农村地区分散利用，具有较好的经济性和社会效益。

在生物质固化成型技术方面，虽然我国与国外相比还存在较大差距，但已有了自身的研究与探索。河南农业大学开发了 HPB—Ⅲ型液压驱动式双向挤压秸秆成型机，并进行了市场化的积极探索。秸秆气化发电机组，使用林产业、造纸厂的废弃物、家具厂的边角料为原料的专业蒸汽锅炉等。

在生物质热解液化技术的研究方面，我国尚处于探索和试验阶段。1997 年，沈阳农业大学的董良杰，采用 Kissinger 法和 Dzawai 法对动力学参数进行了验证，开展了木屑及其组分热裂解反应动力学的研究；中国科技大学研制了一种电热式快速流化床生物质热解液化设备，可以用于各种固体生物质的液化，但都还没有大面积的应用与推广。

在乙醇燃料技术和秸秆气化发电技术、沼气发电技术、沼气集中供气技术、秸秆成型技术等方面，我国相对发展较快，目前已能够进行商业化开发和应用。生物质沼气技术已进入商业化应用阶段，污水处理的大型沼气工程技术也进入了商业示范和初步推广阶段。到 2005 年年底，我国已经建成沼气 1700 万口，年产沼气量 65 万立方米，建成大型沼气工程 1500 座，年产沼气约 15 亿立方米；沼气产业服务体系也日趋完善；从 2009 年开始，为了加强沼气服务体系的建设，

强化其服务功能，农业部科教司与计划司会同国家发改委共同将服务网点项目中央补助标准由原料的东、中、西 0.9 万元、1.5 万元、1.9 万元，提高到 2.5 万元、2.5 万元、4.5 万元，满足了发展需要，使村级服务网点作用发挥增强（李亚玲，2010）。另外，以生物质能利用技术为核心的综合利用技术模式也得到快速发展，成为我国生物质能利用的特色，如四位一体模式、能源环境工程、南方的猪—沼—果等（官巧燕等，2007）。

（二）我国生物质热解液化技术发展简况

生物质热裂解是生物质在完全缺氧或有限氧供给的条件下热降解为液体生物油、可燃气体和固体生物质炭三个组成部分的过程。控制热裂解的条件（主要是反应温度、升温速率等）可以得到不同的热裂解产品。

生物质的热裂解是指在中温（5000~6000℃）、高加热速率（可达 10 000℃/秒）和极短的气体停留时间（约 2 秒）的条件下生物质发生的热降解反应生成的气体经快速冷却后获得液体生物油的过程。生物质热裂解所得的油品基本上不含硫、氮和金属成分，是一种绿色燃料。在生物质热裂解过程中，气体产率随温度和加热速率的升高及停留时间的延长而增加，较低的温度和加热速率会导致物料的碳化，使固体生物质炭产率增加。但如果生产过程在常压和中温下进行，工艺简单，成本低，装置容易小型化，产品便于运输、存储，因此，在广大农村经常采用这种常压、中温的简单工艺。

生物质热裂解液化反应产生的生物油可通过进一步的分离，制成燃料油和化工原料；气体视其热值的高低，可单独或与其他高热值气体合作为工业或民用燃气；生物质炭可用作活性剂等。因此，在生物质转化的高新技术中，生物质热解液化技术受到国际上的广泛重视。我国在这方面的研究尚处于起步阶段，成果相对较少。近年来，沈阳农业大学、中国科学院广州能源研究所、清华大学热能工程系、浙江大学热能工程研究所、哈尔滨工业大学动力工程系、华东理工大学能源化工系、河南农业大学机电工程学院、中国科学院化工冶金研究所、山东工程院、大连理工大学等单位在生物质热裂解方面开展了研究工作。尤其是沈阳农业大学自 1993 年起与荷兰合作，并于 1995 年从荷兰 Twente 大学生物质能技术集团引进一套生物质喂入率为 50 千克/时的旋转锥反应器生物质闪速热裂解液化中试设备，开展了一系列研究。由此可见，中国越来越重视生物质热裂解液化技术的研究（吴创之等，2003，2007；刘荣厚等，2004）。

（1）我国生物质热解液化的装置

在生物质快速热裂解的各种工艺中，反应器的类型及其加热方式的选择，在很大程度上决定了产物的最终分布，所以反应器类型和加热方式的选择是各种技术路线的关键环节。常用的制取生物质液体燃料的反应器都具有加热速率快、反应温度中等、气相停留时间短等共同特征。

　　沈阳农业大学在联合国粮食及农业组织的资助下从荷兰引进的旋转锥闪速热裂解设备（生物质喂入率为50千克/时）属中试装置。以木屑为原料在该装置上进行热解试验，确定了这一技术的各项参数和指标。1998年，在对流态化现象及流态化质量影响因素进行深入研究后，设计并制造了一套小型流化床生物质热裂解装置，并以松木木屑为原料在流化床中进行了生物质热裂解的试验研究，为生物质热裂解技术的参数优化奠定了基础。山东理工大学于2002年获国家"863计划"资助，设计制作了两代工业示范装置，加工能力分别为30千克/时、50千克/时（易维明等，2003）。

　　（2）生物质热裂解反应动力学的研究

　　由于生物质热解工程过程十分复杂，人们对它的基本原料了解不深入，虽然自第一台生物质快速热解液化设备出现以来，热解液化技术得到了一定发展，但还没有可真正实现商业化运营的热解工艺技术。我国许多单位对生物质热裂解反应动力学进行了研究，采用的方法也各不相同。1997年，沈阳农业大学率先开始对这一方面进行研究，采用 Kissinger 法和 Dzawai 对动力学参数进行了验证，并用动力学补偿效应把动力学参数 A 和参数 B 联系起来，解释了曲线形成过程中的影响因素。此后，上海理工大学、山东理工大学、山东省科学院能源研究所合作，在一台日本生产的 TG—DTA200 型热重－差热分析仪上进行试验，提出了平行一阶反应动力学模型，并将计算出的模型中的各参数与以往一阶反应模型的计算结果进行对比，结果表明，平行一阶反应模型的准确程度比现有一阶反应模型有很大的提高（何芳等，2002）。

　　我国关于生物质热解液化反应动力学的研究较少。目前的研究基本上偏重于采用热分析仪，在慢速热解的条件下进行，它不能真实地模拟热裂解反应过程，未来的研究需要在小型装置上进行，可以说我国在生物质热烈解方面的研究还有很长的路要走，这就需要政府在科技研发投入方面给予大力支持。

二、我国生物质能源开发利用技术存在的问题

　　尽管我国在生物质能开发方面取得了一定的成绩，但只是部分地不同程度上实现了产业化，从严格意义上来讲，还未真正实现产业化，其在技术水准、产品商业化程度、民众认识等方面与发达国家相比仍存在较大差距。

　　1）新技术开发不力，利用技术单一。我国早期的生物质利用主要集中在沼气利用上，近年逐渐重视热解气化技术的开发应用，也取得了一定突破，但其他技术开展却非常缓慢，包括生物柴油、生物质燃料乙醇、热解液化和气化、直接燃烧的工业技术和速生林的培育等，都没有突破性的进展。

2）由于资源分散，收集手段落后，我国利用生物质能的工程规模很小；为降低投资，大多数工程采用简单工艺和简陋设备，设备利用率低，转换效率低下。所以生物质能项目的投资回报率低，运行成本高，难以形成规模效益，不能发挥其应有的、重大的能源作用。以生物质能源林为例，我国主要生产的收割设备属于中小型，缺乏大型的能源林收割设备。从短期来看，由于我国有相对充足的劳动力，似乎对生物质能源产业的发展影响有限，但随着能源林基地建设规模的扩大，其对生物质能源产业发展的影响将会逐步显现，所以，现代化的技术工艺开发研制一定要提上议事日程。

3）相对科研内容来说，投入过少，使得研究的技术含量低，多为低水平重复研究，最终未能解决一些关键技术。例如，生物质厌氧转化产气率低，设备与管理自动化程度较差；气化利用中焦油问题没有彻底解决，给长期应用带来严重问题；沼气发电与气化发电效率较低，相应的二次污染问题没彻底解决，导致许多工程系统常处于维修或故障的状态，从而降低了系统的运行强度和效率，阻碍了生物质气化及发电技术的应用与推广。

此外，在我国现实的社会经济环境中，还存在一些消极因素制约和阻碍着生物质能利用技术的发展、推广和应用。主要表现为：

1）在现行能源价格条件下，生物质能产品缺乏市场竞争能力，投资回报率低挫伤了投资者的积极性，而销售价格高又挫伤了消费者的积极性。

2）技术标准未规范，市场管理混乱。在秸秆气化供气与沼气工程开发上，由于未有合适的技术标准和严格的技术监督，很多不具备技术力量的单位和个人参与了沼气工程的承包和秸秆气化供气设备的生产，引起项目技术不过关，达不到预期目标，甚至带来影响安全问题，这给今后开展生物质利用工作带来很大的负面影响。

3）目前，有关扶持生物质能源发展的政策尚缺乏可操作性，各级政府应尽快制定出相关政策，如价格补贴和发电上网等特殊优惠政策。

4）民众对于生物质能源缺乏足够的认识和热情，应加强有关常识的宣传和普及工作。

5）政府应对生物质能源的战略地位予以足够重视，开发生物质能源是一项系统工程，应视为实现可持续发展的基本建设工程给予政策支持。

高效利用生物质能源已是当今世界各国实现其能源安全战略的重要措施，生物质能是唯一可固定碳的可再生能源，它在调整能源结构、减排温室气体、实现可持续发展方面发挥着重要作用。生物质资源品种多、特性差异大，可通过不同技术转换成电力、热水、燃气和液体燃料。掌握生物质能的转换技术、气化发电技术、液体燃料制取技术等，对于我国的能源安全战略同样具有举足轻重的作用，故此，我们必须正视生物质能源开发中的技术问题，积极组建高效有序的技术支撑体系。

三、我国生物质能源开发利用技术体系的建立与完善

结合分析生物质能源开发利用技术，目前生物质能源开发利用技术主要集中在固体生物质燃料（生物质成型燃料、生物质直接发电供热）、气体生物燃料、液体生物燃料（燃料乙醇、生物柴油等）、替代石油基产品生物基和乙醇衍生物等方面，与国外相比，其差距主要体现在技术进步率和产品市场方面。国外已经市场化的产品主要是生物质发电供热、沼气和车用甲烷、燃料乙醇、乙醇下游产品、生物柴油等。在我国只是部分的不同程度地实现了产业化，如沼气、生物质发电、生物燃料乙醇（玉米为原料）、生物柴油。生物质能源的开发利用作为一项崭新的新能源产业，是一个从无到有的建设过程。目前投资成本较高，其研发技术与国外发达国家相比还存在较大差距。以生物质发电为例，其发电设备和控制系统还不能完全国产化（林木生物质能源发电的发电设备和控制系统的国产化率不足 70%），使得生物质能源发电工程的造价和发电成本都要高于传统能源行业。因此，政府需要根据生物质能源产业发展的不同阶段及存在的具体问题，围绕《中华人民共和国可再生能源法》、《可再生能源中长期发展规划》、《全国能源林建设规划》、《林业生物柴油原料林基地"十一五"建设方案》的实施，根据其中所规定的发展目标、布局和相应的政策措施，研究推进生物质能源技术的发展，真正建立起支撑生物质能源开发利用的技术体系。特别是针对原料的生产与收集、加工与转化（燃料乙醇技术需提高戊糖的发酵转化效率、生物柴油副产品处理技术等）技术的研发，争取财政专项支持，建立使用生物质能源技术的推广补贴试点，使生物质能开发利用技术普及推广和扩大使用。

（一）确定生物质能源技术发展方向，建立可持续发展的原料生产技术体系

为更好地发展生物质能源开发利用技术，特别需要为其确定一个正确的发展方向和发展重点。在该方向指引下，恰到好处地逐步去突破相关开发利用的技术"瓶颈"。我国的生物质能资源虽然丰富，但较为分散，收集、运输、加工转化运行成本较高，在当前的能源环境背景下去发展生物质能源技术，更多的需要结合我国国情，使其发展更多地体现自己的特色，今后的技术发展主要应朝着以下几个方向。

1）进一步发挥生物质能的强项、成熟产业化技术，特别是要充分发挥生物质能作为农村补充能源的作用，减轻能源需求商品化的压力，缓解农村用能的紧张局面。通过为农村提供清洁的能源，来有效地降低农村的生活费用成本，增加农民的环境福利。应主要侧重于沼气利用、秸秆供气和小型气化发电等实用技术

的研发与推广。

2）重点攻克开发前景良好的生物质能技术。我国生物质能的应用技术，从"六五"期间就开始设立课题进行研究，经过20多年的发展，我国已有多项技术处于产业化和产业化前期示范阶段，开发前景良好，今后应更加重点发展，尽快实现向产业化、商业化的过渡，主要侧重于气化发电技术、生物质液化技术、纤维素制乙醇技术的研发与推广，加大生物液体燃料生产成套设备的供给。

3）培育生物质能的市场需求力，以提高生物质能利用的比重。加强民众的能源消费意识和危机意识，树立低碳经济的观念和环境友好理念，从根本上扩大生物质能的积极影响，为生物质能今后的大规模应用创造条件，这也是今后生物质能能否成为重要替代能源的关键。

4）充分利用山地、荒地和沙漠，发展新的生物质能资源，研究、培育、开发速生、高产的植物品种，在目前条件允许的地区发展能源农场、林场，建立生物质能源基地，提供规模化的木质或植物油等能源资源，为相关生物质能开发利用技术的应用和推广提供稳定的原料来源。

为保证生物质原料生产供给的持续性，降低生物质终端产品的成本，特别需要加大对原料生产开发技术上的投入。可持续的原料供给体系是生物质能源产业发展的基础，是降低原料开发成本实现产业市场化的关键。在原料生产技术上的重大突破与进展，可以增加生物质资源的产量，同时也可以获得更高水平的有价值的能源组分。这些组分可以促进能源资源中有效成分和无效成分的分离并提高原料的能量密度。如果我们进一步经过改善分离与加工技术，就可以创造出高价值的能源产品；另外，原料生产技术的提高和改进，还可以提高资源量的投入产出比例。最后，在土壤侵蚀控制、施肥和前加工处理方面的新方法、新技术的应用，可以改善生命周期的表现和实现可持续性的操作，可以提高原料产量，最终为生物质液态燃料生产、电力产品带来正面影响（朱志刚，2008）。因此，为了促使生物质原料生产开发技术的重大进展，需要在以下几个方面做出努力。

1）加强对植物生物化学和酶化学的研究，开发所期望的植物工程酶，增加对木质素、蛋白质和其他植物成分的代谢途径优化的研究投入，降低加工利用生物质能的成本和能耗（如某种蛋白质或脂肪酸，可以增加某种成本的最终产率，提高效率，影响生产成本），加强生产高活性酶和化学催化剂的研究，提升生物技术的能力。如通过研究增进微生物菌种以提高利用戊糖、己糖产乙醇的转化率；通过各种酶和催化剂的使用，可以高效和低成本地将生物质原料转化成生物基产品。为此，一定要通过对生物质原料生产技术的认知、学习，改进、建立为生产者带来利润的原料生产体系，以促进生物质产业的发展。

2）在生物质资源的供给过程中，农民作为一个重要的开发主体，在原料生产和供给的过程中发挥着重要作用。建立一个适宜的、优化的农技推广体系，对于实现生物质能源产业发展规划目标意义重大。原料的生产技术由专业的科研人员研究开发，但执行推广技术却由农民完成。因此，要在能源作物的不同种植阶段，给予农户不同技术的讲解、培训。以生物质能源林建设为例，主要包括：营造林技术设计（乌桕、油桐、黄连木等能源林造林技术的培训、土地资源的配置设计、新造林抚育设计等）、种苗生产设计、幼林管护设计等方面的相关知识。通过良好的、优化的农技措施，更好地保证原料生产供给的持续性，保证原料生产资源供给的可持续性。

3）优化生物质采收、储藏和多样性原料结合的后勤保障体系。原料的收集、整理、处理是一个密不可分的过程，可以将这三个过程笼统的称为原材料的处理过程。生物质原料由于自然堆积密度低、比重轻、储存场地较大，存储和运输都比较困难，相应的费用支出也比较高。如果没有高效率、高利用率的综合利用技术，既浪费了资源，加大了运输成本，又会给周围环境带来严重的污染。目前，直接作为燃料的原料处理方式主要是打捆和削片两种方式，而加工成型燃料的原料处理方式主要是粉碎。因此，必须提高现有的原料综合处理技术、加工工艺，开展克服原料处理方面难题的研究。对于原材料的运输与初加工处理，需要因地制宜，结合当地的自然、交通情况、收集半径和经济条件进行确定，可依据就近原则建立热电厂和生物质炼油厂等。要集中力量研究解决体积缩减等方面的问题，使生物质密度增大，以解决其运输问题；生物质资源生产地区必须确定、开发、使用低成本且环境优化的前处理、收集、储藏和运输技术，形成以植物和动物残体为基础的生物质原料供给的最佳操作规程，以达到既有利于资源更好地回收、更有效地分离，又有利于改善操作和储藏技术过程，降低对环境影响的目标。

（二）建立技术研发专项支持政策，构建良好的原材料加工转换技术体系

生物质能源开发利用技术因素在生物质产业发展过程中是一个不可忽视的因素，技术水平的提高对成本的降低有着巨大作用。为了提高其开发利用技术水平，一方面需要加大对原材料采集、处理、储藏设备与研发技术的投入，另一方面需要加大生物质炼油厂、生物质发电厂等建设投入，包括土地租金、厂房租金等费用。生物质能源产业相较于一般的工业行业，属于投资成本高且投资回收期长和风险高的行业，如果将这些技术和投资全部交给生物质能源加工企业自己来解决是不太现实的，只会抑制加工企业资本投入的积极性，还会造成企业资金链的断裂、脱节。所以，政府应该出台促进技术研发的政策，特别是在生物质能源加工企业发展的初期阶段，在制定技术总体规划的基础上，加强对技术、设备研发和信息交流的财政投入与补贴，并积极有效地加强国际技术合作，以获得先进的科技知识和经费支持，从而大力推进新能源产业的技术进步和技术成熟。例

如，日本为新能源技术发展规划的制定提供 100% 的补助；在欧盟第四个科技总体规划中，对新能源的资助金额占总预算的 45%，仅 1999 年就为新能源技术的研发投入约 12.5 亿欧元，其中 75% 用于示范项目；丹麦能源局在制订五年研发计划的基础上，为新能源信息和情报的控制与传播提供专项资助经费（黄雷，2008）。

鉴于针对目前生物质能源的开发利用技术状况，建立其产业发展过程中相关技术的研发基金，以保证在技术研发过程中有相对稳定的资金来源显得非常重要。例如，纤维素乙醇的生物酶培育，需要长期的技术与经验积累，需要投入巨大的人力、物力，是一项系统工程，需要优秀的专业人才，单个企业难以完成。这就需要政府及国内研发力量，加大基础研发与产业化投入力度，支持项目产业化示范。同时还需要政府在公共服务方面予以支持。如目前亟须尽快出台生物柴油技术标准，没有技术标准，生物柴油无法进入运输燃料系统，也就无法实现生物柴油在我国的试点及推广（朱志刚，2008）。要加强生物质利用技术的商品化工作，制定严格的技术标准，加强技术监督和市场管理，规范市场活动，为生物质技术的推广创造良好的市场环境。

政府要针对目前过高的生物质发电设备造价成本，对关税税则中规定的电力设备和零件的关税、进口环节的增值税进行调整。除有免税规定的特定项目外，对国内已经能够生产并且设备技术已经成熟的加工设备整机进口应适度征收关税；对发电必须的技术和先进的零部件，可以免除进口关税和进口环节增值税，降低发电机组的造价。如果我们能有很好的关税设置，可以鼓励外商在中国境内设立可再生能源设备制造企业，这样做既可以降低生物质能发电设备的成本，又可以带动国内相关产业的发展（黄雷，2008）。

在生物质能源开发利用的技术研发过程中，政府属于重要的政策制定主体和职能主体，其运行宗旨在于通过优惠政策更好地促进生物质能源技术的研发与突破，最终使生物质能源产业能够依靠自身力量走向市场化，真正的建立起适应市场竞争机制的新型能源产业。因此，政策的制定一定要在坚持公平竞争的原则基础上，对相关企业的生产技术条件、资产财务状况等进行论证和评审。职能部门要按照公开、公平、公正的原则，选择效率高、补贴少的企业作为支持对象，以便于资金能够集中发挥功效。为了提高补贴企业的生产效率，应采取"先进者得益、落后者受罚"的方式，激励试点企业更好更快地加快技术改造，提高效率，提高产业竞争力，最终能够依靠自身完全市场化。从目前的现实看，实现市场化这一过程的技术研发重点就是构建原料加工和技术转化体系，改善转化效率，提高单位投入的有用能源和产品的产出率。要特别解决目前纤维素乙醇技术面临的三大技术"瓶颈"：高效的秸秆类植物生物质预处理技术，对生物质给料发酵前的物理或化学预处理过程进行改进，研制提出新的预处理方法；解决纤维素降解为葡萄糖的酶成本过高的问题，研发低成本的化学和生物处理技术；解决高转化率利用戊糖、己糖产乙醇的微生物菌种缺乏问题，培育高效优质的微生物菌种。

第三节　市场支撑体系

市场是推动生物质能源产业发展的驱动力之一，若要达到真正意义上的产业化，将其未来发展的潜在需求变为现实需求，目前在生物质能源产业还处于起步阶段的状态下，需要建立一个能够推动其走向市场的支撑体系。

一、建立多方协作共荣的原料市场支撑体系

生物质能源产业作为一个新兴的产业，顺利实现市场化的阻力还很多。不仅要与具有几百年发展历史的传统能源行业相竞争，还要面临其他很多部门不同利益集团的阻隔。因此，要使生物质能源产品能够突破重围、脱颖而出，在其产业发展的初期，必须依靠政府主导力量，通过政府部门的广泛宣传、组织、协调，引导公众充分认识开发利用生物质能源意义，普遍关注生物质产业的发展，以便形成全社会积极参与支持生能质能源发展的局面，营造有利于生物质能源发展的市场环境。

生物质能源产业发展不同于其他产业，从原料资源的种植、收割、采集、运输、加工到最终实现销售，这一个产业链条上既与农业部门发生紧密的联系，又与加工制造业、运输物流业发生着千丝万缕的联系。而整个生物质能源产品生产过程中的最上游开发主体，即农民，在整个原料市场的开发过程中处于被动地位。生物质能源产业的未来发展能否解决原料持续供应的问题，在很大程度上是由最上游的原料开发主体即广大农户决定的。在农村市场环境中，农户获得国家相关信息知识的渠道较为单一，只有政府强有力的、自上而下的广泛宣传、组织、培训，农民才有机会和可能去接受一种新事物。对于生物质能源这个不同于传统能源的开发利用新概念的认识，需要政府强有力的宣传组织，逐层深入到普通农民之中，否则农户只能是被动的选择生物质能源资源的开发利用行为，出现有效益就种，没效益就改种，而并不关心生物质能源产业发展的局面。

事实上我国政府发展生物质能源的主要宗旨就是解决"三农"问题，缓解能源危机，改善生态环境。这与许多发达国家既有相似的一面，也有区别。美国发展生物乙醇，战略重点在于替代车用燃料和缓解石油需求与进口压力；欧盟实现生物质能源产品多元化，旨在保护环境，替代化石能源；巴西发展甘蔗乙醇，旨在从缓解石油进口压力走向发展本国乙醇经济，扩大对外出口。对于我国来说上述三个方面都是极为迫切需要解决的问题，而通过发展生物质能源产业，无疑

能够为一直困扰我国经济发展的重点与难点问题减轻压力。如果我们能将"以工哺农、以城带乡"的政策真正落到实处，生物质能源产业的发展无疑会受到广大农户的支持和拥护。同时我们应该清楚地认识到，当一个产业体系较弱的新事物与一个产业体系较强甚至已形成极强垄断地位的行业相竞争的时候，只有政府的推动力量才是其新兴产业发展最好的助推器，否则新兴产业必被其挫败"胎死腹中"。

政府带动与引导容易鞭策农户积极地广泛参与，形成一个引力，依托生物质能源加工企业这个平台，建立原料生产基地和加工企业间的纽带，可形成一个推力；充分调动各方的积极性，使其产业发展的经济优势和社会优势充分发挥出来，则可逐渐形成产业发展的内在动力。如果我们能整合这三方面的力量，则生物质能产业必将得到大发展。这是因为：一方面政府带动和当地企业的加入，无疑给农户种植开发生物质原料上了"双保险"，为农民增加了新的收入渠道，免去农民的后顾之忧；另一方面源自产业内在动力的驱使和政府力量的推动，生物质能源产业必然会经历一个从无到有、从无利润到有利润、从无市场到有市场的一个过程。因此，政府既要制定激励农民积极开发生物质能源的补贴机制，还要制定有利于生物质能源加工企业的财税政策。在制定农民开发原料补贴机制时，坚持不与粮争地的原则，对于积极开发利用现有的荒草地、盐碱地、坡耕地发展生物质原料资源时，根据土地的等级制定相应的补贴。对于引进的生物质能源加工企业，积极协助企业筹备基础设施建设，对于平整土地、通电、通路、通信等都适当予以补助。为该产业的起步与发展创造一个良好的外部市场环境。

二、加大政府投入，建立良好的销售流通体系

生物质能源产业发展具有较强的外部效应，以目前的原料开发成本和生物质液态燃料产品的价格，与传统能源相比根本不具有竞争力。如果政府没有针对生物质能源终端产品本身的公共服务能力投入，生物质能源产品特别是有效替代石油资源的生物质液态燃料就很难公平的进入能源行业，也无法公平地与传统化石能源相竞争。《中华人民共和国可再生能源法》于 2006 年正式生效，确立了包括生物燃料乙醇、生物柴油、生物质发电在内的可再生能源的合法地位，但经过近几年的发展，生物质能源产品仍然未形成稳定的市场。这一方面是由于受到生物质能源技术"瓶颈"的制约，特别是坚持非粮发展路线后，生物质能源原料开发技术已经成为制约其产业发展的关键问题；另一方面是受到与生物质能源开发相配套的公共服务体系建设滞后的制约。

以生物燃料乙醇为例，其生产起步于 2002 年，在国家系列财税政策的支撑下，经过几年的成长，已经发展成为一个粗具规模、具有较大发展前景的产业。

2007 年，国家规定的 4 家定点生产企业的销售量共计 133.2 万吨，我国第一家非粮燃料乙醇企业广西中粮生物质能源公司已于 2008 年初投产，以木薯为主要原料，上半年已生产燃料乙醇 2 万多吨（中国化工网）。在推广过程中我国坚持采用"定点生产、定向流通、封闭运行"的方式，先后在黑龙江、吉林、辽宁、河南、安徽、河北、山东、江苏、湖北进行了推广。但由于资源评价、技术标准、产品检测和认证等体系建设不完善，至今仍然执行的是 2001 年颁布的变性生物燃料乙醇（GB18350—2001）和车用乙醇汽油（GB18351—2001）两项强制性国家标准，而并没有根据技术进步和变化了的条件制定新的标准，这就需要在执行过程中对这两项标准不断完善，摆脱目前生物质燃料乙醇发展必须进行定点生产，以加强对生产企业的监控、保证产品质量安全合格、避免生产过程中的再污染问题发生。同时我们还要充分地认识到在封闭条件下运行的燃料乙醇市场也是无法形成主动市场环境的，摆脱不掉"以产定销、计划供应"原则的限制，也就无法进入加油站这样的主要销售渠道，市场难以打开。生物柴油的发展像燃料乙醇一样，也面临着如此的困境。

目前国家对于生物柴油的生产、销售、使用等还没有形成相关的政策，更没有正规的生物柴油销售渠道，对于原料收集处理的相关政策也没有形成统一的完整体系，严重制约着生物柴油产业的发展。海南正和有限公司、四川古杉油脂化学有限公司、龙岩卓越新能源有限公司等几个民营企业的产品都没有通过官方系统进入中石油、中石化的销售网络（吕薇，2008）。这在很大程度上是由于缺乏生物柴油质量标准，不同企业由于加工原料不同、加工工艺不同，生产出来的生物柴油标准指标也有较大差异。各个公司的产品质量参差不齐，扰乱市场发展，也就不可能进入加油站之类的正规销售渠道中去。鉴于此，一方面我们要在国家不断出台有利于生物质能源产业发展的政策法律法规基础之上，加大为促进其产业发展的公共服务体系的建设，加大政府公共服务的力度与强度，为市场主体提供规范有序的市场环境；另一方面要及时制定不同生物质原料来源的生物质液态燃料相关标准，包括生产过程、工艺控制等标准。以便于像中石油、中石化这样的大型企业能够敞开收购，并带动其他民营企业和外资企业顺利进入生物质能源产品市场。

三、制定合理的生物质能源消费需求政策，优化能源消费结构

随着人类社会经济的发展和居民人均收入水平的提高，人类的需求水平必将发生重要的变化，由追求物质满足为主转变为追求自我健康为主，对各种物品的安全关注度和需求度越来越高。如近年来绿色产品和环保产品的畅销，都能够间接反映出生物质能源产业巨大的发展前景。因为人类对健康的需求会越来越大，

对生物质能源这类能够减少碳排放、净化空气之类的产品需求也就会越来越高，而由它衍生出来的生物基产品在其未来的发展过程中，必将成为一个新型的支柱产业。但这些都是未来的潜在需求，如何将这些潜在需求变为生物质能源产业发展的现实需求，除了加大自身产业发展所需要的一些必备的基础条件之外，如产品的生产加工、产品的运输、应用规划等，还需要制定一个有利于生物质能源产业发展的需求计划。我们要转换思维，适时参考美国、巴西、欧盟、日本等发达国家（地区）发展生物质能源产业的策略，逐渐将生物质能源产业中的以供给导向政策为主转变为以需求导向政策为主，重点培育其产业发展的市场环境。

目前，在我国的可再生能源中长期发展规划中，其生物质能源发展占据了重要位置。根据我国经济社会发展需要和生物质能利用技术状况，已明确提出重点发展生物质发电、沼气、生物质固体成型燃料和生物液体燃料4种产品。据统计预测，到2010年，生物质发电总装机容量将达到550万千瓦，生物质固体成型燃料年利用量将达到100万吨，沼气年利用量达到190亿立方米，增加非粮原料燃料乙醇年利用量200万吨，生物柴油年利用量达到20万吨。到2020年，生物质发电总装机容量将达到3000万千瓦，生物质固体成型燃料年利用量达到5000万吨，沼气年利用量达到440亿立方米，生物燃料乙醇年利用量达到1000万吨，生物柴油年利用量达到200万吨。这其中以能够有效替代石油产品的生物液体燃料为例，在该规划中，既提出了生物燃料乙醇和生物柴油今后发展应该坚持的方向，也提出了今后的产业区域布局情况，并重点强调了燃料乙醇产业发展今后不再增加以粮食为原料的生产能力，合理利用非粮生物质原料生产燃料乙醇将成为今后发展的主要方向。不断开发木薯、甘薯、甜高粱为原料的乙醇生产技术，以及小桐子、黄连木、油桐、棉籽等油料为原料的生物柴油生产技术，逐步建立餐饮等行业的废油回收体系。在2010年以前，重点在东北、山东等地，建设若干个以甜高粱为原料的燃料乙醇试点项目；在广西、重庆、四川等地，建设若干个以薯类作物为原料的燃料乙醇试点项目；在四川、贵州、云南、河北等地建设若干个以小桐子、黄连木、油桐等油料植物为原料的生物柴油试点项目。到2010年，增加非粮原料燃料乙醇年利用量200万吨，生物柴油年利用量达到20万吨。到2020年，生物燃料乙醇年利用量达到1000万吨，生物柴油年利用量达到200万吨，总计年替代约1000万吨成品油（2007可再生能源中长期发展规划）。在包含在可再生能源中长期发展规划中的生物质能源发展规划中，从各个层面更多的体现了其产业发展的未来供给计划、开发计划。但在一项能源规划战略中，如果不将能源的未来使用、需求考虑进去，任何的投资生产都将带来很多不必要的风险。生物质能源的开发生产、运输加工、销售必须要连接成一个体系，形成完整的产业链，才能使得其产业在市场环境中逐步发展和壮大起来。因此，政府在制订发展规划的同时，一定要制定一个具体的、合理的应用规划和引导需求计划，以便逐渐培育能源消费结构调整的市场支撑力量。

具体的表现为：首先要依托地区资源优势，以市场为导向，加大关键技术的研发，构建产业联盟，培育生物质能龙头产业，带动同类产业的快速发展，增加同类产业的行业力量，以此完善区域能源供给的匹配结构。在这样的基础上重点制订培育生物质能源市场的政策计划，加大政府采购计划，特别是对像生物燃料乙醇、生物柴油这样质量上有把握的产品，要规定中石油、中石化等集团公司进行定量采购和定量销售，以便通过政府的集中采购，在其发展初期阶段逐渐培育一个从无到有的市场体系。针对生物质能发电、生物质固体成型燃料，基于其技术上的成熟和能够解决农村燃料短缺、改变农村用能方式的优势，通过发展全民环保、健康工程，激励引导农民关注自身的健康和环境问题，进而引导农民关注和消费生物质发电、生物质固体成型燃料，刺激他们的消费欲望，激发他们的购买力，从而不断使这类可再生、环保性产品进入农民的消费领域中。可以预见，如果有了原料市场、生产加工市场、运输市场、消费市场的良好衔接与转化，并形成合力的市场体系，生物质能源产业必然能够良性循环发展。

第四节　组织管理体系

生物质能源产业作为新型能源的主要发展形式，其发展会涉及经济、社会、环境、资源等领域中方方面面的问题，特别是与农业、传统能源行业部门间存在着复杂微妙的依存关系。因此，发展生物质能源产业是一项庞大的系统工程，需要各方面的一致努力。随着发展生物质能源产业时机的不断成熟，国内企业和地方政府的发展热情高涨，从总体趋势上看是好的，但也有一些盲目跟风建设的势头。在分析了其产业发展的政策、技术、市场及其过程中的风险行为后，同样需要研究构建一个层次清晰、任务明确的组织管理体系，以及责任明确、运行有序、系统高效的管理机制，以便使生物质能源产业能够更好、更快、更持续和更健康的发展下去。良好的组织管理体系是推动生物质能源产业发展的前提和保证。为此提出以下几点建议。

一、构建合理、健全的生物质能源发展组织管理体系

在借鉴美国、欧盟等发达国家（地区）发展生物质能源先进经验的基础之上，结合在湖北省宜昌市、谷城县的实际调研情况，建议地方发展生物质能源经济的组织机构由决策机构、组织协调机构、管理执行机构、咨询机构、保障机构和监督机构6个层次和生物质能源经济的实践者组成。其具体的单位和分管职能如下所述。

（一）决策机构

发展生物质能源经济的决策机构是中央政府、地方政府，但由于其原料分布的特殊性，大多加工企业都分布在不同省（自治区、直辖市）的地、县，其产业发展的好坏与当地政府领导对待该产业的态度和政策息息相关。因此，该机构的主要职责是由市（县）委、市（县）人民政府主要领导亲自督导，负责对全市（县）生物质能源经济工作的组织、领导和决策，要把发展生物质能源能够缓解能源危机、改善生态环境的概念自上而下地进行传达，使全市（县）、乡、村、户及相关加工生产企业对此形成统一的认识。以便将发展生物质能源经济、减少碳排放指标纳入政府的职能范围和工作议事日程之中。在制定国民经济和社会发展中长期规划时，把发展生物质能源作为一项重要任务分解到年度工作计划中。

在湖北省谷城县的调研中，政府发挥着重要作用，由该县县长负责与武汉凯迪生物质能源有限公司落户谷城的项目洽谈，县林业局局长协同该局上下部门的领导进行协调。为了扫除生物质能源加工企业落户该县一切可能的阻力，由县政府、林业局共同起草并与该企业签订了框架协议。在这个协议框架下，为更好的保障加工企业原料来源的稳定性，该县从 2008 年 7 月开始了集体林权制度的改革，截至 2009 年 1 月，完成 229 个有林改任务的 187 个村的确权到户，占全县总村数的 82%，完成林地确权面积 13.9 万公顷，占全县林地面积的 81%。使得林地能够更好的集中流转到生物质能源加工企业手中，林农权益也能够有所保证，农民参与生物质能源林发展的热情大幅度提高。此外，县政府对武汉凯迪生物质能源公司在土地租金方面还给予了补贴，大大减小了建厂的租金费用、平整土地的费用。协同企业完成了"四通一平"等基础设施建设，促进了生物质能源加工企业在该县的顺利发展。

（二）组织协调机构

市（县）应成立独立的生物质能源办公室，作为市（县）发展生物质能源经济的组织协调机构，在决策机构的领导下开展工作。特别需要成立说明的是应考虑在决策机构的领导下成立生物质能源开发利用项目领导小组：组长、副组长由市（县）分管林业的副市长、林业局局长兼任，成员由市发改委、市财政局、市国土局、市交通局、市农业局、市林业局、市水利局、市扶贫办等相关单位负责人组成，负责全市生物质能源加工企业的引入、生物质能源林项目的建设以及其他生物质资源的发展，统筹安排全市项目建设资金，协调各级组织管理，检查督促项目实施进度和质量。若是在县一级进行该项目的建设，还需要各项目乡镇成立相应的专门办事机构，组织协调政府、企业与农户之间的关系。

该机构的主要职责除了认真贯彻执行市（县）委、市（县）人民政府有关发展生物质能源经济的决策、决定外，更重要的是协调各部门之间、各开发主体之间的关系；还要及时听取咨询机构、保障机构和监督机构的意见，进行深入调查研究和分析，最后向决策机构提出发展生物质能源经济的改进报告、建议等。

（三）管理执行机构

该执行机构就是上述所说的项目领导小组中的成员单位：市（县）发改委、财政局、国土局、交通局、农业局、林业局、水利局、扶贫办等相关单位，还包括市（县）规划局、信息产业局、统计局、委宣传部等部门。它们的主要职责如下所述。

（1）规划编制

以市（县）经济发展局和市发展计划委员会为主，林业局牵头组织相关部门，结合当地实际，认真研究确定生物质能源林品种的产业发展布局，科学规划，合理布局。将发展生物质能源及其项目建设纳入到当地社会经济发展的总体规划之中，由党委、政府统一组织、安排部署生物质能源开发和能源林建设项目；要尊重自然规律，严格按照因地制宜、适地适树的原则，科学确定最适宜本地区生物质能源发展的区域、品种规模。统筹考虑基地建设与加工企业布局。并督办相关部门负责将这一规划认真实施，落实到实践中。

（2）科技推广

以市（县）农村能源办公室、能源局、林业局为主，协助各乡镇领导小组及专门办事机构，积极推广生物质资源的培育、速产丰林技术，特别是在各个自然村以村级干部为主，到农户中开展生物质能源林建设及生物质能源开发利用的宣传动员大会，进行现场培训，着重讲解不同能源作物种植的技巧、造林技术。全方面抓好技术培训，提高科学种植水平。

（3）宣传普及

以市（县）宣传部为主，组织各新闻媒体做好生物质能源经济的宣传普及工作，同时，政府各职能部门做好本部门的宣传普及工作。通过宣传教育，弘扬中华民族天人和谐的传统美德，落实科学发展观，倡导经济发展、能源安全与环境保护"双赢"的政绩观，在全社会树立和营造节约资源、保护环境的可持续消费观念和文化氛围，这是全面推进生物能源经济发展的重要社会基础。

（4）资金筹措

生物质能源产业发展的前期投入较大，必须有足够的资金作为保证，单单依靠企业自身的力量难以完成，因此，必须拓展资金投入渠道和加大政策扶植力度。在落实国家有关部门已出台的各项扶持政策外，各级林业部门还应主动同财政部、国土资源部、科技部门协调，争取各项扶持和税费减免政策。不断吸引社会资金参与到生物质能源林的建设上来，拓宽融资渠道。

如近年来迅速发展起来的林木生物质能源就在很大程度上得益于政府、国家林业局、各省、区、市（县）林业局相关部门领导、机构的组织协调。我国于2005年7月成立了林木生物质能源领导小组，并下设办公室。生物质能源领导小组组长由国家林业局副局长兼任，领导小组成员单位有造林司、资源司、计资司、科技司。它们负责贯彻落实国家能源战略，研究制定林木生物质能源发展的方针政策；参与制定国家能源发展战略，协助国家能源主管部门组织制定林木生物质能源发展规划和实施计划；审定相关制度、法规、计划；协调局内外相关方面开展林木生物质能源工作；研究解决林木生物质能源工作推进过程中出现的重大问题；审定林木生物质能源办公室的工作计划等。办公室的主要职责[1]：

1）协助参与制定国家能源发展战略工作，负责林木生物质能源发展规划和实施计划制定的具体工作。

2）指导和协调全国林木生物质能源的培育及其转化利用工作。

3）推动林木生物质能源的研究开发工作。

4）负责与国家能源办的联络、信息通报工作，编辑《林木生物质能源工作简报》，承担全国林木生物质能源发展信息统计和分析工作。

5）组织开展林木生物质能源相关的国际国内信息交流和人员培训等。

6）承办国家林业局林木生物质能源领导小组交办的各项工作。

（5）保障、监督、服务机构

发展生物质能源经济的保障机构有：提供立法保障的市人大及其常委会，提供政策和措施保障的各级人民政府及其有关职能部门，提供科技支撑的科技部门，提供信息支持的市信息产业部门，提供投资保障的财政与金融部门。同时，这些相关部门还往往通过一些途径，与省市科研单位、高校科研实验室建立联系，负责生物质能源项目的咨询工作。他们一般通过建立信息通报制度，由相关专家及时研究和掌握国内外生物质能源的发展动态，定期向主管部门介绍和通报生物质能源的发展情况，为其提供建设性参考意见。必要时还组织相关专家赴国外一些生物质能源发展较好的国家进行考察、学习、交流经验；并在国内选择一些发展较好的示范基地进行指导和考察学习，为发展生物质能源经济提供经济、技术咨询和技术保障。

生物质能源产业发展的监督机构主要是由市人大、市政协、市人民政府监察部门、社会团体、新闻媒体、非政府组织和公众等组成。参与到生物质能源建设中的广大人民群众既作为生物质能源开发的责任人，又作为受益群体，发挥着人民群众的监督保障作用，享有更大的权利和义务。政府部门一方面要确保生物质

---

① http：//www.forestry.gov.cn/distribution/2006/09/29/n_swzny-2006-09-29-19.html。

能源林基地建设规范、有序，符合国家和地方的相关政策和法规要求，保证不与粮争地；另一方面要为生物质能源加工企业创造公平的竞争环境和规范有序的社会环境，切实保证生物质能源工业园区企业的正常经营不受干扰，使企业和业主在良好的环境中自我发展和壮大。最后，作为监督机构，不仅要监督保障政府的行为规范，还要监督生物质能源林的建设和生物质能源加工企业，不能有损其他部门的利益，不破坏生态环境，不产生二次污染等。

二、构建高效、规范、制度化的组织管理运行体系

生物质能源经济发展的组织管理机构建立后，还必须建立一套高效的、规范的、制度化的运行体系，保障相关组织管理能够有序、协调、高效运行，以产生良好的效果。

（1）各部门相互协调，以保证高效运行

生物质能源产业的发展是一项系统工程，除了在政府部门的高效领导下，还会涉及财政部门、农业部门、林业部门等，只有各部门之间有计划、有步骤的密切的配合，才能防止出现因权位等级区分而致使办事效率低下的问题。特别是农业、林业、质检、工商、标准、销售等部门要密切配合，共同推进。生物质能源开发利用的决策机构作为最高的领导者和决策者，承担着较多的宏观调控职能，有责任为生物质原料的建设与发展提供信息、科技、资金、法规、组织等方面的服务，还需要对生物质能源加工企业在人才引进与培养、技术培训、信息网络建设等面给予资金支持；通过严格审查，对于企业的注册登记、工商服务、项目审批手续等方面提供高效、快速的服务保障。要对不同开发区域主导产业的选择、技术支撑体系、市场支持体系的构建及建设目标、建设规模等提供决策，要对生物质能源开发利用过程中企业、中介、农民等参与主体给予支持，要加强该产业建设的组织协调和规范管理，建立有效的约束和激励机制，以保证各部门密切配合相互协调、高效运转。

（2）规范项目管理机制，实行动态管理

在生物质能源开发利用过程中，由于其发展阶段不同，项目运行所采取的管理机制也就有所不同。一般在项目的筹建期，要在当地政府支持下，制定一系列优惠扶持政策，通过招商引资引入龙头企业，成立生物质能源开发建设领导小组，领导和指导生物质能源的开发工作，解决能源林建设过程中的林地产权证的确权到户、能源林建设的规划、各部门的协调、组织管理，积极引导农民参与能源林建设。在生物质能源原料筹集期，建立严格的规章制度，保证资金专款专用，对涉及林地流转的补偿费用，要及时下发到农民手中，杜绝挪用和挤占，严格执行原料开发过程中的规范化管理。在生物质能源开发利用的运行期，在领导

小组的领导和技术小组的指导下，要协调好各利益主体的关系，加强对龙头企业的监管，要求其实行独立核算、自负盈亏，按营利机构的机制运行，注重经济效益和社会效益的统一；要求其以服务为宗旨，充分发挥农林木生物质能源、农作物秸秆、草本油料植物等在生物质能源产业化开发过程中的作用，依靠现代化的科学技术特别是先进的生物技术进行生产。

（3）树立绿色观念，实行制度化的运行管理机制

生物质能源开发利用有利于缓解能源矛盾，有利于绿色理念的实践化。因此，要通过建立良好的绿色保障制度体系，从而使得全社会能够从战略和全局高度去认识生物质能源的重要作用，当地政府、各级主管部门都要认真执行相应发展规划，制定相关配套措施和规章，制定生物质能源发展专项规划，将生物质能源开发利用作为建设资源节约型、环境友好型社会的考核指标，并将其作为解决"三农"问题的重要手段。其绿色保障制度体系主要包括绿色资源、绿色市场、绿色产业和绿色技术等制度；绿色规范制度包括绿色生产、绿色消费、绿色贸易、绿色包装和绿色回收等制度；绿色激励制度包括绿色财政、绿色金融、绿色税收和绿色投资等制度。通过这些制度建设，可以不断促进生物质能源产业的发展，特别是要杜绝其开发过程中的二次污染问题，一切要以绿色保障制度为原则生产，实现资源的有效配置。

此外，生物质能源的开发利用还需要当地政府制定一系列优惠政策予以支持，政府要为注资企业提供从项目规划到审批、从注册到核发营业执照等系列优质服务，以便形成招商引资的良好外部环境，拓展投资渠道。政府要根据投资商的投资额度，结合生物质能源开发利用总体规划目标，在相应开发区安排适当位置进行投资建厂。政府除了提供土地租金的优惠政策外，还需要疏通与银行、投资公司等金融部门的合作渠道，为生物质能源示范区企业提供良好的产业发展资金链，以保证生物质能源开发企业迅速走上正规的运行轨道。

最后，在全民社会绿色能源意识提高的基础上，在顺畅的投融资机制支持下，生物质能源的开发利用还需要有合理的人才引进机制予以保障、维护。目前，在我国关于生物质能源方面的人才还较为缺乏，虽然一些高等院校在生物质能源生产开发技术方面涌现出了一些科研人员，但是其相关专业的专门人才、企划人才还相对缺乏。因此，为保障生物质能源产业的持续健康发展，在优化农村社会环境，加强农村公共产品及服务基础设施建设等一系列硬环境改善的条件下，必须建立合理的人才技术引进机制，大力培养生物质能源发展的专门人才，以便进入龙头企业进行技术指导和投资管理。现阶段，要加大对现有农业服务人员，技术指导人员的培训力度，以适应目前农村生物质能源产业发展的需要。

第九章
武汉市生物质能源产业发展的
典型研究

第一节　武汉市生物质能源的资源存量

管辖武汉市的湖北省是个能源消费大省和能源短缺大省。湖北省一次能源的产销不平衡，原煤消费缺口越来越大。2001～2004 年原煤生产占消费比例分别为 11.33%、10.4%、9.54%、8.37%，自给率越来越低。2001～2004 年原油生产占消费比例分别为 13.45%、13.09%、12.16%、10.29%，自给率自 2001 年后逐年下降。2004 年原煤自给率均不足 10%，原油自给率仅为 10.29%。天然气生产占消费比例也有下降趋势，2004 年为 153.125%。而且，湖北省煤、石油、天然气等矿物能源储量少，产量低，煤炭探明储量不足全国的 1%，石油剩余可采储量仅占全国的 0.8%。武汉市是湖北的省会城市，工业和商业都比较发达，其能源消费量在全省占有很大的比例，2001～2004 年能源消费占全省比例分别为 31.55%、30.86%、33.09%、32.87%，能耗比例都在 30% 以上。从量上分析，2001～2005 年武汉市能源消费总量是不断上升的，从 2001 年的 2265.24 万吨标准煤，增长到 2005 年的 3696.91 万吨标准煤，能源消费总量增加了 63.20%，煤炭、原油、电力消费量分别增加了 101.71%、59.79%、65.93%，而液化石油气由于供给稳定、管道改造等原因，消费量有所波动（表9-1，图9-1）。由能源生产占消费的比例趋势来看，湖北是全国的能源资源短缺大省，而武汉市又是能源短缺大省中能源消费的最大城市，其能源短缺的趋势不可避免。研究和促使武汉市开发新能源，合理开发及利用生物质能源正面临新的机遇。

表 9-1　2001～2005 年武汉能源消费量与结构　　　　单位：万吨标准煤

年　份	湖北省能源消费总量	武汉市能源消费情况				
		能源消费总量	煤炭	原油	液化石油气	电力
2001	6 204.81	1 957.49	863.67	365.58	0.58	134.55
2002	6 900.40	2 129.64	950.27	412.45	0.12	99.03

年　份	湖北省能源消费总量	武汉市能源消费情况				
		能源消费总量	煤炭	原油	液化石油气	电力
2003	7 073.43	2 340.6	1 084.5	435.27	3.53	120.26
2004	8 457.96	2 780.24	1 435.1	530.24	2.74	216.08
2005	9 105.67	3 196.26	1 742.1	584.18	0.48	223.26

注：电力折算系数 1.229

资料来源：2006 年湖北省统计年鉴，2006 年武汉市统计年鉴

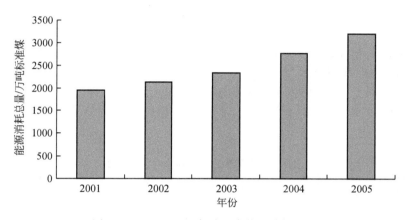

图 9-1　2001～2005 年武汉市能源消耗总量

面对武汉市能源供需的巨大压力，开发生物质能源不仅有利于缓解武汉市郊区对商品性能源的竞争性消费，也有利于提高郊区生物质能源的利用效率，改善人民的生活环境。生物质能源作为一种可持续供给的再生能源，具有许多优越特性。对于武汉市这样能源供给少、需求大、生物质能源资源丰富的城市，发展生物质能源是解决能源短缺的有效途径之一。

为更好地发展生物质能源，首先要对武汉市生物质的构成和存量作分析。这对武汉市选择开发何种生物质能及途径具有重要意义。

一、武汉市生物质能源的构成

生物质包括自然界可用作能源的各种植物、人畜排泄物以及城乡有机废弃物等。根据武汉市的具体情况，其生物质能原材料主要包括：①农业废弃物：秸秆、玉米芯、蔗渣等。②粪便：人及牲畜的粪便。③油料作物：油菜籽、花生、芝麻等。④加工废弃物：地沟油、食品加工厂、屠宰场、酒厂、纸厂等加工排放的废渣、废液，以及城市垃圾、下水道污泥。

二、武汉市的秸秆存量及分布

（1）秸秆总量有限

武汉市 2004 年、2005 年粮食产量分别为 131.46 万吨、137.5 万吨，棉花产量分别为 2.57 万吨、2.77 万吨，油料作物产量分别为 19.29 万吨、19.04 万吨，薯类产量分别为 5.16 万吨、5.68 万吨，这些作物不仅为人们提供了丰富的粮食和农产品，也为我们提供了生物质能的原料。按照作物的不同草谷比，我们可以计算出，武汉市 2005 年产生的秸秆数量可达 182 万吨，折合标准煤 78.1 万吨，比 2004 年多产 2.86 万吨标准煤。其中稻谷的产量最大，其秸秆量达到了 105.23 万吨，折合标准煤 45.14 万吨；其次为油料作物，产秸秆 42.11 万吨，折合标准煤 18.07 万吨；玉米、棉花、小麦、豆类产生的秸秆折合标准煤分别为 4.84 万吨、3.73 万吨、2.75 万吨、2.33 万吨（表 9-2）。即使如此，按理论值计算，把武汉市 2005 年生产的所有秸秆都转化为能源也只占当年全市能源消费总量的 2.44%。

表 9-2　武汉市各区主要作物秸秆产量　　　　单位：吨

年份	作物草谷比	稻谷 0.952	小麦 1.28	玉米 1.247	豆类 1.5	棉花 3.136	油料 2.212	薯类 0.5	合计
2005	武汉市	10 523 16	64 048.64	112 811.10	54 279	86 920.51	421 102.90	28 402	1 819 880.17
	市郊区	68 587.79	7 952.64	55 375.53	16 702.50	28 274.18	22 743.78	—	228 038.42
	蔡甸区	118 755.34	4 823.04	40 086.06	3 117	20 750.91	43 939.17	—	231 471.52
	江夏区	254 194.47	9 396.48	13 591.05	24 748.50	385.73	100 146.10		402 462.32
	黄陂区	353 901.24	18 489.60	2 349.35	6 676.50	9 429.95	151 378.20	—	542 224.86
	新洲区	256 877.21	23 386.88	1 409.11	3 034.50	28 079.74	102 895.60	—	415 683.05
2004	武汉市	1 020 138.40	62 428.16	82 684.83	54 714	80 726.91	426 677.10	25 799	1 753 168.45
	市郊区	65 934.57	2 735.36	3 706 4.58	18 969	26 668.54	26 435.61	—	203 606.67
	蔡甸区	115 393.82	4 186.88	37 120.70	3 249	19 298.94	45 233.19	—	224 482.53
	江夏区	253 722.28	9 111.04	5 349.63	25 279.50	940.80	101 645.80	—	396 049.07
	黄陂区	327 879.27	22 862.08	1642.30	4 126.50	8 344.90	142 298	—	507 153.01
	新洲区	257 208.50	23 532.80	1507.62	3090	25 473.73	111 064.50	—	421 877.18

注：市郊区包括洪山区，东、西湖区，汉南区

数据来源：由 2006 年武汉市统计年鉴整理得到

（2）秸秆分布分散

武汉市秸秆在各区分布较分散，以 2005 年为例，黄陂区由于种植水稻和油

料作物较多，其产秸秆量在各区中居首位，占31%，而市郊区由于种植粮食作物较少，多以种植蔬菜为主，因此秸秆量最少，只占11%，其他各区的秸秆量比较相近。秸秆分布分散，跨区运输成本高，这将限制秸秆的集中利用。

（3）种植结构的变化对秸秆产量的影响

各作物的草谷比不同，其种植结构的变化也将影响秸秆数量。从统计数据中我们还可以看出，就目前武汉市的种植结构来讲，由于水稻种植数量最多，其对秸秆产量影响最大，而棉花和油料作物由于草谷比大，其产量的轻微变化对秸秆数量也将有很大影响。但是对武汉市江夏区山坡乡光华村和光明村49户农户的抽样调查表明，2004～2007年水稻和其他作物的种植面积基本没有变化。因此，总体来说秸秆产量受种植结构变化的影响十分微小。

三、武汉市的人畜粪便存量

对生物质能原料——人畜粪便的利用，现阶段主要是通过发酵产生沼气的方式，一般都在农村开展。因此，本章研究时，根据粪便的可利用性，只统计农业人口和家禽的粪便存量。武汉市粪便来源非常丰富，2003～2005年生猪出栏数分别为207.66万头、217.19万头和230.62万头，呈增长趋势；家禽出笼数分别为4643.84万只、4712.07万只和4600.02万只，肉用牛分别为72 065头、67 174头和73 607头，奶牛分别为19 082头、23 582头和23 919头，肉用羊分别为53 951只、55 597只和54 992只。从三年数据来看，畜牧产品数量呈上升趋势，其产粪量也会越来越多（表9-3、表9-4）。如果能够利用这些粪便来发酵生产沼气，其能源量是十分巨大的。生产沼气量的计算公式：

畜禽年粪便产沼气量（折合标准煤）＝畜禽年粪便产沼气量×畜禽出栏数
× （出栏天数/365）×0.714

（注：沼气折算标准煤系数为0.714，畜禽出栏和产沼气情况见表9-5）

根据以上公式，我们可以从理论上测算出2003～2005年由粪便产生生物质能的数量，其分别为7244.59万吨标准煤、7507.08万吨标准煤和7773.04万吨标准煤。这分别是武汉市2003～2005年能源消费总量的3.10倍、2.70倍和2.43倍。从绝对量上看，这是一个非常可观的能源存量。

表9-3　2003～2005年武汉市人、畜、禽粪便能源含量　　　　单位：万吨标准煤

品　　种	2003 年	2004 年	2005 年
农业人口	1 191.54	1 172.08	1 160.61
生　猪	4 179.16	4 370.9	4 641.23
家　禽	1 103.72	1 119.94	1 093.31

品 种	2003 年	2004 年	2005 年
肉用牛	309.01	288.036	315.62
肉用羊	67.41	69.47	68.71
奶 牛	393.75	486.61	493.56
总 计	7 244.59	7 507.036	7 773.04

资料来源：由 2005 年、2006 年武汉市统计年鉴整理而得

表 9-4 2003～2005 年武汉市人、畜、禽数量

品 种	出栏天数	2003 年	2004 年	2005 年
农业人口数/人	—	3 012 047	3 012 047	2 982 574
生猪出栏/万头	160	207.66	217.19	230.62
家禽出笼/万只	45	4 643.84	4 712.07	4 600.02
全年出售和自宰肉用牛/头	160	72 065	67 174	73 607
全年出售和自宰肉用羊/只	365	53 951	55 597	54 992
奶牛/头	365	19 082	23 582	23 919

资料来源：由 2005 年、2006 年武汉市统计年鉴整理而得

表 9-5 人、畜、禽排泄量及产沼气量

种 类	日排粪量/千克	日排尿量/千克	年排粪量/千克	产沼气量/立方米
人（成年人）	0.5	1	183	5.4～5.5
猪	2～5.5	4～8	730～2 008	50～78.6
黄 牛	10～15	—	3 650～5 475	110～164
奶 牛	34	34	12 410	208～370
羊	1.5	2	548	17.5
鸡	0.1	—	36.5	2.7

资料来源：张全国，2005

四、武汉市的油料作物存量及分布

武汉市 2005 年生产油料作物 19.04 万吨，比 2004 年减少了 2520 吨，其中黄陂区和新洲区的变化量最大，分别增加了 4105 吨和减少了 3693 吨（表 9-6）。如果采用华中农业大学研发的技术处理 3 万吨油菜籽，可生产 1 万吨生物柴油。由此推算武汉市 2005 年所有油料作物的理论能源值为 63 457.33 吨，折合标准煤 97 457.33 吨，仅为 2005 年武汉市能源消费总量的 0.31%。

表 9-6　2004 ~ 2005 年武汉市各区油料作物产量情况

分　区	2005 年油料产量/吨	分　区	2004 年油料产量/吨
武汉市	190 372	武汉市	192 892
市郊区	10 282	市郊区	11 951
蔡甸区	19 864	蔡甸区	20 449
江夏区	45 274	江夏区	45 952
黄陂区	68 435	黄陂区	64 330
新洲区	46 517	新洲区	50 210

资料来源：2006 年武汉市统计年鉴

武汉市油料作物在各区的分布相对比较分散，市郊区油料作物最少只有 5%，蔡甸区为 10%，新洲区和江夏区都为 24%，黄陂区最多达到 37%。这样的分布格局也不利于把油料作物转化为生物柴油。

五、武汉市的加工废弃物

武汉市各类农产品加工企业很多，产生的废弃物也非常多，尤其是作为中部地区的特大城市，其城市垃圾产生量非常巨大。目前，武汉市有金口、白洋桥、紫霞关、岱山、二妃山 5 个垃圾场，日产垃圾 5000 ~ 6000 吨，平均全年垃圾量达 182.5 万吨。据资深电力专家朱成章分析，由于我国垃圾的含水量大，可燃值低，其转化利用率比较低，6 吨垃圾仅相当于 1 吨煤，据此计算武汉市一年垃圾所蕴涵的能源量为 30.41 万吨标准煤。按规划，2010 年，武汉市将建成 4 座垃圾发电厂，焚烧处理能力达 5500 吨/天。即使如此，垃圾发电产生的能源极限也只占 2005 年武汉市能源消费总量的 0.95%，因此，垃圾发电对整个能源的贡献率是比较低的，主要功能是环保效益。

武汉市居民饮食口味重，人口多，餐饮行业发达，因此，在废弃物中，地沟油产量也比较大。但由于该类产品市场情况比较复杂，目前对用地沟油转化生物柴油方面的研究还比较少，致使地沟油的具体情况不明朗。若能把地沟油市场调查清楚，将地沟油转化为生物柴油，不仅能够消除不法商贩利用地沟油制假食用油而危害人体健康问题，还能增加能源的存量，一举两得。

六、本节小结

通过上述分析可以看出，武汉市生物质能源理论存量占能源消费的比例比较低（表 9-7），秸秆、油料作物、加工废弃物的商业化开发将面临原料不足的情况，只有粪便的能源存量比较大。但是，目前对人、畜、禽的粪便利用形式比较单一，主要用来发酵产生沼气。沼气的开发利用又受地理位置和气候的影响，一般发展沼气都在农村，在武汉由于冬天较冷，每年 11 月至来年 2 月，沼气产气率明显下降。因此，虽然粪便理论能源存量巨大，但要完全利用这些能源是非常困难的。其原因有：①农业人口分散，不可能使每个人的粪便都得到利用。②畜、禽养殖分散，难以使粪便集中，目前大养殖场周边也没有建设与之配套的沼气池，使其粪便也不能充分利用。另外，对鸡粪进行生化处理后可用作饲料和有机肥料，这使部分鸡粪也不能用来做能源用途。③目前对畜、禽粪便生产沼气之后的处理还是一个难题，这也在某种程度上制约了粪便的能源化利用。

表9-7　武汉市生物质能原料存量情况

生物质能原料	理论能源存量/万吨标准煤	占2005年能源消费比例/%
秸　秆	78.07	2.44
粪　便	7 773.04	243
油料作物	9.75	0.31
加工废弃物	30.4	0.95
总　量	7 891.26	246.7

资料来源：由2006年武汉市统计年鉴整理而得

此外，从目前农村整体情况来看，随着新农村建设的推进和生活水平的不断提高，使得电能、天然气、太阳能在农村的使用更加普及，农村沼气的利用率呈下降趋势。因此，利用粪便开发大中型畜禽养殖场沼气工程及沼气发电工程，促进沼气的商业化，是武汉市未来解决能源不足的重要途径之一。

第二节　生物质能源开发利用的不同途径及选择

武汉市属亚热带湿润季风气候，雨量充沛，日照充足，四季分明。总体气候环境良好，近30年来，年均降雨量为1269毫米，且多集中在6～8月。年均气温15.8～17.5℃，年无霜期一般为211～272天，年日照总时数为1810～2100小时。境内的长江、汉江、倒水河、滠水河和举水河5条河流的水质均达到地面水环境质量标准，郊区县水质基本达到天然饮用水标准。以城区为中心，以长江为主干构成的庞大水网，保证了良好的森林植被以及生态环境。武汉总体上属于江汉平原，大部分地区海拔在50米以下，黄陂、新洲北部属中低丘陵地区，为大别山的绵延部分。河流水系由北部丘陵向南发展，注入长江。平原部分湖泊众多，地势低平，近代冲积层厚达30～50米，是很好的农耕地区，极有利于农业生产活动。

但武汉市可利用的生物质资源有限，秸秆、油料资源不多，秸秆理论能源存量不足其年能源消耗量的3%。生物质资源较丰富的是粪便资源，因此，可以作为开发利用生物质能源的主要资源，应通过大力发展沼气，实现这一生物质能源的充分利用。城市垃圾也可作为生物质资源开发利用的对象，通过垃圾发电，既可实现变废为宝，保护环境，又可以获得能源，缓解能源供求矛盾，此外，武汉市可充分结合粮食加工，利用陈化粮等资源生产乙醇，可利用餐馆废食用油来开发生物柴油，使武汉市的生物质能开发在现有基础上有所突破。当前国内外开发利用生物质能的技术途径主要有以下几个方面。

一、生物质能源发电

（1）生物质能发电能减少温室气体排放，有利于控制全球气候变暖

目前世界上许多国家正积极利用该手段进行生物质能的开发利用。小规模的生物质气化发电比较适合生物质资源分散的地区，大规模的生物质气化发电一般采用生物质联合循环利用技术，适合规模较大且生物质资源相对集中的地区。英国生物质能发电比例为1%，生物质供热的比例也占总供热量的1%。2002年，中国可再生能源发电装机容量为3234.6万千瓦，生物质能发电装机容量为80万千瓦，在众多新能源、可再生能源发电中仅次于小水电（3100万千瓦），居第二位。据预测，仅秸秆直接燃烧发电一项，每年将使中国农民在基本没有新投入的情况下增收人民币60多亿元（表9-8）。而且它将是中国最大的环保项目，可有效解决秸秆焚烧造成的大气污染，减少温室气体排放，仅秸秆直接燃烧发电一项，将减少二氧化碳排放2500万吨，节约标煤近1000万吨，新增绿电150亿千瓦时。2006年开始实施的《中华人民共和国可再生能源法》也积极支持生质能发电，已出台生物质能发电补贴0.25元/千瓦时的政策，相关法律、法规也在逐步完善中。目前发电成本是制约其发展的一个重要问题。

表9-8　秸秆直接燃烧发电

项　　目	设　　备	热电厂工程静态总投资（2005年价）/万元	单位投资（2005年价）/（元/千瓦）	与同样规模燃煤热电厂工程相比
典型秸秆热电联产项目	2台65吨/时高温高压秸秆锅炉（国外引进或中外合作制造）和1台C25高压高温抽凝式汽轮发电机组	29 085	11 634	单位投资高出35%，约3000元
典型秸秆发电项目	2台55吨/时高温高压秸秆锅炉（国外引进或中外合作制造）和1台N25高压高温抽凝式汽轮发电机组	26 177	10 471	单位投资高出25%，约2000元
发展制约	上网电价比燃煤电厂高，在未来不会大幅度下降。原因在于秸秆直燃发电项目的上网电价主要随着秸秆到厂价格和工程静态单位投资的变化而变化。尽管随着科技水平提高，可实现关键设备国产化，降低工程静态单位投资成本，但在发电成本构成中，燃料费用份额比设备折旧、大修、管理、财务费用之和都大			需要优惠电价支持

资料来源：贾小黎等，2006

（2）生物质气化技术是获得能源的有效技术，应用比较广泛

对于气化技术的应用，目前较具有发展前景的气化装置设备有小规模集中供气系统和户用气化装置。其主要技术制约为：多数气化炉使用上吸式结构，在气化木质燃料时，由于煤焦油水分含量大，易造成管路堵塞等，工艺气化率低。小规模集中供气系统的代表设备为 ND-600 型气化机，户用气化装置代表设备为 ND-280 型气化机，其主要技术参数如表 9-9 所示。

表 9-9　典型气化装置技术参数

设　备	ND-600 型气化机	ND-280 型气化机
产气率/（立方米/千克）	2.23	210
气化效率/%	74	>70
供热值/（兆焦/小时）	628	46
燃气热值/（千焦/立方米）	5024～5861	4496～5000
应用领域	木材烘干和林木加工业采暖	户用型
气化物主要原料	废木材、锯末、谷壳、秸秆、树枝等农林废气物	
输出功率/千瓦	173	12
气化风机电能消耗/千瓦	0.5	—

（3）垃圾发电技术及其问题

应用城市生产、生活垃圾发电，与常规燃煤发电不同，不具有可比性。垃圾焚烧电厂的发电装机容量很小，发电效率一般不超过 15%，远低于燃煤发电的水平；同时垃圾发电投资大也很难推广。例如，日处理垃圾量 800 吨、装机容量为 12 000 千瓦的深圳南山垃圾发电厂、深圳龙岗大工业区垃圾焚烧发电厂，采用比利时 SEGHERS 公司垃圾焚烧炉和烟气净化系统整套专有技术，投资总额均高达 4.13 亿人民币。从垃圾收集、清运到焚烧发电装置的运行费用和运行成本，都无法同燃煤发电厂相比。目前如果没有政府补贴，垃圾发电难以运行。因此，我们只能说垃圾发电厂的环境效益是第一位，经济效益次之，主要目标是处理垃圾，然后才是发电，垃圾发电目前还不适合大规模推广。垃圾发电厂的投资及效率情况见表 9-10。

表 9-10　广东省内部分已运行或在建垃圾焚烧发电项目效率情况

项目名称	日处理垃圾量/（吨/天）	装机容量或发电量	投资总额/亿人民币	采用技术
深圳市政环卫综合处理厂	450	4 000 千瓦	0.47	一期两台日本三菱马丁炉，二期一台杭锅产马丁炉
深圳南山垃圾发电厂	800	12 000 千瓦	4.13	比利时 SEGHERS 公司垃圾焚烧炉和烟气净化系统整套转有技术

项目名称	日处理垃圾量/（吨/天）	装机容量或发电量	投资总额/亿人民币	采用技术
深圳盐田垃圾发电厂	450	6 000 千瓦	2.3	比利时 SEGHERS 公司垃圾焚烧炉和烟气净化系统整套转有技术
深圳龙岗大工业区垃圾焚烧发电	800	12 000 千瓦	4.13	比利时 SEGHERS 公司垃圾焚烧炉和烟气净化系统整套转有技术
珠海市资源发电厂	600	6 000 千瓦	2	美国底特律排炉
东莞市厚街镇厚街垃圾发电厂	600	15 000 千瓦		
广州李坑生活垃圾焚烧发电厂	1 000	20 000 千瓦	7.25	日本三菱重工和马丁公司
深圳平湖垃圾发电厂	675	10 000 千瓦	2.86	
惠州垃圾焚烧发电厂	800	7 000 万千瓦时/年	2.9	Caps 技术
广东省佛山市顺德顺能垃圾发电有限公司	600	12 000 千瓦	2.1	美国 Basic 抛动式炉排炉
广东省佛山市南海环保电厂	400	15 000 千瓦	1.4	美国 Basic 抛动式炉排炉

资料来源：唐风，2005

二、生物质固化

生物质直接燃烧利用效率比较低，且污染大。以木材燃烧制沸水过程而言，1立方米干木材含 10 吉焦能量，而使 1 升水提高 1℃需要 412 千焦的热能，所以，煮沸 1 升水一般需要不少于 400 千焦的能量，数值上仅相当于 40 立方厘米的木材。而在一个小的火炉上加热，大概需要至少 50 倍的木材，即效率不超过 2%。而具有一定粒度的生物质原料，在一定压力作用下（加热或不加热），可以制成棒状、粒状、块状等各种成型燃料。成型后的生质能燃料，能量密度高，大体与劣质煤相当，燃烧特性明显改善，且便于运输和储存。

现有的生物质固体致密成型技术主要有碳化技术和挤压成型技术，其主要技术指标和应用状况见表 9-11、表 9-12 及表 9-13。

表 9-11　碳化技术的工艺及代表性设备

工　艺	代表设备
先成型后碳化	TW-40 碳化炉（陕西武功），CM-3 碳化炉（江苏东海）
先碳化后成型	C100-1 生物质碳化设备（湖南）

表 9-12　不同型号的螺旋挤压成型机的主要工艺指标

	JX-7.5	JX-11	OBM-88	MD	SZJ-80A
功率/千瓦	7.5	11	11	11	5.5
电热功率/千瓦	3	6	6	3	3
重量/千克	380	700	700	750	350
电耗/（千瓦时/吨）	125	150.6	150.6	125	89.3
平均生产能力/（千克/时）	150	120	120	120	85
技术制约	单位产品能耗大，生产能力低，适应各种原料的性能差，易耗件寿命短，螺杆使用寿命不足 100 小时、套筒 800 小时左右				

表 9-13　不同固化成型技术工艺应用状况

螺旋挤压式压缩成型工艺	实际应用
活塞冲压式压缩成型工艺	示范阶段
压辊式颗粒燃料成型工艺	试验阶段

生物质固化成型技术的经济可行性分析如下：

1）螺旋挤压成型机生产固体棒状燃料企业的经济效益较差，其加工制成品的生产成本（含机器折旧和运行费，其中包括人工、原料、燃料等费用），和江浙、西北地区煤价相当。多点调查表明，棒状成型燃料的生产经济效益低，不足以吸引更多投资者。

2）成型棒状燃料经碳化制成木炭，则有明显经济效益。以 TW-40 碳化炉为例，将燃料棒制成木炭后的成本为 450 元/吨，国内人工木炭售价 600～1000 元/吨，盈利空间为 33%～122%。

3）生物质颗粒燃料是通过颗粒成型机压辊和压模挤压而成的生物质燃料。目前，生物质颗粒的生产有环模和平模两种工艺方式。国际上许多国家均采用大功率环模制粒机，仅有德国、日本等少数国家采用大功率平模制粒机。德国卡尔公司对平模制粒机进行了近百年的研究，并生产各种系列的平模制粒机，广泛用于生物质燃料料生产和其他领域。在日本平模制粒机主要用于制药和化肥行业，在生物质燃料制造方面应用较少。

我国的平模制粒机一般采用拉丝直辊平模制粒方式，这种方式具有结构简单、成本低廉等特点。但是当产量超过 300 千克/时时，由于压辊两端与压模相对线速度的差异，物料较难在压模上均匀分布，使辊轮的磨损不均匀。另外，平模方式很难产生40兆帕以上的压力，所以，只能用于生产密度较低的颗粒燃料。在适当的设计下，环模生产方式可产生巨大的挤压力，能够满足生产高密度颗粒燃料的要求。为此我们建议采用环模成型方式来生产生物质颗粒燃料。

颗粒成型机生产能力高于螺旋挤压机，运行费用也低，螺杆等易损件寿命长，但初始投资大，成为推广制约因素。例如，生产能力为1吨/小时的工厂，投资需要8百万元。

三、沼气

使用人畜粪便等生产沼气是人们最早应用生物质转化过程提供能量的方法，沼气的主要成分为甲烷（CH_4）。由于大规模地发展多种小型高效的户用沼气池，中国成为拥有农村户用沼气池最多的国家。户用沼气池的特点是在处理人畜粪便和污水的同时，产生可燃用的沼气，对保护环境和促进生态良性循环具有重大作用。一个8立方米的户用沼气池在原料充足的情况下，可提供10个人以上的生活燃气，能满足农民的大部分生活用能。沼气的利用，促进了农村清洁能源利用，提高了农民生活质量，改善了室内空气，减少了呼吸疾病，并且有效地处理了农业及农村的废弃物，改善了农村生态环境，推动了生态农业的发展，增加了农民收入。沼气是优质能源，可替代煤炭等一次性能源，减少温室气体排放还为农民节省了燃料和电费支出，并且沼渣沼液是优质有机肥，节省了化肥农药的开支。目前我国已颁发了《农村家用水压式沼气池标准图集》、《农村家用沼气池检查验收标准》、《农村家用沼气池施工操作规程》、《农村家用沼气池发酵工艺操作规程》等，为沼气的发展起了积极地促进作用（表9-14）。

表9-14　不同类型沼气池的主要技术指标

不同类型沼气池	单池容量/立方米	总池容量/立方米	日产气量/立方米	发酵温度	技术水平
大型沼气池	>500	1000	1000	高温（50~60℃）或中温（30~40℃）	工艺水平、厌氧消化技术、技术经济指标、工程设计及规模等工艺达到国际先进水平，后处理工艺综合利用水平国际领先
中型沼气池	50~100	50~1000	500~1000		
小型沼气池	<50	<50	<500		

大中型沼气工程，具有消除污染、产生能源和综合处置等多种废弃物的功能，在城市的养殖场中应用可有效减少养殖场废物对周边环境的影响，其经济效益主要

体现在出售沼气，发展前景广阔。户用沼气池，不仅可解决农村能源问题，而且还有环境保护的正外部效应，若能得到政府投入的支持，将会更快更好地发展。例如，在柳州市对使用沼气池的农户实行每年100~200元/户的财政补贴政策，扶持和鼓励农村推广沼气技术，使户用沼气池技术的内部收益率由5.40%提高至19.27%，不仅增进了当地农民接受这种新技术的意愿，还有效地克服了推广应用沼气技术的困难和障碍，对生物质能的推行和发展起到了保障和促进作用（表9-15）。

表9-15　沼气工程技术的经济性分析

基本参数	四川内江市农业科学研究所	杭州西子养殖场	北京市某养猪场
养殖场规模/头	90（牛）	10 000（猪）	15 000（猪）
总投资/万元	16.16	281.45	263
年运行费用/万元	0.47	21.59	25
沼气售价/（元/立方米）	1.25	0.8	0.8
总收益/万元	2.25	65.5	75.6
基准收益率/%	10	10	10
评价结果			
财务内部收益率/%	5.51	11.57	16.25
财务净现值/万元	-3.23	20.75	79.42
投资回收期/年	10.08	7.28	5.91

资料来源：樊京春等，2003

四、燃料乙醇

我国作为一个经济快速发展，石油天然气人均资源量不足世界平均水平1/10的发展中大国，能源应对策略倍受世界瞩目。燃料乙醇和生物柴油是重要的可替代能源，掺入10%燃料乙醇的乙醇汽油成为能源替代战略的着力点之一，也是我国"十五"十大重点工程之一。目前车用乙醇汽油已圆满完成试点任务。"十一五"期间我国政府批准建设了4个生物燃料乙醇生产试点项目，已形成每年102万吨的生产能力。黑龙江、吉林、辽宁、河南、安徽5个省及河北、山东、江苏、湖北的27个地市都在使用车用乙醇汽油。中石油、中石化已实现年混配1020万吨乙醇汽油的能力，乙醇汽油的消费量已占全国汽油消费量的20%。2005年我国的汽油消费量为4366万吨，达到500万吨的替代量。根据燃料乙醇产业"十一五"规划，到2010年，掺烧燃料乙醇的汽油将占我国汽油消费量的一半以上。

目前我国城市化进程不断加快，能源消耗强度也不断加大，为确保国家能源安全，实现清洁生产和可持续发展，燃料乙醇作为一种重要的替代能源，有着极为广阔的发展前景。

五、生物柴油

目前汽车柴油化的趋势加快。2005 年世界汽车产量为 6600 万辆，其中柴油车为 1850 万辆，占总量的 28%。我国柴油汽车生产比例已由 1990 年的 15% 上升到 1998 年的 26%。1997 年我国生产的重型载货汽车和大型客车全部采用柴油发动机，65.9% 中型载货汽车采用柴油发动机，53.5% 中型客车采用柴油发动机，55.4% 和 29.4% 的轻型载货汽车、轻型客车也开始采用柴油发动机。1994 年颁布的《汽车工业产业政策》明确提出，总重量超过 5 吨的载客汽车、载货汽车在 2000 年后主要采用柴油为燃料。可见，未来若干年内，我国柴油车产量的增长趋势还将继续下去，汽车柴油化是我国汽车工业的一个重要发展方向。这给柴油市场提供了一个广阔的空间，使生物柴油发展具有很强的市场需求动力。

面对这种趋势，2006 年 10 月经国务院批准，财政部、国家发展和改革委员会、农业部、国家税务总局、国家林业局联合印发了《关于发展生物能源和生物化工财政扶持政策的实施意见》，为我国生物柴油的发展提供了良好的政策环境。

（一）利用餐馆产生的废食用油生产生物柴油的成本效益状况

1）1.2 吨食用油废渣产出 1 吨生物柴油、60 千克甘油和 120 千克蒸馏残液。

2）设定价格为食用油废渣：1000 元/吨；生物柴油：3500 元/吨；甘油：6500 元/吨；蒸馏残液：700 元/吨；工艺成本：2.3 元/千克。

3）利用废弃食用油生产 1 吨生物柴油可获利：3500 元/吨×1 吨 +60 千克×6.5 元/千克 +120 千克×0.7 元/千克 −2.3 元/千克×1000 千克 −1000 元/吨×1.2 吨 =474 元。

（二）利用油菜籽生产生物柴油的成本收益状况

以华中农业大学的研发技术为标准，处理 3 万吨油菜籽可生产 1 万吨生物柴油，1000 吨甘油，浓缩蛋白 8500 吨，无毒精饲料 7000 吨，植酸钠 400 吨。用油菜籽生产生物柴油的综合效益是每吨纯利润 5155 元，若无副产品增值，仅有生物柴油和饼粕生产，则每吨要亏损 2190 元（图 9-2）。

六、适宜武汉市生物质能开发利用的途径筛选

通过以上分析可以看出，要合理开发武汉市生物质能源，需要有以下几个必不可少的保障条件，即原材料易获得，技术开发可行，经济上可获利。在保障环

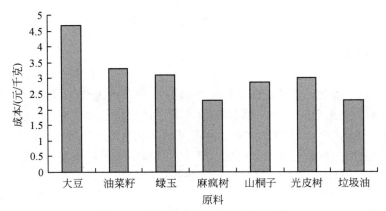

图9-2 目前生物柴油原料成本状况

境效益优先的状况下，经济效益可处于次要地位，如垃圾发电可在市政府财政支持下完成，尽管其经济上不能获得较大收益，但有利于环境保护。为此特提出以下生物质能源开发利用的途径，供有关部门筛选（表9-16）。

表9-16 武汉市生物质能开发利用的途径筛选

产品形态	开发途径	备 注
生物质能发电	秸秆发电*	原料到厂成本过高，考虑原料的多用途性，不易保障充足来源，经济效益低
	垃圾发电**	环境效益优先，经济效益次之，需政府补贴
生物质固化	螺旋挤压成型生产固体棒状燃料*	经济效益低，易耗件寿命短，螺杆使用寿命短
	固体成型制成木炭（选用活塞冲压式压缩成型工艺）**	保障充足原料
	固体颗粒成型燃料*	初始投资大，难吸引投资者
沼 气	养殖场大中型沼气建设***	经济上可受益
燃料乙醇	结合粮食加工企业开发***	
生物柴油	餐馆废食用油生产生物柴油*** 油菜籽生产生物柴油***	有利于环保和人体健康，需要确保废食用油来源 依靠生产生物柴油的副产品增值

＊不适宜的途径；＊＊适宜的途径；＊＊＊适宜大力支持的途径

第三节 武汉市生物质能源开发利用的政策环境分析

武汉市目前可开发利用的生物质能源形式主要有沼气、燃料乙醇、生物柴油、垃圾发电。生物质秸秆发电等由于原料有限，不适宜开发，而生物制氢、生物塑料等技术还有待进一步的提高。为了促进武汉市的生物质开发利用，特对其政策环境作如下分析。

一、沼气开发利用的政策环境分析

对城市垃圾，可依据《城市生活垃圾处理及污染防治技术政策》，结合《国家发改委关于可再生能源产业发展指导目录》中的固体垃圾发电工程建设优惠政策，利用填埋场转化垃圾进行沼气发电。在畜禽养殖区，可依据《国家发改委关于可再生能源产业发展指导目录》中，发展大中型沼气工程进行供气和发电的优惠政策（包括大型禽场、养殖小区、工业有机废水和城市污水工程）实施沼气工程建设项目。

在农村地区可依据能源发展"十一五"规划中重点发展新农村能源工程和户用沼气的总体规划，结合新农村建设大力开发沼气资源，也可按照《国务院关于加强节能工作的决定》，大力发展农村户用沼气和大中型畜禽养殖场的沼气工程，也可依据《可再生能源发电价格和费用分摊管理试行办法》，在有条件的地方，利用沼气资源发电，并鼓励企业和个人利用沼气发电。对于小型可再生能源发电项目所产生的电能，原则上由电网企业投资建设接纳网，并通过并网输送使用，当然发电企业（个人）经与电网企业协商，也可以投资建设电网，使所生产的电能商品化。

对于沼气技术的研发，可依据《国家发改委关于可再生能源产业发展指导目录》大力发展高效、宽温域沼气菌种选育工程的指导意见和优惠政策，积极进行研发。

申请使用生物质能源开发利用专项资金的单位或者个人，可根据国家年度专项资金申报指南，向所在地可再生能源归口管理部门和地方财政部门分别进行申报。农村沼气等农业领域的可再生能源开发利用项目，如已有资金渠道的，可通过现行渠道申请支持。但《可再生能源发展专项资金管理暂行办法》规定，上述两类项目，不得在发展专项资金中重复申请。

对于利用沼气资源发电电价的补偿，依据《可再生能源发电价格和费用分摊管理试行办法》第二章第七条的规定，电价标准由各省（自治区、直辖市）2005年脱硫燃煤机组标杆上网电价加补贴电价组成。补贴电价标准为每千瓦时0.25元。发电项目自投产之日起，15年内享受补贴电价；运行满15年后，取消补贴电价。自2010年起，每年新批准和核准建设的发电项目的补贴电价比上一年新批准和核准建设项目的补贴电价递减2%。发电消耗热量中常规能源超过20%的混燃发电项目，视同常规能源发电项目，执行当地燃煤电厂的标杆电价，不享受补贴电价。第八条规定，通过招标确定投资人的生物质发电项目，上网电价实行政府指导价，即按中标确定的价格执行，但不得高于所在地区的标杆电价。

二、燃料乙醇开发利用的政策环境分析

国家发展和改革委员会在"十一五"规划纲要中已经对中国生物燃料产业发展，做出三个阶段的统筹安排："十一五"实现技术产业化，"十二五"实现产业规模化，2015 年以后大力发展。预计到 2020 年，中国生物燃料消费量将占到全部交通燃料的 15% 左右，建立起具有国际竞争力的生物燃料产业。同时，2006 年《生物燃料乙醇及车用乙醇汽油"十一五"发展专项规划》和《生物燃料乙醇产业发展政策》已通过专家论证。随着中国汽油消费量的不断上升，国家对车用乙醇汽油的支持，生物燃料乙醇将会蓬勃发展。

三、生物柴油开发利用的政策环境分析

生物柴油在各方面具有广泛的优势。一是原料易获得、价廉并可再生，可以减轻对石油资源的依赖程度。二是生产原料种植可与其他作物轮种，改善土壤状况，调整平衡养分，有利于土壤优化。三是生产生物柴油的原料作物，除生产生物柴油外，生产中可产生甘油、油酸、卵磷脂等副产品，市场前景较好，可延伸农业产业链。四是生物柴油燃烧时不排放二氧化硫，有害气体排放比石油柴油减少 70% 左右，且可获得充分降解，有利于保护生态环境。正因为如此，生物柴油的开发利用前景广阔。

中国"十五"计划发展纲要将生物质液体燃料确定为产业发展方向。2004 年科学技术部启动了"十五"国家科技攻关计划"生物燃料油技术开发"项目。2005 年 1 月 28 日中国工程院第 35 场科技论坛"2005 中国生物工程论坛"在中国人民大会堂举行，讨论了生物液体燃料及生物化工制品在我国的可行性。2005 年 11 月 7 日，国际可再生能源大会在北京召开，胡锦涛主席出席会议并作了重要指示，会议通过了旨在开发利用可再生能源的《北京宣言》。2005 年国家专项农林生物质工程规划启动，规划目标是，2010 年生物柴油产量达 200 万吨/年，2020 年产量达 1200 万吨/年。2006 年 1 月 1 日施行的《中华人民共和国可再生能源法》，明确指出鼓励以生物柴油为主的可再生能源的大力发展。2006 年 6 月 20 日，财政部公布了 237 号文件《可再生能源发展专项资金管理暂行办法》，据了解生物柴油和燃料乙醇是专项资金扶持重点，使用方式分无偿资助和贴息贷款两种。此外，国务院将以生物柴油为代表的生物能源列入国家中长期科学和技术发展中长期发展规划纲要的优先发展项目。科技部提出农林生物质利用以及生物能源技术开发的"十五"计划，要求大规模发展生物燃料，到 2020 年，使生物燃料消费量占到全部交通燃料的 15% 左右，建立起具有国际竞争力的生物燃料

产业。国家发改委制订可再生能源中长期发展计划，2010 年生物燃料年替代石油 200 万吨，2020 年生产燃料年替代石油 1000 万吨。国家税务局也根据可再生能源产业发展指导目录制定相应的税收优惠政策。

以上这些政策法规确立了可再生能源在国家能源战略中的重要地位。目前相关职能部门负责可再生资源的调查与管理，消除了可再生能源开发利用的市场障碍，营造可再生能源发展的市场空间。同时对可再生能源的发展和利用给予贷款优先以及税收优惠，建立了可再生能源发展的资金保障体系，支持可再生能源的研究和产业化发展，为农村和偏远地区的可再生能源利用项目提供财政支持。还建立了促进可再生能源的技术标准，鼓励支持多种不同类型的相互关联的可再生能源生产，这一切都为生物柴油的发展创造了良好的机遇和环境。

但目前，我国还没有生物柴油开发利用的发展规划，也无产业发展技术政策和统一技术标准规范，更无具体产业化实施方案。在这种情形下，作为生物柴油原料的油菜籽生产大省，湖北的政治、经济、文化中心——武汉市有必要利用其科技优势，着力研究制定生物柴油发展规划，研究生物柴油开发利用技术，合理确定应用领域和范围，以及产业发展布局，尽早组织技术攻关和安排产业化示范项目，尽快建立生物柴油及相关的质量、生产流程、工艺设计以及安全生产方面的国家标准，使武汉市能够成为生物柴油开发利用的技术研发和科技示范中心，使生物柴油生产加工等各环节技术规范化推进生物柴油产业发展。

四、垃圾发电的政策环境分析

目前武汉市城区生活垃圾大部分利用转运站转运到垃圾填埋场。全市正在运行的垃圾转运站共 58 座，规模均较小，建设水平偏低，占地面积 100 平方米以下的占 67%，周围基本上都无绿化点或绿化隔离带，也没有采取相应的污染控制措施，与相邻建筑距离多数不足 5 米。由于分布不合理，部分地段的转运站垃圾转运量过大，作业时间长，垃圾收集车排队现象严重。据统计，2003 年武汉市日产生活垃圾已达 5277.8 吨。随着城市人口的增加和生活水平的提高，餐厨垃圾每年以 8%～10% 的速度增长。据不完全调查，武汉市每天产生餐厨垃圾超过 1000 吨。城市餐厨垃圾中近 60% 来自企事业机关、大专院校食堂、宾馆酒店及大中型餐饮店，居民小区占 20%，其他占 20%。根据有关统计资料，武汉市人均购买蔬菜约为 0.4 千克/天。2003 年武汉市市区常住人口为 423.76 万，共需蔬菜 1695 吨/天，而蔬菜的丢弃率约为 25%，大量的可利用垃圾为武汉垃圾发电提供了可能。

依据《城市生活垃圾处理及污染防治技术政策》，可发展焚烧处理技术，并积极发展适宜的生物处理技术，鼓励采用综合处理方式，进行垃圾发电，并采用以炉排炉为基础的成熟技术。依据《国家发改委关于可再生能源产业发展指导目录》，在建设城市固体垃圾发电项目时，对于垃圾发电项目的资金需求，可依据《可再生能源发展专项资金管理暂行办法》获得无偿资助和贷款贴息两种方式的支持。对于发电补贴，依据《可再生能源发电价格和费用分摊管理试行办法》第二章第七条的有关规定执行。

第四节　武汉市生物质能源开发利用的市场环境分析

一、武汉市生物质能源市场化开发的必要性

我国经济正在以持续、高速的态势发展，能源需求和环境保护压力日益增加，这已经成为寻求和开发可再生能源的直接动力。在各种可再生能源中，生物质能是唯一可再生的碳源，它是不会增加温室气体减少环境公害的低硫燃料。许多国家都把开发利用生物质能源作为缓解能源供给矛盾、应对全球气候变化、实现可持续发展的重要举措。我国作为世界能源消费第二大国，也在不断规划发展生物质能源。起初以陈化粮为原料加工生物燃料乙醇，使其成为粮食安全中调节库存流通与生产的重要途径，但由于不完善的监管体系、缺失的市场环境、不完善的价格机制及较高的原料成本等原因，使其开发受限。但经济发展会日益市场化，市场力量会越来越强，只要生物质能源市场有利可图，并给其一个良好的市场发展环境，其产业比较优势必将会很好地发挥出来。

湖北省是"缺煤、少油、乏气"的能源短缺大省，截至 2008 年 7 月，省内各发电厂电煤储量达到历史最低水平，仅有 74.1 万吨①。而武汉市作为全省的中心城市和工业聚集区，规模以上工业能耗占武汉市能源消耗总量比例一直保持着较高的水平，这对以煤炭消耗为主的武汉市来讲，面临着巨大的能源供给压力。武汉每年用煤需求量为 1.4 亿吨，省内产煤量只有 1000 多万吨，缺口高达 1.3 亿吨。这个缺口主要依赖于从山西、陕西、四川等地调运②。过高的能源对外依存度和以煤炭消耗为主的能源结构，不但加大了煤炭运输成本，同时也破坏了生态环境，使温室气体效应、二氧化碳过量排放及酸雨等问题接踵而来，合理开发利用生物质能已成为武汉市解决能源供求矛盾的大势所趋。如何让丰富的生物质能源在一个良好的市场环境中发展，并推广使用，将成为取得经济效益和生态效益的关键。

---

①　http：//info. cnhubei. com。

②　http：//www. in-en. com/coal/html/coal-0822082248224335. html。

（一）能源危机是生物质能源开发利用的动力

湖北省能源消费中，约 3/4 的能源来自煤炭。2006 年能源消费总量为 9810.86 万吨标准煤，其中仅原煤消费量就达到 6927.79 万吨标准煤，占总量的 70.6%。其原煤自给率 2004～2006 年依次为 8.4%、7.2%、7.8%，均不足 10%。截至 2005 年年底，全省上表的 290 个矿区（井田）累计查明资源储量为 12.1201 亿吨，潜在资源量也仅 10 亿吨左右[1]，这使得省内 90% 以上的原煤需从外省调入。专家预测到 2015 年，全省煤炭需求总量将达到 8800 万吨[2]，这无疑加大了煤炭供给压力。同时，原油、天然气的能源自给率也较低。2006 年，原油、天然气的生产量分别为 79.73 万吨标准煤、1.16 亿立方米，而其消费量却达到了 851.49 万吨标准煤、7.65 亿立方米。能源短缺已成为制约湖北国民经济发展的"瓶颈"。

武汉市规模以上工业一直保持着较高的增长水平，其工业能耗占武汉市能源消费总量的 70% 左右，其中，主要以煤炭、原油、电力、焦炭消耗为主（表 9-17）。

表 9-17　武汉主要能源消费量（折标准煤）对比表

年　份	能　源	煤　炭	原　油	电　力	焦　炭	焦炉煤气	外购热力
1999	消费量/吨	917.01	390.49	375.89	309.28	88.27	45.68
	排名	1	2	3	4	5	6
2006	消费量/吨	1891.64	580.95	178.24	441.93	129.05	103.87
	排名	1	2	3	4	5	6
1999	消费量/吨	24.58	14.96	6.39	2.73	0.61	0.12
	排名	7	8	9	10	11	12
2006	消费量/吨	29.58	26.36	42.21	44.24	0.45	2.27
	排名	9	10	8	7	12	11

资料来源：武汉统计年鉴（2006～2007）

武汉市能源消费结构变化不大，基本上保持了 1999 年的结构，煤炭仍是武汉市主要的能源消费品。煤炭、原油、电力、焦炭 4 种主要能源消费占武汉市消费总量的比重由 1999 年的 90.2% 下降为 2006 年的 80.0%。汽油、柴油、煤油等消费量较以往有了快速增长，主要是机动车市场需求日益增加的带动，使煤油增长了 17.92 倍、汽油增长了 15.21 倍、柴油增长了 5.61 倍[3]。与此同时，城市化进程的加快，农村能源消费结构的快速变化，同样给武汉市能源供给带来了巨大压力。武汉市 2006 年农业机械总动力为 185.93 万千瓦，远超于 2005 年的

---

① http：//www.yymt.com.cn/zxzx/cjxw/200611/3130.html。

② 同①。

③ http：//www.stats.gov.cn/tJfx/dfxx/t20071129_402448934.htm。

179.13 万千瓦，增长了 4%，而且耕作机械、排灌机械、收割机械都有增长，能源供给缺口日益加大。如果仅依靠参股、控股的方式在山西和蒙西建立稳定的煤炭供应渠道，不但会加大煤炭运输成本，更重要的是会失去能源的主动权和控制权，不利于湖北省国民经济的长期发展，同样也不利于武汉市经济的长期发展。生物质能作为化石能源的理想替代能源，其开发利用必将有利于打破目前的尴尬局面。

（二）环境安全是生物质能市场开发利用的推力

大量使用煤炭、石油、薪柴等一次性能源，致使大气中二氧化碳含量增加、温室气体效应及酸雨等问题接踵而来，并导致诸多物种消亡、自然灾害频发、海平面上升等异常现象的发生。英国政府公布的一份 700 页的报告指出，现在的情况远比制定《京都议定书》时预期的问题还要严重，如果温室气体的排放按目前的速度增长，海平面升高引发的洪水可能使 1 亿人被迫离开家园，冰川消融可能导致全球 1/6 的人口缺水，而干旱可能造成数千万的"气候难民"。今后两个世纪内全球为此付出的成本将达到 GDP 的 5% ~ 20%（王雅鹏等，2008）。全球气候变暖是全人类面临的共同威胁，保护环境已成为全人类共同的责任。

湖北省作为煤炭消耗大省，对节能减排有着义不容辞的责任和义务。但实际上在政策层面和经济层面都缺乏引导大家节能减排的动力。在政策层面，我国以出口退税政策来鼓励企业对电解铝、钢铁等高耗能产品出口，这实际上是等于用中国紧张的能源和脆弱的生态环境为发达国家生产他们需要而又不愿意生产的产品。在经济层面上，我国的石化能源价格普遍偏低，比生物质能源价格低很多，这实际上等于鼓励企业和个人选择价格较低的一次性能源和化石能源，使节能减排缺乏有效的动力支持。据 2006 年湖北省环境状况公报统计，煤炭燃烧产生的污染物二氧化硫，其排放量已超过国家 2005 年总量控制计划。2006 年，全省电力行业二氧化硫排放量达到 32.18 万吨，占当年总排放量的 42.96%。"如果按 2005 ~ 2020 年湖北省电力容量缺口全部建设燃煤机组计算，全省每年将新增二氧化硫排放量约 6 万吨"，这将极大地影响湖北省及周边省份的大气环境[①]。开发利用生物质能，可大大减轻使用化石能源所造成的环境危害。

（三）丰富的生物质能资源是其开发利用的引力和潜力

武汉市农作物秸秆、禽畜粪便、农产品加工业副产品、城市有机废水及垃圾等比较丰富，是发展生物质能的有利条件。农作物秸秆资源虽充足，但开发利用程度较低，2006 年湖北省农作物秸秆产量高达 2917 万吨，武汉市产量为 180.3 万吨，主要用途为燃料、饲料、工业原料、还田沤肥等，每年废弃的秸秆占总量的 15%左右，如合理有效利用，其未来发展空间较大。

二、武汉市生物质能源开发的市场现状分析

（一）武汉市生物质能原料市场分析

开发利用生物质能的原料来源广泛，其中农作物秸秆发电技术、油菜籽加工生物柴油技术基本成熟并已市场化。这里以农作物秸秆原料资源为例，通过分析测算其在一次能源消费量中的贡献度，来估算全部生物质资源的能源量的作用。测算时遵循丁文斌等（2007）提出的两个基本假设，按照李十中提供的草谷比数据为准，采取估算公式 $Y_t = \sum x_{it} d_i$ 计算（式中，t 为时间；i 为不同作物；Y_t 为农作物秸秆资源量；x_{it} 为 t 年对应作物的产量；d_i 为对于不同品种作物的草谷比），其中 x_{it} 的数据由 2005～2007 年湖北省统计年鉴、武汉市统计年鉴获得，结果见表 9-18、表 9-19。

表 9-18　湖北省 2000～2006 年主要农作物秸秆产量　　单位：万吨

年份＼草谷比＼农作物	水 稻	玉 米	小 麦	大 豆	薯 类	油 料	棉 花	总产量
	0.952	1.247	1.28	1.5	0.5	2.212	3.136	
2000	1425.38	270.24	299.128	68.69	92.4	597.2	95.43	2848.45
2001	1382.20	243.03	272.58	64.14	94.58	618.14	117.13	2791.8
2002	1399.24	233.70	193.5	63.26	79.53	542.58	101.18	2613
2003	1276.91	208.87	211.74	67.07	80.89	603.27	101.92	2550.67
2004	1429.6	223.36	225.66	60.8	80.62	695.41	124	2839.45
2005	1461.63	243.05	267.33	65.15	78.1	650.11	117.6	2882.97
2006	1451.66	259.69	311.3	57.8	77.1	618.81	140.68	2917.04

从表 9-18 中可知，水稻、油料、小麦是农作物秸秆资源的主要来源，其变化与粮食产量有着较强的相关性，这意味着农民的种植意愿影响着农作物秸秆资源的持续性。种植效益高、政策力度强，农民会选择种植；反之农民会选择抛荒或改作他用。2006 年湖北省主要农作物秸秆产量为 2917.04 万吨，折合标准煤 1251.41 万吨，相当于 2006 年一次能源消耗量的 14.5%[①]。按照目前 1.2%左右

[①]　根据湖北省统计年鉴（2007）整理得，湖北省一次能源消耗量（标煤）包括：原煤 6629.10 万吨、原油 824.44 万吨、天然气 92.89 万吨（折算系数为 12.143）、电力 750.59 万吨（折算系数 1.229），总计 8266.76 万吨。

的趋势增长，未来 10 年内主要农作物秸秆产量有望达到 3280.7 万吨，甚至更高（未来荒地、盐碱地等边际性土地的开发有弥补耕地面积减少的可能）。这相当于专家预测的 2015 年煤炭需求总量 8800 万吨的 37.3%，在很大程度上有利于缓解煤炭供给压力，取得良好的生态效益。

表 9-19　武汉市 2000～2006 年主要农作物秸秆产量　　　　单位：吨

年份＼农作物（草谷比）	水稻 0.952	玉米 1.247	小麦 1.28	大豆 1.5	薯类 0.5	油料 2.212	棉花 3.136	总产量
2000	1 011 513	56 962.96	82 602.24	60 660	23 712	387 024.8	63 196.67	1 685 672
2001	925 876.2	58 713.75	65 585.92	60 105	23 865	400 551.2	68 345.98	1 603 043
2002	936 084.5	70 732.33	57 943.04	63 924	24 511	387 504.8	45 334.02	1 586 034
2003	872 171.9	63 045.83	55 237.12	55 710	25 449	378 210	65 564.35	1 515 388
2004	1 020 138	82 684.83	62 428.16	54 714	25 799	426 677.1	80 726.91	1 753 168
2005	1 052 316	112 811.1	64 048.64	54 279	28 402	421 102.9	86 920.51	1 819 880
2006	1 045 834	116 064.5	67 481.6	45 277.5	24 564.5	407 282.3	96 303.42	1 802 808

从表 9-19 中容易看出，水稻、油料、玉米等是武汉市农作物秸秆的主要来源。2006 年武汉市主要农作物秸秆产量为 1 802 808 吨，折合成标准煤 773 404.6 吨，相当于武汉市 2006 年主要能耗量的 2.23%。虽然目前其秸秆产量所能提供的能源有限，但随着生产水平的不断提高，特别的是武汉市大量的冬闲田种植油料作物的开发利用，农作物秸秆产量未来发展空间较大，这一结论在图 9-3 中得到了论证，主要农作物秸秆产量与其粮食产量的差值呈增长趋势，意味着主要农作物秸秆产量的增长速度要快于粮食产量的增长速度，生物质能开发前景广阔。

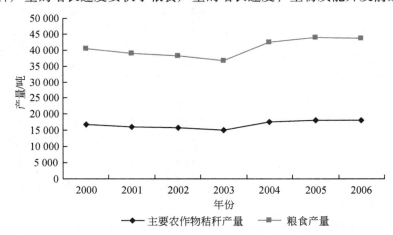

图 9-3　武汉市主要农作物秸秆产量及粮食总产量变化趋势图

（二）武汉市生物质能产品市场分析

武汉市生物质能产品的开发利用较为典型的是农村沼气和生物柴油。

（1）生物柴油

国内首家专门从事生物柴油的研究机构"湖北能源油料作物与生物柴油研究中心"落户于武汉，在中国农业科学院油料作物研究所（武汉）挂牌成立，这为武汉市生物柴油产业的发展带来了巨大优势。

湖北省油菜资源丰富，截至 2006 年，其油菜总产量已经连续 11 年位居全国第一，油菜种植面积和总产量占全国的 1/6，占全世界的 1/8，经中国农业科学院油料作物研究所研究的中油 036 油菜籽号含油量已达 51.97%。如果充分利用土地资源，在不影响其他作物种植面积的前提下，全省的油菜面积还可以在现有的基础上扩大 1000 万亩，将为生物柴油产业的发展提供稳定的原料供应。但油菜作为生物柴油的原料来源，从原料采购、加工转化，再到产品出售、利用，整个过程的成本都要高于化石能源。通过化学法制取的生物柴油，其成本大约为石化柴油的 1.5 倍，总成本中 70%～95% 是原料费用。而华中农业大学开发的油菜籽直接生产生物柴油的工艺方法，虽然克服了生产成本过高的障碍，但仍然是通过油菜籽制取生物柴油所产生的饼粕、甘油等高价值副产品来弥补生物柴油的利润，保障生物柴油总成本的降低。总的来说生物柴油在价格上，与石化柴油相比，仍然没有优势。

（2）农村沼气

沼气是我国开发利用较早的生物质能源，也是在开发利用技术方面较为先进、成熟的生物质能源，它作为一种清洁的可再生能源，是化石能源的理想替代能源。在农村发展沼气，有利于解决农村能源的短缺和改善农村环境。近年来，党和国家高度重视农村沼气建设，胡锦涛在江西视察"猪沼果"生态农业建设时强调，农民致富一靠政策，二靠科技，三要靠艰苦奋斗（周光龙等，2007）。温家宝也曾就发展农村沼气专门进行了批示：发展农村沼气，是一项很有意义、很有希望的公益设施建设，要积极稳妥地推进这项工作。中央农村工作会议把农村沼气建设作为全面建设农村小康社会，改善农村生产生活条件的六小工程之一，要求加快建设，先后安排了农村小型公益设施建设补助资金农村能源项目和农村沼气建设国债项目，投资逐年加大，从"七五"、"八五"的上百万，到"九五"的上千万，到"十五"初期的上亿，到目前的 10 亿。这一系列政策的出台，为农村沼气建设的发展提供了较好的历史机遇，使农村沼气建设在全国不同省份涌现出了不少的示范村。

武汉市农村能源建设在近两年也取得了突破性发展。2004 年全市农村能源建设以农村经济可持续发展和增加农民收入为中心，围绕年度目标任务，把农村沼气建设与农民生活、农业生产、生态环境保护以及农民增收有机结合起来，取得了显著的经济、生态和社会效益。截至 2004 年年底，全市农村小型户用沼气池达到 4.98 万户，大中型沼气工程达到 26 处，省柴灶推广达到 73.93 万户，真空管太阳能推广达 2.20 万立方米。全市农村能源建设已形成年开发和节约能源折标煤 44.4 万吨，年新增节能折标煤 1.2 万吨的能力。

在农村沼气建设方面，2004 年，武汉市实施"一建三改"（建沼气池，改厨、改厕、改圈），并坚持"因地制宜、多功能互补、综合利用、讲求效益"的发展方针，采取政府补贴和农民自筹相结合的办法，加大建设和综合利用技术的推广力度，取得显著成效。沼气示范点建设力度加大，全年有近 80% 的农村能源建设项目资金投在新洲、江夏、蔡甸、汉南和洪山 5 个区，分别选择有建池条件和群众积极性较高的 5 个村建设了示范点，计划建设沼气池 366 户，实际完成建设 372 户，建成后正常使用率达 100%。通过示范项目带动，还带动一部分农民自筹资金搞沼气建设。"三沼"（沼气、沼液、沼渣）综合利用效益明显，全年共建设"猪—沼—果（菜、鱼等）"能源生态模式 2.59 万户，面积达 5186.67 公顷；推广沼液浸种 547.6 公顷，增产粮食 480 吨；沼液喂猪 3.64 万头，节省饲料 1820 吨；沼液养鱼 974.63 公顷，产量 29.24 吨，促进了全市生态农业的发展。

在养猪场沼气治理试点工程方面，2004 年江夏区乌龙泉镇新建村和祥养猪场被武汉市农村能源办公室确定为武汉市"规模养殖，综合治理"模式试点。该养猪场是按武汉市新出台的畜禽养殖标准建设的生猪养殖园区，设计生猪出栏规模为 1.8 万头，配套建有 6.67 公顷鱼塘、4 公顷藕塘、2.67 公顷果园。其沼气污染综合治理试点工程按照猪粪、尿进行干湿分离，干粪变卖，尿及冲洗污水进入沼气池厌氧发酵，发酵后沼液用来养鱼，沼渣用来种藕和作为果树肥料，沼气用于猪场生活用能的模式设计。这一试点工程完全符合了生态家园建设的要求，也为武汉市他区的沼气建设起到了典型示范作用。

2004 年，武汉市农村能源办公室根据全市各区沼气建设队伍状况，在武汉市农村能源培训基地（武汉市农业学校内）与黄陂区长岭镇羊角山村举办了两期沼气生产工职业技能鉴定培训班，培训沼气生产工共 120 人，学员全部拿到了农业部、劳动和社会保障部颁发的职业证书。截至 2004 年年底，全市持有沼气生产工职业证书者累计达 337 人。

在沼气发电方面，武汉市汉南区坛山畜牧公司沼气发电站开始正式发电，成为湖北省内第一个利用沼气发电的装置。沼气发电站紧靠坛山万头养猪场，猪粪、污水进入中温发酵罐，发酵成沼气，沼气驱动发电机发电。每天发电 600 多千瓦时，足够猪饲料厂和 20 户职工家庭使用，多余的沼气还可给职工烧水做饭。一年下来，节约 10 多万元电费和煤气费。公司下一步准备引进沼液沼渣分离技术，沼渣制成纯有机肥，每吨价值上千元。沼气发电的环保效应显著，每年可处理养猪场3000立方米猪粪和1万立方米污水。坛山公司通过北京兴星伟业科技公司，引进欧盟沼气中温发酵发电技术，兴星伟业公司根据坛山公司新建的万头养猪场的干粪和污水排放量，设计了300立方米的中温发酵罐，冬天低温时也可正常产生沼气。据悉，这项技术同样适用于城市，城市粪便和污水也可做沼气发电的原料。这一技术在武汉的运行应用，既有利于环境保护，又有利于直接和间接的增加农民收入。

（三）武汉市生物质能技术市场分析

武汉市生物质能源技术产品的市场环境还没有成熟，技术产品难以按照正常的市场运作规律进行交易。虽然产品的市场需求方和供给方主体早已进入市场，但是生物质能技术作为一种新产品、新项目，技术研发创新难，开发成本较高，容易出现垄断的技术市场格局，供给需求严重不平衡，使得生物质能源技术在上市、拍卖、引入等交易活动中出现垄断、产品价格不公开现象，这已成为生物质能产业发展的阻碍因素。

华中农业大学生物质能研究中心吴谋成教授设计的以油菜籽为原料、不经压榨直接提取优质油并转化为生物柴油的生产技术在全省相继开发成功，并成功解决了生物柴油生产成本高、环境污染严重的问题。但由于市场环境、保障机制不健全，该技术利用制备生物柴油后的饼粕提取浓缩蛋白，并从提取浓缩蛋白的废液中连续回收植酸、多糖、多酚的综合加工工艺并没有得到很好的体现，如果能够将油菜籽综合利用起来，未来将是市场潜力大、竞争力强、应用前景广的行业。

三、武汉市生物质能源市场化开发的制约因素

武汉市常规能源贫乏、农作物秸秆资源丰富、产品科研实力雄厚，这都为生物质能源开发利用提供了有利条件。但农作物秸秆等原料资源点多、面大，高度分散，不利于收集、运输，成本较高，经济效益很难体现。在农村劳动力成本逐年提高的情况下，农民更多倾向于外出打工或副业生产。因此，制约生物质能源市场发展的因素仍然存在（图9-4）。

（一）政策法规操作性不强，原料供应不稳定

生物质能产业的发展已经引起国家决策层的重视，国家在法律及发展规划等宏观层面已经明确支持生物质能产业的发展。在宏观层面的条款较为突出的是《中华人民共和国可再生能源法》、《中共中央关于制定国民经济和社会发展第十一个五年规划的建议》。在具体政策层面，国家发改委印发了《可再生能源产业

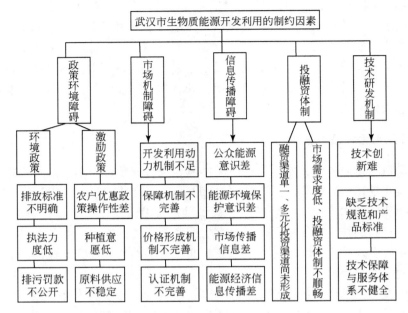

图 9-4　生物质能源市场发展的制约因素图

发展指导目录》。这些政策法规的出台，为生物质能产业的发展指明了方向。但尽管如此，生物质能政策法规仍然不完善，具体实施起来宏观性太强，操作性太弱。世界上许多国家都建立了生物柴油标准，分别对密度、黏度、闪点、硫含量、冷滤点、焦化值、10％残碳、硫酸化灰分含量等 28 项指标的全部或部分进行了规定，为产业发展提供了依据。而我国由国家标准化委员会发布的 B100 生物柴油国家标准在 2007 年 5 月 1 日才正式实施，B5、B10 标准正在组织制定，所以生物质柴油的品质没有统一规范的具有科学意义可比较的资料。在农村，虽然具体的农村能源专案层出不穷，但没有统一的总体性安排，单一性强、统一性差、激励性政策缺失，致使农民对生物质能原料作物的种植意愿偏低，原料问题成为制约生物质能市场发展的关键。

（二）市场保障机制体系不健全，开发利用动力机制不足

生物质能利用途径具有多样性和选择性，农作物秸秆可用以燃烧、还田，用于养殖，可加工成模压板材、秸秆饲料，也可作为造纸原料。由于人们习惯于以直接燃烧方式利用生物质能，对其资源价值只是用简单直观的燃料价格来衡量，忽视了通过化学法、发酵法等可产生副产品的巨大增值空间。再加上秸秆收集困难、运输成本高、外出劳动力的增加、政府补贴不明确、传统能源依赖性等原因，将秸秆能源化还不是农民的最优选择，农村生物质能开发利用动力机制不

足。另外，生物质能发展仍然处于"以产定销、计划供应"的阶段（李志军，2008），与市场化运作尚存在较大的距离，不能形成连续稳定的市场需求，缺少持续性的拉动。作为绿色能源产品，其价格形成机制又不完善，绿色能源企业的高投入和高成本不能为企业带来利润，这成为生物质能发展的又一瓶颈问题。以《可再生能源发电价格和费用分摊管理试行办法》为例，其中第七条规定："发电水泵热量中常规能源超过20%的混燃发电项目，视同常规能源发电项目，执行当地燃煤电厂的标杆电价，不享受补贴电价。"也就是说只有每年燃烧80%生物质燃料的电厂才可以有补贴，否则就视同常规火电，这一规定造成很多可以利用秸秆的热电厂因全年烧不到80%的生物质燃料而选择放弃[①]。而资源评价、产品检测、认证机制等体系的不完善，使得生物质能产品的执行力度没有了依据。

（三）能源市场信息传播慢，公众能源环境意识淡薄

在王宇波等（2006）对中部地区农户生物质能利用调查中，80%以上农户不知道节能是什么含义，82%的受访者表示如果没有政府支援，目前的用能状态不会改变，并对节能技术也是知之甚少。在湖北省谷城县五山镇，1987年由政府资助建设的76口家用沼气池至今无一存在，绝大多数在第三年不能正常使用就废弃或填掉了。在2008年4月，中国社会科学院社会所和中国环境意识项目组联合公布了《2007年全国公众环境意识调查报告》。报告显示，公众对环境污染的关注度次于医疗、就业、收入差距问题之后，居第四位。收看电视、收听广播是公众接受环保知识信息的首要渠道，占81.1%，从各相关部门及组织举办的环保宣教活动中获得环保知识信息的比例相对较低，虽然中国网民人数达到1.62亿，但通过互联网主动获取环保知识信息的比例却较低，仅占9.3%[②]。

（四）投融资体制不畅、多元化投资渠道尚未形成

生物质能源开发利用项目的投资厂商大多为中小企业，由于投融资体制不健全、多元化投入渠道不顺畅，其开发过程中面临的最大问题就是流动资金严重短缺。这类企业大多为高技术行业，无形资产远大于固定资产，没有过多的固定资产作为抵押和担保，很难得到银行贷款。而公正、公平的市场竞争环境还没有完全形成，个体私营企业和外商参与生物质能开发创新的积极性还没有充分调动起来，多元化投资渠道尚未形成。由于政府的引导性投入不够，虽然政策上给予优惠，但流动资金不到位，很多企业因缺乏足够的资本或担保，很难申请到贷款，所以融资难已经严重制约着生物质能源产业生产规模的扩大。

---

① http://www.hbce.net.cn/chanye/nenyuan/200807/09-13025.html。

② http://www.china5e.com/news/huanbao/200804/200804080198.html。

此外，生物质能源技术研发创新难、缺乏技术规范和产品质量标准、技术保障与服务体系不健全同样制约着该产业的发展。

四、武汉市生物质能源市场化开发的环境培育及建议

（一）制定保护性政策及调控市场，以弥补市场力量的不足

我国生物质能源发展还处于起步阶段，从原料采购、加工转换、技术研发、产品销售等环节还存在不少问题，在市场上与煤、石油等传统化石能源相比，不具有竞争优势。因此，完全依靠市场的力量来发展生物质能是不可行的，还需要政府政策调控、干预市场，以弥补市场力量的不足。一方面，要完善生物质能发展政策法规，从能源安全、环境安全、粮食安全战略出发，认真分析市内不同地区的基础和优势，因地制宜的制定能源作物种植规划，确定产业发展的指导思想、发展目标制定配套政策、法规和生物柴油、燃料乙醇的储运、销售和使用的实施方案。另一方面，政府需要对生物质能产业采取保护性政策，除了相应的优惠扶持政策外，还应将环保成本纳入能源消费体系中，这就意味着生产和消费常规能源的对象需要承担一定的外部成本，这有利于绿色能源企业在公平的市场机制中发展。对农户就需要提供政策到位的种植补贴，以提高农户的种植意愿。

有了良好的市场环境，还要界定好生物质能产业的发展方向。依据武汉市生物质能发展实际，需要从两个微观主体层面进行界定：首先，从农民主体角度，需要重点开发利用冬闲田和抛荒田种植能源作物，保证原料供给。其次，从投资厂商主体角度，需加大对秸秆发电和生物柴油技术的投入、研发。从宏观主体层面界定：一是政府要加强公众环境保护意识，从观念上去认识和认可生物质能产品，不断提升生物质能产品需求度。二是要对投资厂商，对前景看好的生物能企业的融资及时给予担保，对秸秆发电项目予以合理的投资扶持。在金融政策支持方面，鼓励企业和民营资本进入生物质能领域，消除生物质能的融资障碍，加大对集群企业的信贷融资，对符合上市条件的集群企业发展股权融资，对符合条件的集群企业贷款可以适当贴息，对集群企业无偿或有偿为农户提供服务给与适当的补助，对能带动当地主导产业发展的大型生物质能产业化项目，财政可以采取注入资本金或参股的形式予以支持。

（二）设立严格的市场准入门槛，建立有效的定价机制，防止过度发展

常规能源的短缺、国际油价的上涨、生物质能政策的推动，使得各地建设生物燃料乙醇和生物柴油项目的热情空前高涨，甚至出现过热倾向和盲目跟风建设，一度严重影响了国家粮食安全。这严重影响生物质能源产业的健康发展，急需加强政府监管，设立严格的生物质能源市场准入门槛，明确生物质能源生产与

销售的有关政策。可以将技术指标、产品质量标准指标等作为行业门槛，防止生物质能源盲目的过量、过速发展，同时鼓励不同所有制的企业进入该领域，向民营企业和外资企业开放生物质能源市场。

针对生物质能发展带来的突出外部效应，需要通过合理的、有效的定价机制予以解决。目前化石能源的定价机制始终未能在考虑边际成本和机会成本的基础上进行设置，而是为了保持社会稳定和经济增长，政策性压低价格，没有真实地反映资源的稀缺性和对环境的影响，造成了资源的过度浪费。这种定价机制，无法抑制对能源的低效率利用和浪费需求，导致能源的稀缺预期进步推动能源价格的持续上涨，形成成本推动型的通货膨胀（林伯强，2006）。鉴于此，生物质能完全依靠市场定价机制，是不能解决问题的，需要政府的介入、监管。其产品定价必须在考虑环境和其他外部成本的基础上进行定价，可以适当的使化石资源的消费者承担发展生物质能源的环境成本，或从产品原料供应的上游、中游进行补贴，使生物能源产品的价格能反应出生物质资源的优越性。

（三） 实施生物质能企业集群带动战略，提升核心竞争力

做大、做强集群企业是发展生物质能产业化经营的重要手段。以生物质能加工企业、批发市场、合作组织等各种类型、各种所有制形式为主体的生物质能产业化经营的集群企业，不断将"农户＋基地＋企业"模式，适宜地应用到生物质能产业中，从而通过企业联结市场，组织和引导农民进入市场、实现生物质能产品加工增值。以生物柴油研究机构为中心，武汉艾瑞生物能源公司为辐射，然后带动一直从事生物质能研发但发展中又存在些许问题的小公司，如湖北星宇能源开发有限公司，进行联合协作、共同研发，形成集群企业。通过联合协作，初步提升生物质能产品在市场上的占有率、公众认知度，提升核心竞争力。

第五节　构建武汉市生物质能源开发利用支撑体系的对策建议

一、站在实现生态和能源双赢的高度，构建资金投入支撑体系

单纯就能源问题而言，生物质能的开发利用由于受目前人类技术水平及加工转化成本的制约，如果完全任其按市场规则发展，可能因成本价格问题，一方面无企业愿意加工生产，另一方面加工出来的成品生物质能在市场上没有需求。例如，燃料乙醇的生产，如果没有国家 1373 元/吨的补贴。可能就不会有 2005 年 102 万吨的产量。因此，市政府要定位好自己的角色，应该站在有效缓解能源危机和保护生态环境的高度来看待生物质能的开发利用问题，充分发挥职能作用，加强宏观调控。一是为产业化发展创造良好的政策环境，建立健全资金的投入、计划审批、工商登记、征用土地、物资供应、产品购销、发放出口自主权，人才

培养和聘用制度，并结合国家政策法规，实行必要的政策性倾斜和扶持等，从政策上给予沼气、燃料乙醇、生物柴油开发以支持；二是选择一批具有良好前景的生物质能源开发利用企业，给予经济和政策上的扶持，特别的是从投资层面上，有效地把保护生态环境和开发利用生物质能结合起来，国家的退耕还林应该有意识的发展一些能源林（如小桐子、黄连木、薪炭林），把新农村建设中的村容整洁、一沼三改（改厨、改厕、改圈）和封山育林结合起来，把国家所投入的支持资金捆绑使用；三是加强产业链的整合，重视工农业的衔接与发展，对生物质开发利用企业产品及其附加产品进行整体开发利用。把解决农村能源问题，作为新农村建设中解决村容整洁文明程度提高的突破口来抓，特别是沼气和太阳能的利用，一定要提到新农村建设的重要议事日程上来，真正实现生态环境保护和能源节约的双赢。

二、充分认识农村在解决能源危机中的作用和地位，构建市场支撑体系

从目前的能源消耗情况看，2004年全我国一次能源消费总量19.7亿吨标准煤，其中农村的能源消费总量为8.39亿吨标准煤，占42.6%；2004年农村人均耗能0.92吨标准煤，只相当于全国平均水平的60.1%；1995～2004年农村能源消费总量增长了26.2%。按照世界发达国家发展的历史经验，一般情况下，能源的消费与经济的总量是同步上升的，2004年我国GDP为13.65亿元，人均1300美元，2006年的GDP是20.94万亿元，人均1700美元，预计2020年人均GDP翻一番，对能源的最低需求为40亿吨标准煤。现在农村居民的纯收入仅为城市居民可支配收入的1/3，距人均收入目标差距最远，所以未来农村能源的需求是一个缺口最大和增长最快的地区，同时，农村也是生物质能开发利用最重要的地区，①农业生产重要组成部分的能源作物的生产与农业生产经营形势的好坏息息相关，农业生产形势好，产量水平高，生物质能源原料就会供应充足，成本低廉；②广大农村是生物质资源的拥有地，未来生物质能源能否进一步开发利用，在很大程度上取决于农村所掌控的各类资源的释出程度和开发利用技术水平；③生物质能的开发为农村产业结构的调整与升级换代找到了新空间，有利于农业资源的合理配置和结构优化，促进农业增效和农民增收。为此，我们一定要把生物质能可开发利用的重心放在农村。在农村布局必要的各类生物质能开发利用的基础设施和加工设备，在生物质能开发利用的同时，带动农村的经济社会发展。

三、从可持续发展的高度，建立政策保障支持体系

生物质本身是可再生能源，其中沼气的开发利用，可有效地把农村的种植、

养殖、生产生活废弃物的处理有效地联结在一起，实现循环经济中的减量化，再利用，再循环；形成一个低消耗，低排放，高效率资源—农产品—农业废弃物—再生资源的物质能量闭路循环，有效地延长生态链，所创造的畜（禽）沼渔、畜（禽）沼果、畜（禽）沼菜等农业模式，大大地提高农业的生产效能，有效地节约农业生产成本和农民的生活成本。为此，要认真地建立和完善生物质能开发利用的政策保障支持体系，对于生物柴油和燃料乙醇的生产，除了给加工企业一定的政策补贴和税收优惠以外，更重要的是要给种植能源作物的农民以适当的补贴。对于太阳能、风能、沼气的开发利用，要明确扶持政策，从国家能源安全和生态环境安全的高度来完善各类扶持政策和加工业补贴政策，加大政策支持力度。同时对于生物质能利用中的秸秆气化、生物碳等新技术、新工艺等也要给予必要的支持，促进这一领域内的技术进步与提高。具体表现为以下几方面。

（一）加大公共财政支持力度

结合国家公共财政分配结构，逐步向生物质产业化增加扶持资金投入，重点支持集群企业为农户提供的培训、技术、信息服务经营以及新品种、新技术的引进、推广等。对符合条件的集群企业贷款可以给予适当贴息，对集群企业无偿和有偿为农民提供服务给予适当的补贴。对能带动当地主导产业发展的大型生物质能源产业项目，财政可以采取注入资本金或参股的形式予以支持。农业综合开发要加大向中西部地区倾斜的力度，采取有偿、无偿结合，投资参股或贷款贴息等方式，继续加大对生物质能源产业经营的扶持。尽快研究采取建立担保基金、担保公司等形式，对集群企业的融资给予担保。对流通型集群企业免缴工商管理费。对于秸秆气化，国家要投入扶持来加速它的推广。

（二）加大税收支持力度

为鼓励集群企业发展精、深加工，要研究解决产品加工高征低扣的问题，将产品增值税率由13%提高到17%。对于产品流通企业、产品初加工企业增值税一般纳税人因执行17%税率而增加的税负给予补偿，可先征后返。对于集群企业从事国家鼓励类产业项目，引进国内不能生产的先进加工设备，可按有关规定免征进口关税和进口环节增值税。集群企业研究开发新产品、新技术、新工艺所发生的各项费用，以及企业资助非关联的科研机构和高等学校研究开发新产品、新技术、新工艺所发生的研究开发经费，可按有关规定和程序在当年应纳税所得额中扣除。集群企业进行技术改造，购买国产设备的投资，可按规定享受抵免企业所得税的政策。

（三）加大金融支持力度

促进生物质能源开发利用企业经营成分的多元化，鼓励企业和民营资本进入生物质能源领域，参照国外发展经验，国家应当对开发利用生物质能源实行长周期贷款财政贴息和税收减免政策。一要加大对集群企业的信贷融资，加大对集群企业的扶持力度，给予倾斜和优惠。二是要广开集群企业的融资渠道。对符合上市条件的集群企业尽力支持，发展股权融资。针对农业企业中小企业居多，保护和发展适应中小集群企业的金融组织。三是要提供高质量金融服务。对符合条件的集群企业的季节性收购资金，要在有效防范风险的前提下加快办理，切实为企业提供高质量的配套金融服务。农业银行作为经办扶贫贴息贷款的国有商业银行，要对参与扶贫开发的集群企业给予重点扶持。国家开发银行要积极对集群企业和基地建设提供金融服务。农户小额贷款在各方资源基础上，可以由集群企业提供担保，或在明确责任、加强监管的前提下由集群企业承贷承还。探索和完善政府与银行联手扶持集群企业发展的区域合作模式。积极拓宽企业融资渠道，研究和推动对出口型集群企业提供政策性金融支持。鼓励和扶持有条件的集群企业按照国家有关规定，在境内外采取发行股票、债券等方式扩大融资。

四、按建设创新型国家的思路，建立技术支撑保障体系

从石化能源的开发利用到生物质能的开发利用是能源领域中的一大技术革新，有许多新技术需要研究，有许多先进的技术需要引进，有许多实用技术需要推广，所以，一定要站在创新与发展的高度来对待这一问题。一是政府应该划分专项研究经费，鼓励支持生物质能开发利用方面的技术研究与创新；二是更积极引进国外的生物质量开发利用技术和设备，包括能源作物的优良品种等；三是注意技术服务和推广，如沼气池建设新工艺、新材料的应用，农户使用沼气过程中设备的维修等，都应有比较完善的服务体系，具体表现为以下几方面。

（一）启动创新机制，增强企业竞争力

生物质能源企业应做好观念创新、技术创新、制度创新、组织创新、管理创新等各方面的工作。武汉市作为一个科技强市，应引导企业进行创新活动，树立创新机制。一是促进企业与交易对象采取竞合战略，争取双赢。二是加大生物质能源开发利用技术的开发力度，增加专用品种的研究开发工作。引导重点研究开发与国际接轨的多样化、专用化产品的生产技术、精深加工技术，加强各层次技术人才培养，细分市场，广辟流通渠道，扩大销售网络。三是企业应按照"产权明晰、责权明确、政企分开、管理科学"的原则，深化企业改革，尽快建立起适合自身发展的现代企业制度，搞活经营机制，优化资源配置，增强活力。四是进行信息建设，使大多数集群企业的金字塔形的组织结构扁平化。五是运用先进的管理理念，使用先进的管理手段，进行科学有效的管理活动。

以生物质产品加工企业、批发市场、合作组织等各种类型、各种所有制形式

为主体的生物质能源产业化经营的集群企业，一头联结基地和农户、一头联结国内外市场，是组织和引导农民进入市场、实现生物质能源产品工业增值、带动农民致富的重要力量。应为生物质能源企业提供集群发展的平台，建立产业技术开发中心、技术孵化器、科技园区等。这些机构能和企业进行面对面的沟通，可以及时了解集群内企业的技术需求，有效地强化产学研之间的合作，从而显著提高集群的创新能力。通过人才交流市场、产品博览会和交流会、产业专题讨论会和学术讨论会等形式，为集群企业提供全面迅速的服务，促进技术和知识信息在集群成员之间的交流。

（二）积极培育名牌产品

生物质能源产品加工企业要通过技改扩能、更新设备、深度加工，培育一大批优质、高效、安全、生态名牌产品，带动产业的发展，省级以上的生物质能源企业产品要达到无公害和绿色标准。通过广告语、形象代言人、实效 VI 等途径塑造品牌。将品牌规划融入战略中，企业在做战略规划时，就应该将企业的品牌塑造与企业宗旨有效的结合起来。在企业达到什么阶段，应该让用户对品牌有什么样的认知，品牌的宣传范围应该有多广，当企业达到下一阶段时，又应该如何使品牌与企业的发展相结合（吴映国，2007）。

（三）加强生物质产品质量安全体系建设

要逐步实现与国际标准接轨，把生物质能源产业的产前、产中、产后环节纳入标准化管理轨道，积极推广生物质能源产业标准化生产技术，用生物质能源产业标准化生产技术改革传统的农业生产方式，大力发展无公害农产品、绿色食品和有机食品，并积极组织申报、认证，提高农产品在国内外市场的竞争力。建立健全生物质产品质量检验检测体系。要按照"统一标准、统一检验"的方向，逐步建立统一、权威的生物质能源产品质量检验检测体系。

第十章
三峡库区后续发展中的生物质能源林
开发利用的典型研究

第一节　三峡库区生物质能源林开发利用概述

一、开发背景

在宜昌三峡库区及其邻区开发建设林木生物质能源林，并拟建设年产 10 万吨生物质柴油的项目，这是充分考虑三峡工程后续发展工作中亟待解决的突出问题和国家发展和改革委员会制定的《可再生能源中长期发展规划》，对可再生能源进行战略部署，缓解能源压力大背景下的产物。

（一）三峡工程后续发展中显露出的三大新问题亟须解决

随着三峡工程建成运行，逐步显露出许多亟待解决的新情况、新问题。这些问题有的是在三峡工程论证和设计中预见到需要在运行后加以解决的，有的是在工程建设期已经认识到但当时难以有效解决的，有的是我国社会经济发展对三峡工程运行管理提出的新要求。针对这些情况，2008 年 9 月，国务院三峡工程建设委员会第十六次会议对三峡工程后续工作进了部署，确定由国务院三峡工程办公室，会同国家发展和改革委员会、财政部研究提出了三峡工程后续工作方案，报国务院审批。在 2009 年 2 月，国务院批准了国务院三峡工程办公室上报的《关于开展三峡工程后续工作规划的请示》。在《三峡工程后续工作规划纲要》中，确立了三峡工程后续工作以实现移民安稳致富，保证水库生态环境优良，库区地质灾害得到有效防治，全面解决移民搬迁安置遗留问题，妥善处理三峡工程蓄水运行产生的新情况、新问题为目标。

三峡工程建设和水库淹没所涉及的湖北省、重庆市的 20 个区（县），包括湖北省内的巴东县、秭归县、兴山县和夷陵区等 4 个区（县），重庆市内的江津市、渝北区、巴南区、长寿区、涪陵区、武隆县、丰都县、石柱县、忠县、万州区、开县、云阳县、奉节县、巫山县、巫溪县和重庆七区等 16 个区（县），多为国家连片贫困区。随着三峡水库的形成和移民搬迁安置工作的深入，库区生态环境、社会经济发展环境乃至整个库区经济格局也随之发生了深刻的变化。

首先，三峡库区地形、地质与岸坡结构复杂，雨量丰沛且暴雨多，历来是地质灾害频发地区。三峡水库正常运行后，水位抬升几十米至百余米，水位涨落频度加大，剧烈地改变了岸坡的水文地质条件，加剧了对库岸边坡稳定的不利影响。在库岸边坡达到新的相对稳定之前，必然面临一个较长时期的库岸再造过程，会产生新的不稳定岸段，可能导致滑坡、塌岸的发生，需要加强对潜的地质灾害的监测与防治。

其次，三峡水库，形成的 600 平方千米巨大水体会将 2.64 万公顷的耕地全部淹没，农民的生产环境发生了巨大变化。虽然国家给予失地农民以一定资金补助，但对于历来依靠土地为生的移民来说，在重建家园花费了大部分的补助金后，缺乏教育和其他谋生技能将会使其生活陷入一片困窘之中。在充分考虑移民意愿的基础上，发展一项贴合移民以前实际生产状况的产业，对于充分吸纳移民就业，保证移民增收，促进社会稳定会有很大作用。

最后，三峡库区水陆交汇地带的水库消落区，以及坝前水位 175 米回水线至第一道山脊线之间的生态屏障区内，由于人类活动对其干扰较大，消落区与生态屏障区的自然生态功能受到破坏。减轻人类对环境的压力，恢复植被，建立生态廊道，对恢复三峡库区自然生态系统结构和功能，对支撑三峡水库综合效益的可持续发展起着很关键的影响作用。这些新的变化对三峡库区后续发展工作提出了新的要求。

（二）国家发展和改革委员会已对发展生物质燃料产业进行了部署

在我国能源消费结构中，煤炭占据了 70% 的比例，这给我国带来很大的能源压力，也包括温室气体排放的压力。在过去发展过程中为求经济发展而牺牲环境的做法已经给人们沉痛的教训。目前经济的快速发展已经给人们生存的环境构成了相当大的压力，为了子孙后代的未来，可持续发展势在必行。此外，面临非可再生能源的逐步减少和枯竭，发展可再生能源和清洁能源是必然的趋势。

2007 年 9 月，国家发展和改革委员会发布了《可再生能源中长期发展规划》（《规划》）。《规划》指出，要逐步提高优质清洁可再生能源在能源结构中的比例，力争到 2010 年使可再生能源消费量达到能源消费总量的 10% 左右，到 2020 年达到 15% 左右。《规划》称，将预计总投资约 2 万亿元实现 2020 年可再生能源中长期规划任务。我国将采取强制性市场份额、优惠电价、费用分摊、资金支持、税收优惠、建立产业服务体等政策和措施，积极支持可再生能源的技术进步、产业发展和开发利用。

但基于粮食安全考虑，国家发展和改革委员会副主任陈德铭也表示，今后发展生物燃料主要是用非粮物质，以实现能源发展"不与人争粮、不与粮争地"。

国家发展和改革委员会部署了近期发展的重点是以木薯、甘薯、甜高粱等为原料的燃料乙醇技术，及以小桐子、黄连木等油料作物为原料的生物柴油技术。规划中还形成了全国生物燃料布局，国家发改委在 2010 年前，将重点在东北、山东等地，建设若干个以甜高粱为原料的燃料乙醇项目；在广西、重庆、四川等地，建设若干个以薯类作物为原料的燃料乙醇项目；在四川、贵州、云南、河北等地建设若干以小桐子、黄连木、油桐等油料植物为原料的生物柴油试点项目。

综上所述，在三峡库区开发利用生物质能源林，发展以林木种植为基础的生物质能源产业是符合国家能源政策的，是缓解我国巨大能源压力，发展环保的、可持续再生能源的需要。同时，建设生物质能源林可以固化土壤、净化空气、吸纳农村剩余劳动力就业、生产清洁可再生能源，对于解决百万移民安稳致富问题、库区日益突显的生态环境保护问题、库区地质灾害问题必将发挥巨大的作用。

二、开发意义

随着化石能源的不断枯竭，能源需求的持续增长，寻找有效的替代能源，在生态能源等可再生能源领域中抢占先机，成为各国政府的共识。目前，主要生物质能源生产国的发展路径都是选择本国具有资源禀赋优势的农产品作为主要的开发原料，如美国的玉米燃料乙醇、巴西的甘蔗燃料乙醇、德国的油菜生物柴油，我国则发展了以玉米、小麦等为原料的生物燃料乙醇。但以玉米为原料生产燃料乙醇在我国不具有资源禀赋优势，不符合我国国情。在坚持"不与人争粮、不与粮争地"的原则下，发展林木生物质能源已成为一条促进能源安全与粮食安全协调发展的有效路径。依靠生物技术、筛选、培育、开发适合我国非农耕地种植的能源植物，可以从根本上解决生物质能源原料供应不足的问题，是生物质能源产业长远发展的必然趋势，符合可持续发展的要求。

世界各国都启动了发展生物质能源的战略计划。例如，在 2000 年，美国通过了《生物质研究开发法案》。巴西、德国、英国、日本、印度等国政府相继大幅度增加对生物质能源的研发投入，在相关产业中推行免税或补贴政策。欧盟把发展生物能源作为解决地区能源和环境问题的重大战略，2007 年生物柴油产量已增加到 610 万吨，占生物燃料总产量的 80%。2006 年德国生物柴油销售量已超过 300 万吨，占总消费量的 10%，生物能源已成为德国农业的新增长点。来源于生物质的能源具有环境友好和可再生性，在满足未来社会能源需求，特别是交通燃料需求中扮演愈来愈重要的角色。我国也十分重视生物质能源产业的开发，依据国家能源发展规划，可再生能源产业在未来 15 年间将可能形成近两万亿元的新兴市场。开发利用林木生物质能源不但能够缓解能源供给矛盾，并且将为促进农民就业增收，保障国家能源与粮食安全、改善生态环境发挥重要作用。通过生物质能源林建设和配套相应生物质能源企业的投资建厂，将会把生物质能源林作为一种资源、资产、资本来经营，必将有利于促进农村经济、社会、环境的协调和可持续发展。

三、发展的必要性

（一）林业生物质能源林的建设是当今全球新能源发展的重要方向和趋势

能源危机和环境保护问题已由一个边缘性问题逐步走向全球政治、经济议程的中心，许多国家都通过引种栽培建立新的林业生物质能源基地，如"石油植物园"、"能源林场"用以缓解能源供给矛盾，应对全球气候变迁。美国在 1958 年由科学家 I. A. Wolff 和 Q. Jones 倡议对野生油脂植物的开发利用进行研究。他们选择了一些可利用的植物种类，建立了一批生物柴油原料利用基地。20 世纪 70 年代，发生了石油危机，美国诺贝尔奖获得者卡尔文提出，应通过建立"能源林场"来缓解能源危机。在 1976 年，美国加利福尼亚州南部成功栽培了香槐和绿玉树两种"能源树"，每公顷可以提供的能源最高相当于 125 桶原油。目前美国已筛选了 200 多种快速生长的草本植物和树木作为生物质能源作物，并且建立了"石油林基地"。欧共体为了鼓励开发"能源植物"资源，从 1993 年起减免植物燃料 90% 的消费税。20 世纪 80 年代以来，世界上越来越多的国家开展林木生物质能源开发。例如，日本通产省化学技术研究所等已对生物质能源进行多方面的开发研究，建立了由纤维素生产乙醇的综合加工厂，并制订了本国的生物质能源转换计划，主要是开发芒草类生物质能源；巴西建设了数十个木材水解制乙醇的工厂和原料林基地；印度铁路部门将麻风树种子经过酯化处理后用作燃油，将这种燃油与普通柴油按 1∶9 的比例混合使用；菲律宾政府准备使用椰油作为动力；印度尼西亚棉兰油棕研究中心利用棕榈油配制汽车生物柴油；德国 HOREN 高科技公司开发出了一套年产 15 万吨燃油的生产设备，这一设备利用木屑等为原料，可从每 10 吨生物质中提取 2～3 吨燃油；法国制订了"绿色能源计划"；英国利用 8 万公顷土地专门发展能源林；瑞典提出了能源林业的新概念，将现有林作为能源林，并利用优良树种无性系营造短周期的能源林。据联合国粮食及农业组织预测，到 2050 年，以生物质能源为主的可再生能源将提供全世界 60% 的电力和 40% 的燃料，其价格将会低于化石燃料。

（二）林业生物质能源林的开发利用是缓解能源供给不足、实现安稳移民的关键

三峡库区是肩负着三峡水利工程移民及城镇工矿搬迁任务的地区。截至 2008 年 6 月底，三峡移民已累计搬迁安置 124 万多人，搬迁工作基本完成，但是在移

民迁移过程中，移民生产劳动条件、劳动对象和劳动资料都发生了或多或少的变化，特别是生产劳动环境发生了实质性的变化。长久以来，库区农民以种植脐橙、柑橘为主要经济来源的收入结构也将被打乱。尽管国家出台一系列生态建设和移民安置补贴等优惠政策，但对失去土地又失去家园的移民来说，要解决温饱问题，不可避免地会进行开荒，变林地为耕地，加大坡地的开垦等非有利于生态环境保护的行动，最终导致新一轮的水土流失。此外，耕地的减少、人口的增加，使得库区的燃料十分紧缺。目前农民生活用能主要是通过森林伐木来进行燃料能源的供应，这势必会大量破坏森林植被。随着农村用能的增长，库区能源供应将更加紧张，农村用能成本难以控制，将使得过度樵采导致生态环境破坏的现象愈演愈烈。而库区陡峻的地形地貌，雨量集中的气候类型，必将给库区居民生存环境带来严重的影响。进而影响到农民生活水平的提高和移民对搬迁前后生产生活条件等社会环境的认可程度，也会对该区工业化和城市化进程产生威胁。解决库区农村能源短缺问题，是实现安稳数十万丧失土地又丧失家园移民的关键。

（三）生物质能源林的开发利用是实现宜昌林业又快又好发展的重要物质基础

宜昌市两县一区的广大农村人多地少，80% 以上的人口都为农村人口，且人地矛盾尖锐，加上长期不恰当的生产、生活方式以及不合理的农业开发造成森林退化，环境恶化。随着宜昌市农村社会经济快速发展，人口增加，资源消耗不断增加，农村急需调整产业结构，提高土地利用率，丰富和增加收入来源渠道。宜昌是一个山区市，林地资源十分丰富，种质资源品种齐全，但尚未形成有规模的生物质能源林基地，林业产业的发展受到严重制约。建设以核桃、油茶、油桐、乌桕为主的生物质能源工程，一方面可以为宜昌市、兴山县、秭归县的荒山荒地、丘陵岗地寻找到适宜的发展树种，延长林业新产业链条；另一方面可以促进和加快宜昌市生物质能源林的建设步伐。目前，三峡库区的能源植物主要有 430 余种，分属于 230 个属，84 个科。其中，能提取油料的植物有 344 种，约占 80%，如油桐、乌桕等；可以发酵提取燃料乙醇的植物有 52 种，约占 12.09%，以果实、块根、块茎等为发酵原料的植物为主，如甘薯和甘蔗。这些富含碳氢化合物和富含碳水化合物的植物，经过加工处理后可得到生物柴油或燃料乙醇，可以有效替代石油或作为石油的补品。但目前库区农民仍然是将采伐的树木枝桠等传统生物质能通过直接燃烧方式使用，不但利用效率低、破坏了大量森林植被，而且使得居民生活环境质量无法提高，屋内烟熏火燎，疾病发生率较高。开发利用林木生物质能源将有利于满足于绝大部分农民的能源需要。随着沼气、秸秆、气化及压缩成型等生物质能高效利用技术的成熟，现代生物质能源的发展将在替代能源、环境保护，减少碳排放，促进农民增效方面都将具有重要作用。这使得在宜昌市及所辖县范围内发展能源林基地变得十分迫切。

第二节　三峡库区生物质能源林开发利用的资源概况

一、宜昌项目区的基本情况

该项目区主要包括宜昌市点军区、夷陵区、兴山县、秭归县。拟建一个年产 10 万吨生物柴油的企业。宜昌市位于湖北省西南部，地处长江中下游结合部，上控巴蜀，下引荆襄，南通湘粤，北达中原，是我国中部腹地承东接西、南北交流的中枢，地理位置优越，交通便捷发达。不仅有宜昌长江公路大桥和夷陵长江大桥，并且随着沪蓉西高速公路的开工，宜万铁路的兴建，三峡机场开展的国际包机业务，三峡工程的蓄水，使宜昌市已经初步形成的水、陆、空综合立体交通网络更加完善，为项目区原料及产品的运输提供了可靠的保证。

宜昌市属我国东部平原向西部高原过渡地带，地形复杂，海拔悬殊，最高海拔为 2427 米，最低海拔为 35 米。地势西高东低，由西北向东南倾斜，自然坡降比为 1.4% 。境内高山、丘陵和平原兼有，尤以山地分布最广，形成了"七山一水分半田，半分道路和庄园"的国土利用格局和"七山二丘一平原"的地貌特征。西部山区，包括兴山、秭归、长阳、五峰 4 个县和夷陵区，总面积为 146.7 万公顷，占国土面积的 69% 。

宜昌市气候属亚热带季风气候，处于中亚热带和亚热带交汇处地带，受地形地貌条件影响，形成了春早、夏温、秋迟、冬暖，秋温高于春温，春雨多于秋雨，夏季降水集中，四季分明，雨热同季以及特殊的长江三峡峡谷冬暖区与垂直气候带的气候特征。年平均气温为 13 ~ 18℃ ，年降水量 960 ~ 1600 毫米，年日照总量 100.66 千卡/平方厘米，年日照时数 1542 ~ 1904 小时。大部分区域无霜期 256 ~ 310 天。

二、生物质能源林发展的资源状况分析（SWOT）

（一）宜昌市林业生物质能源林项目发展的内部条件

1. 优势分析

（1）经济可行性

据宜昌市油料林资源普查数据显示，该市生长的可用于生物质能源开发的油料树种共有 12 个树种。分别是：油茶、油桐、乌桕、花椒、核桃、漆树、野核桃、山苍子、黄连木、光皮树、毛梾、无患子。其中：油茶、油桐、乌桕、核桃 4 个树种是目前公认的生物质能源林代表树种，该四大品种历史最高面积曾达到近 6.67 万公顷。核桃是四大坚果之一，主要分布在清江流域、香溪河流域，20

世纪 70 年代面积达到 1.33 多万公顷，年产量 8500 万吨。油茶是世界四大木本食用油料植物之一，20 世纪 70 年代时该市曾大力发展，栽培面积达 2 万多公顷。油桐是世界上公认的优良生物质能源树种之一，宜昌市最高面积达 3.33 万公顷；乌桕在全市范围内历史上均有零星或块状栽培的历史。发展以核桃、油茶、油桐、乌桕为主的生物质能源林具有一定的技术和群众基础。但近年来受加工和市场环境的影响，除了核桃品种还保留一定规模的发展外，其他品种基本上都处于散生状态，管理粗放，绝大部分处于自然生长的状态，还有的被砍掉用以种植柑橘和茶叶。柑橘和茶叶已经成为该市主要的特色产业，但受海拔条件影响，在中山和高山是不宜种植柑橘和茶叶的。

目前，受能源危机影响，为更好的发展林业生物质能源，国家林业局将林业生物质能源资源培育开发列入"十一五"林业发展规划，并编制了 2020 年《全国能源林建设规划》，初步提出了我国能源林建设的发展目标、布局和相应的政策措施。于 2007 年 1 月 11 日，国家林业局和中国石油天然气股份有限公司签署了《国家林业局与中国石油天然气股份有限公司关于合作发展林业生物质能源框架协议》，在推进林业生物质能源林基地建设，发展以木本油料植物为原料生产生物液体燃料方面开展全方位合作。在这样的政策背景下，无疑给宜昌市林业生物质能源发展提供了一个很好的契机，该市完全可以利用不适宜种植柑橘、茶叶的中山和高山地区，种植相应的能源树种。在国家政府给予相应补贴的情况下，地方政府配套相应的收购示范点，完全可以使油茶、油桐、乌桕、核桃等树种由无效益变为有效益，通过增加农民的收入渠道，额外增加农民收益。

（2）社会可行性

林木生物质能源通过物理、化学、生物化学和热化学等技术可以转化生成林木质成型燃料（颗粒、棒状和块状）、林木生物柴油、林木生物燃料乙醇等。生物柴油的优点已在前文介绍，此不必再说。生物燃料乙醇与石油都是碳、氢、氧化合物，所以燃料乙醇的利用方式与石油有很大的相似性，对石油有很强的替代性。但与石油不同，燃料乙醇是一种可再生的能够闭路循环的清洁能源。植物通过光合作用产生生产乙醇所需的原料，使用后又分解为植物光合作用的原料，周而复始，永无止境。进一步分析其转化过程，植物光合作用的主要产物为六碳糖，六碳糖是纤维素和淀粉的基本分子，在生产乙醇的过程中，六碳糖中的 2 个碳转化为二氧化碳，4 个碳转化为乙醇，乙醇作为能源利用后，又转化为 4 个二氧化碳回归自然界。这 6 个二氧化碳分子经光合作用，又再合成一个六碳糖。只要有阳光照射，绿色植物能够光合作用，上述闭路碳循环过程就不会停止，燃料乙醇也就能源源不断地生产。

目前，我国在开发林木生物质成型燃料方面，已有 10 多年的研发历史，一批小型高温成型加工设备已在生产中应用，这是我国当前开发利用林木生物质能源比较成熟的技术方式。成型燃料用来替代燃煤不需要对原有炉灶进行改造，可直接使用。它主要通过处理农作物秸秆、农产品加工废弃物、林木、林木加工废弃物等获得成型燃料，用以家庭炊事、取暖，或作为工业锅炉和电厂燃料替代煤、天然气、燃料油等化石能源。用普通农作物秸秆作燃料，家庭炉灶的能源利用效率目前只有 25% 左右，而生物质成型燃料家庭炉灶的能源利用效率可超过90%。用生物质成型燃料作为电厂的燃料，可使热电联产的能源利用效率达到88%。在生物柴油方面我国自主创新的技术已取得产业化开发的成果。目前，中国林业科学研究院已建立了年产 500 吨的生物柴油与化工产品综合生产线。在燃料乙醇开发方面，自 20 世纪 50 年代起，我国先后开展了生物质化学酸水解、纤维素醉水解法的研究和实践。近 20 年来，对利用植物纤维资源制取燃料乙醇的关键技术和其他相关的生物化工新技术进行了系统的研究，并启动了与生物燃料乙醇研究相关的分子生物学和基因工程的研究。

（3）生态可行性

宜昌市发展林木生物质能源林基地，可以加速造林绿化进程，提高生态环境质量。利用该市非农耕地、不利于发展柑橘、茶叶的土地培育具有较好外部经济性的能源林，增强这些地区造林绿化的原动力，可以有效促进植被恢复，加快荒山荒沙绿化，提高森林覆盖率。一次种植后可持续利用数十年，不用每年重新种植，可降低原料成本，从发展的角度看，能有效提高林业生物质能源开发利用的经济性。发展木本油料能有效优化生态环境、减缓甚至遏制气候恶化，是二氧化碳吸收与减排的有效途径。《京都议定书》的生效，使全球更加关注二氧化碳的排放。开发利用木本油料能源具有很好的减少二氧化碳排放的功能，每使用 1 吨生物柴油可减少二氧化碳排放量约 3 吨。生物柴油不含二氧化硫、铅、卤等有害物，产生的氮氧化物较少，而排出的一氧化碳、二氧化碳比普通柴油大大减少，从而降低了燃油对环境的污染，更加有利于防止库区水土滑坡现象的发生，具有良好的生态效益。

（4）资源分布广泛，具有悠久的发展历史

宜昌在全国植被区划中，属于东部（湿润）常绿阔叶林区域，境内森林繁多，具有南北交汇的特点。境内有种子植物 5582 种，隶属于 242 科，1374 属，物种数量占全国种植植物的 1/7。宜昌丰富的生物物种资源，为选育培养适宜该地区生长防御的富油植物提供了庞大的基因库。宜昌市油料林资源普查数据显示，可用于生物质能源林的树种共有 12 个树种，其中：油茶、油桐、乌桕、核桃 4 个树种是目前公认的生物质能源林代表树种，很多在 20 世纪 70 年代发展较好，历史面积和产量都达到了一个较高水平。到目前已有面积为 1.59 万公顷，其中人工林 1.36 万公顷，天然林 0.23 万公顷，散生木株数 209.5 万株。有受益面积 0.69 万公顷，总产量 1523 万千克，产值 2 亿元左右。此外，丰富的可利用土地资源，为大规模发展生物质能源基地奠定了良好基础和发展空间。宜昌市中、高山地区（海拔为 800～1500 米）土地总面积约为 81 万公顷，占全市总面积的 38.08%，占林业用地面积的 58.07%。这些地区不适应种植柑橘、茶叶，但生物质能源树种自然分布广泛。据统计，全市适宜发展生物质能源林的林地面积达 37.3 万公顷。广大的中、高山和低山丘陵地带、坡耕地以及低产效林为大面积培育能源植物基地提供了巨大的发展空间。宜昌市所辖的兴山县、秭归和宜昌的夷陵区生物质能源林资源分布都较为广泛，将会为培育生物质能源林基地创造很大的发展空间（表 10-1、表 10-2、表 10-3）。

表 10-1 兴山县三峡库区自然资源概况　　　　　单位：公顷

自然资源概况	2005 年	2006 年	2007 年	2008 年
土地总面积	232 734	232 734	232 734	232 734
农业耕地总面积	13 227	13 080	13 073	13 073
库区两岸耕地面积	4 093	4 093	4 093	4 093
林地总面积	194 900.8	194 900.8	194 900.8	194 900.8
宜林荒地面积	518	400	300	243.3
疏林地面积	40	35	30	20
拟退耕地面积	400	267	—	—
国有林面积	10 552	10 552	10 552	10 552
集体林面积	184 348.8	184 348.8	184 348.8	184 348.8
承包林面积	154 875.5	154 875.5	154 921.3	156 915.5
小桐子（麻风树）	285	263	263	263
油茶	70	70	70	70
乌柏	95	95	95	95

表 10-2 秭归县林业用地资源概况　　　　　单位：万亩

自然资源概况	有林地	灌木林	疏林地	未成林造林地	宜林荒地	苗圃地	核桃	油茶	油桐	乌柏
面积	146.95	37.65	30	4.88	1.5	0.03	4	0.3	0.5	0.2

　　林业用地总面积为 17.5 万公顷，占国土总面积的 72%。全县现有能源林 0.33 万公顷，未来将规划发展 1.87 万公顷，其中核桃为 0.67 万公顷，油茶为 0.67 万公顷，油桐为 0.33 万公顷，乌柏为 0.2 万公顷。

表 10-3　夷陵区三峡库区自然资源概况　　　　　　　　　　　　单位：公顷

自然资源概况	2005 年	2006 年	2007 年	2008 年
土地总面积	342 400	342 400	342 400	342 400
农业耕地总面积	48 495	48 495	48 495	48 495
库区两岸耕地面积	7 709	7 709	7 709	7 709
林地总面积	223 051	225 051	225 417	226 150
宜林荒地面积	5 000	5 000	5 000	5 000
疏林地面积	3 000	3 000	3 000	3 000
拟退耕地面积	2 000	366	733	867
国有林面积	150	150	150	150
集体林面积	222 901	224 901	225 267	226 000
承包林面积	222 901	224 901	225 267	226 000

2. 劣势分析

（1）生产成本较高

生物质能源作为一个新兴的产业，原料开发成本高，在市场上与常规化石能源相比，在价格上不具有竞争力，这是一直制约生物质能源产业迅速发展的因素之一。目前，世界各国中只有巴西的燃料乙醇价格低于汽油价格，生产无需政府补贴。其他国家燃料乙醇生产成本普遍过高，需要政府补贴。以我国安徽丰原燃料乙醇有限公司的数据为例，2006 年生物燃料乙醇的成本中原材料的成本比例为 84.6%，期间费用成本为 9.02%。2007 年原材料成本比例为 84.36%，期间费用为 9.42%。而利用木本油料、林木枝桠、林业剩余物、木薯、甜高粱等制取生物柴油、生物燃料乙醇，虽不影响国家粮食安全，但获取非粮原料的成本、价格及其技术的创新程度又大大加剧了开发生物质液态燃料的生产成本。与其替代产品汽油价格进行比较，明显看出，生物质能源产业的发展并不具有市场竞争力，在其发展初期，仅仅依靠市场的力量是不行的，如没有政府补贴，其发展效益低，农民种植意愿将不高，不利于林业生物质能源林的建设。

（2）技术发展滞后，相关替代林效益高

以淀粉类和糖蜜类物质为原料生产燃料乙醇的第一代技术发展空间有限，以纤维素为原料的第二代技术被公认具有良好的发展前景。目前我国的天冠集团、丰原集团和中粮集团等公司已形成了自己的中试生产线，但其整体水平与国外先进水平还存在差距，且均未达到工业化生产规模。当前，纤维素燃料乙醇生产在技术上已经可以实现，但未能广泛投入大规模工业化生产，主要是由于其商业化生产在原料预处理、纤维素酶水解和木糖高效乙醇发酵 3 个环节上还存在技术、经济障碍。上述环节至今未取得重大突破，依然是世界性的重点和难点。纤维素乙醇要实现大规模的工业化生产，还有很长一段路要走。同样地，利用木本油料植物制取林木生物柴油，也面临着技术发展滞后的制约，开发成本较高，影响林

业生物质能源产业的快速发展。

宜昌市所辖的兴山县、秭归县、点军区、夷陵区，其最大的优势资源在于拥有油桐、乌桕、油茶、漆树等能源树种资源，在 20 世纪 70 年代都是林农积极种植的传统的优势树种，但由于后期发展中，受市场经济的影响，每年的经济效益都比较低，使得林农的种植意愿不高，以茶叶和油籽为例，茶叶的年收入为 2000 ~ 3000 元/亩，而油籽年收入不足 1000 元/亩。目前，在秭归县和夷陵区这些能源树种除了零星散种外，大多都被砍伐，用于栽种柑橘、果茶等树种，还有很多处于慢慢消亡中。

(二) 宜昌市林业生物质能源林项目发展的外部环境

1. 机会分析

(1) 能源需求强劲，缺口加大

我国石油资源不足，2007 年我国能源供给矛盾继续加大，由 2.5 亿吨标准煤的缺口增加到 3.01 亿吨标准煤。近年来，随着我国经济的高速增长，石油消费量已居世界第二位。石油消费的激增直接导致了进口量的大幅度增长。1993 年，我国成为石油净进口国，2004 年进口量突破 1 亿吨，2007 年，我国石油进口1.968 亿吨，进逼 2 亿吨。从开始进口到突破 1 亿吨，中国用了 11 年时间；从进口 1 亿吨到逼近 2 亿吨，却只用了 3 年时间。在进口速度不断加快的情况下，我们有必要重新考虑石油安全及其带来的经济风险，这使得发展可再生能源，推进能源多元化战略成为制定今后能源战略的一个基本方向，开发林业生物质液态燃料用以替代石化汽油成为现实可行的选择，根据我国正在拟订的生物质能源替代石油的中长期发展目标，到 2020 年生物质能源消费量有望占到整个石油消费量的 20%，将我国石油的对外依存度控制在 50% 以下，这无疑对于林业生物质能源林的建设是一个巨大的发展机遇。

2004 年全球生物柴油生产能力仅有 300 万吨，生物柴油产量不足 250 万吨，而且 80% 集中于欧盟。到 2006 年年底全球生物柴油生产能力已经达到 1000 万吨，产量已超过 600 万吨；预计到 2007 年底全球生物柴油生产能力将会超过1500 万吨，2008 年底全球生物柴油产能有望超过 2000 万吨。从生物柴油产品需求层面看，2005 年我国柴油供应一度吃紧，专家预测到 2010 年我国柴油的需求量将突破 1 亿吨，2015 年将达到 1.3 亿吨。巨大的市场需求、有限的化石能源，成为生物柴油产业发展的巨大推力。从长远的能源供应层面看，唯有生物质能源才能成为人类可持续发展的动力保障。

(2) 政策激励措施力度加大

我国政府高度重视林木生物质能源林基地的建设，2006 年以后相继出台的《国家中长期科学和技术发展规划纲要》和《生物产业发展规划纲要》都将生物能源列为重点。"十一五"期间，国家支撑计划、高技术发展计划和高技术产业发展计划都加大了对生物能源的研发投入。2007年9月中国政府专门发布了《可再生能源中长期发展规划》，制定了到2020年我国生物能源的具体发展目标。此外，国家林业局将林业生物质能源资源培育开发列入了"十一五"林业发展规划，并组织编制了到2020年的《全国能源林建设规划》，初步提出了我国能源林建设的发展目标、布局和相应的政策措施。根据国家重视加快生物液体燃料发展的要求，编制了《林业生物柴油原料林基地"十一五"建设方案》，对油料能源林基地建设进行了布局规划。确定"十一五"期间，将重点在云南、四川、贵州、重庆等省（直辖市）发展小桐子40万公顷，在河北、陕西、安徽、河南等省发展黄连木25万公顷，在湖南、湖北、江西等省发展观皮树5万公顷，在内蒙古、辽宁、新疆等省（自治区）发展文冠果13.3万公顷，并推动这些地区合理布局生物柴油产业化项目，最终使林业生物质能源达到从原料培育、加工生产到销售的"林油一体化"格局。同时为了大力发展林业生物质能源，财政部、国家发改委、国家林业局下发了《关于发展生物质能源和生物化工财税扶持政策的实施意见》，对发展生物质能源产业和生物化工实施风险基金制度与弹性亏损补贴机制进行了规定，国家对生物质能源及生物化工生产的原料基地龙头企业和产业化技术示范企业予以适当补助，给确需要扶持的生产企业给予税收优惠政策。财政部已确定，每亩木本生物能源林基地补助200元，省政府也将在未来数年内拿出数十亿元资金扶持基地建设。

（3）全国其他省市加工企业的建立，提供了较好的外部发展模式

在2006年海南正和生物能源有限公司在河北已开发了0.73万公顷黄连木种植基地，每年可产果实2万~3万吨，果实出油率为38%~43%，可获得生物柴油原料8000~12 000吨。他们采取的是"政府组织、企业牵头、金融支持、专家指导、农户参与"五位一体的可持续发展模式。中源新能源（福建）有限公司已在福州北峰、连江、漳州及南安等地和农户合作示范种植麻风树，待选定适合福建地区种植的麻风树品种后，将在福建建立1.33万公顷的麻风树种植基地。为中源今后4万吨生物柴油项目提供充足的原料供应。在2006年7月，中石化决定在四川攀枝花建一座年产10万吨的生物柴油炼油厂，为此配套的能源林基地有2.67万~3.33万公顷。紧随而来的中海油与攀枝花市政府经过短暂接触，合作迅速升温，并很快开花结果，9月12日双方签订了"攀西地区麻风树生物柴油产业发展项目"，投资额高达23.47亿元。预计到2010年，中海油将在攀枝花发展麻风树种植基地3.33万公顷，建设年产10万吨的生物柴油炼油基地。

湖北森林资源中，有乌桕、油茶、光皮树、黄连木、油桐等多种丰富的木本油料资源可供开发利用。目前，武汉艾瑞公司与中国农业科学院油料作物研究所

合作,武汉新宇能源科技有限公司与省林业科学院合作,开展生物能源的产业化研发均已取得重要进展。大规模工业化生产木本生物能源,湖北已具备了基本的技术条件。凯迪与阳新县政府签订框架协议,计划投资 10 亿~15 亿元,在该县建设五大项目。这五大项目形成一个完整的循环经济体系:先建设能源林基地,配套建设一座生物质热电厂,燃料主要来源于基地产出的果籽壳和抚育残枝;然后建油料深加工厂,提炼生物柴油,动力来源于发电厂的蒸汽;利用发电厂燃烧后的灰烬,再建一座有机肥料厂,肥料则供应给有机农业基地,生产有机农产品。五大项目建成后可将基地产出全部利用起来,年产值在 30 亿元左右。凯迪公司 5 年内投入 30 亿元在全省范围内建立 40 万公顷能源林基地,而凯迪公司将在原料基地达到一定规模时,迅速启动生物柴油深加工等相关配套工业系统。这些都为宜昌市未来林业生物质能源林的建设以及建立一个年产 10 万吨生物柴油的加工厂提供了发展模式的借鉴经验和项目发展的技术条件,使得宜昌市林木生物质能源林基地建设及生物柴油加工企业的建立变得更加有可行性。

2. 威胁分析

(1) 受制于原料、市场和汽油的价格波动

目前,宜昌市林业生物质能源林项目是否能够顺利展开,受到农民种植意愿的影响,但本质上说更是受制于林木生物质能源开发利用市场环境。以目前发展较为成熟的生物燃料乙醇为例,国家对燃料乙醇实行特殊定价政策并且有专门财政补贴,使市场上燃料乙醇价格略低于汽油价格,从而增强燃料乙醇的市场竞争力。生物质能源产品作为一个新生事物,其市场发展环境还比较脆弱,如果没有国家补贴政策,仅仅依靠市场力量,生物质能源产业是发展不起来的。此外,还会受到原料和汽油价格波动的影响。目前,燃料乙醇的价格是按照汽油价格的0.911 倍确定的,所以销售燃料乙醇的实际收入包括两部分,即汽油价格的0.911 倍和政府补贴(实际收入 = 0.911 × 汽油价格 + 政府补贴)。根据国家 2005年制定的燃料乙醇财政补贴办法,2005~2008 年,每一年度的财政补贴分别为1883 元/吨、1628 元/吨、1373 元/吨、1373 元/吨,汽油价格的 0.911 倍加上相应的政府补贴就可得出燃料乙醇的实际收入。因此,原料价格越低,汽油价格越高,补贴越高,则利润空间越大,越能激发企业的投资欲望和农民的种植意愿。反之,林业生物质能源林项目的建设则将受到这些外在因素的威胁。

(2) 林业生物质能源开发利用中的二次污染

林业生物质能源林项目的展开,有利于绿化环境,培育良好的生态环境,但是在其培育种植的过程中,不完全是没有污染的。种植油桐、油茶、乌桕这些树种的过程中,油桐易生虫,其落叶冲到水里面,不但会将植物的大量营养物质带走,还会给水环境带来污染。而在林业生物质能源开发利用过程中,也会产生废弃物,如果不及时处理的话,给生态外在环境将会带来不利的影响。例如,在燃

料乙醇生产的过程中会产生废渣酒糟，如果不及时加以处理的话，就会腐败变质，既浪费了资源，又严重污染周围的环境。因此，一定要防止生物质能源开发利用过程中的二次污染。对于酒糟可以通过与无机氮磷肥联合施用投入农田中以提高土壤的肥力，还可以进行厌氧发酵生产沼气。粗甘油可以通过相应工艺路线转化为1，3-丙二醇、环氧氯丙烷、乳酸、聚羟基脂肪酸酯、氢、二羟基丙酮和1，2-丙二醇等具有市场前景的高附加值产品。另外，还要防止农户为获得个人私利，借开发利用林木生物质能源之机，乱砍滥伐，改变森林资源的用途。总之，政府要通过一系列的政策优惠措施、法律法规支持林木生物质能源的开发，通过实现农村能源的自我循环发展，缓解我国能源供给不足，为城市创造可持续发展空间。待生物质能源产业发展到一定规模，可以实行以农村补城市的能源流向政策，最终实现经济的全面可持续发展。

三、宜昌市林业生物质能源林项目发展的基本结论

通过对宜昌市林业生物质能源林的资源情况分析，依据该市林业生物质能源林的实际发展水平，可以选择与之相匹配的战略组合。

1）近期（2010~2015年）完成宜昌市林业生物质能源林基地建设总体规划中的300万亩生物质能源林基地建设，不断创新林业生物柴油和林业生物燃料乙醇的研发技术，建立一个年产10万吨的生物柴油工厂，由于开发成本较高的问题，此阶段建议采取防御战略，利用优势，回避威胁。

2）中期（2016~2030年）技术发展日臻完善，生物柴油开发成本降低，特别是由于对环境问题的重视，对常规能源燃料必然采取限制手段，生物质液态燃料将具有与石化燃料竞争的条件，此阶段采取竞争战略利用机会，克服弱点。

3）远期（2030~2050年）随着石油资源日益枯竭，林业生物柴油和林业生物燃料乙醇技术投入大规模工业化生产，生物柴油和生物燃料乙醇逐渐取代石化燃料，成为主要车用燃料，此阶段采取进攻战略，利用机会发挥优势。不论是近期、中期还是远期战略选择，林业生物质能源的开发利用总是优势与机遇相随，因为石油资源最终总是要走向枯竭，受能源安全、粮食安全和环境保护的压力，国家对林业生物质能源林项目的开展只能是鼓励，不会实行打压或对产业的"刹车"，所以，估计在任何情况下都不会考虑减小弱点，回避威胁的撤退战略。

第三节 生物质能源林树种效益分析及评价

在综合考虑宜昌山峡库区地理环境、气候风貌、种植历史等条件的情况下，本项目选取了适宜山峡库区种植的几种能源树种，并对以种植这几种能源

树种为基础的生物质能源林建设的经济效益、生态效益和社会效益进行了分析和评价。

一、能源树种的选择

宜昌气候温和、雨量充沛、土壤肥沃、丘岗山地多，自然条件优越，自然资源丰富，核桃、油茶、油桐是当地传统的木本油料树，但由于成本原因，这三种油料树种都不适合选作生物质能源林的推广种植树种。核桃、油茶、油桐的种子在市场上售价很高，每种单价均在10元/斤（20 000元/吨）以上，企业收集这三类种子炼油，成本过高。对比现在市场的成品油价，柴油5850.00元/吨起批价不含运费（2009年7月3日价格），以这三类种子为原料炼制生物柴油没有市场。宜昌区域内气候温湿，年平均气温为13～18℃，年降水量960～1600毫米，海拔高低悬殊，小气候丰富。因此，有必要在现有能源树种中选取若干种既能适宜宜昌气候，又具有经济比较优势的能源树种进行大规模种植。

目前富含油脂的木本油料树种中研究较多的主要有10种，分别是麻风树、黄连木、光皮树、乌桕、油桐、文冠果、水冬瓜、油棕、油橄榄、橡胶树。根据宜昌市的地理环境、气候条件、海拔分布以及历史上这些树种在本市分布情况，我们主要选择麻风树、黄连木、光皮树、乌桕和油桐这5个树种作为生物质能源林树种。

（一）麻风树

麻风树，大戟科麻风树属，喜光阳性植物，根系粗壮发达，具有较强的耐干旱瘠薄能力，枝、干、根近肉质，组织松软，含水分、浆汁多、有毒性而又不易燃烧，抗病虫害。它原为生长在中南美洲的常绿落叶灌木或小乔木，现广泛分布于亚洲中南半岛的缅甸、泰国、老挝、柬埔寨、马来西亚、印度和我国热带、亚热带以及干热河谷地区。我国有300多年的引种历史，目前，在四川、贵州、云南、广西、广东都有大量的野生分布，所有热带干旱地区都可以种植，生长迅速，生命力强，在部分地方可以形成连片的森林群落。该树3年可挂果投产，5年进入盛果期，果实采摘可长达50年。果实的含油率为60%～70%，经改性后的麻风树油可适用于各种柴油发动机，并在闪点、凝固点、硫含量、一氧化碳排放量、颗粒值等关键技术上均优于国内零号柴油，达到欧洲二号排放标准，被称为生物柴油树，是最有种植潜力的油料作物品种。云南、四川、贵州等省也在大力发展麻风树，以四川省攀枝花市分布最广，生长最好。不久前，中海油基地集团和四川省攀枝花市政府签订了攀西地区麻风树生物柴油产业发展项目，计划投资23.47亿元，到2010年种植3.3万公顷麻风树。目前，我国西南地区已种植

0.7 万公顷左右，有关部门计划至 2010 年发展到 70 万公顷。一般种植 3～4 年的麻风树年产种仁可达 4500 千克/公顷，种子含油量为 35%～40%，种仁含油量高达 50%～60%，可提取加工油 2700 千克/公顷。

（二）黄连木

黄连木，漆树科黄连木属落叶乔木。因其木材色黄而味苦，故名黄连木或黄连树。该树喜光，幼时稍耐阴，喜温暖，畏严寒，耐干，对土壤要求不严，微酸性、中性和微碱性的沙质、黏质土均能适应，宜于山地种植，而以在肥沃、湿润而排水良好的石灰岩山地生长最好。深根性，主根发达，抗风力强，萌芽力强。生长较慢，寿命可长达 300 年以上。黄连木原产地中海地域、亚洲和北美南部，主要分布在我国陕西、河北、河南、云南、甘肃等地，是少见的乔木类食用型油料作物。黄连木抗干旱，适应性强，生长迅速，较适宜于山地种植，在云南分布广泛，常生长在海拔 900～2400 米的林缘或灌木丛中。秦岭南、北坡黄连木分布较普遍，仅陕西年产黄连木籽就达 25 万千克以上。黄连木树高可达 30 米以上，胸径达 100 厘米以上。其种子富含油脂，含油率高达 42.5%，果实含油率 35%～42%。海南正和生物能源有限公司在河北已开发了 0.73 万公顷黄连木种植基地，每年可产果实 2 万～3 万吨，可获得生物柴油原料 8000～12 000 吨。

（三）光皮树

光皮树，山茱萸科木来木属落叶灌木或乔木，广泛分布于黄河及以南流域的陕西、甘肃、浙江、江西、福建、河南、湖南、湖北、广东、广西、四川、贵州等省（自治区），以湖南、江西、湖北等省最多，垂直分布在海拔 1130 米以下。光皮树喜光，耐寒，喜深厚、肥沃而湿润的土壤，在酸性土及石灰岩土生长良好，深根性，萌芽力强，抗病虫害能力强，寿命较长，超过 200 年以上。

（四）乌桕

乌桕，又称木子树，大戟科乌桕属落叶乔木，喜光，耐寒性不强，在年平均温度 15℃ 以上，年降雨量 750 毫米以上地区都可生长。对土壤适应性较强，沿河两岸冲积土、平原水稻土、低山丘陵黏质红壤、山地红黄壤都能生长。以深厚湿润肥沃的冲积土生长最好。土壤水分条件好生长旺盛，能耐短期积水，亦耐旱，是我国特有的木本油料树种。乌桕为速生经济林木，幼期年平均高、径生长可达 0.8 厘米和 1 厘米以上，30 年左右高、径生长渐趋缓慢而冠辐迅速增大。实生苗 7～8 年、嫁接苗 3～5 年开始结实，20～50 年为盛果期，寿命可长达 100 年以上。它分布于长江流域以南地区，具有生长快、出油率高的特点，被我国列为四大木本油料之一，其梓油可用于制取"柴油"。湖北的大悟盛产乌桕，乌桕籽的含油量为 40%～

53%，当地种植乌桕27万公顷，约450万株，年产量为1.5万吨。如果将其转化为生物柴油，产量可达到3500吨。目前，乌桕籽的收购价格很低（1～1.3元/千克），如果加大种植面积，其收购价格还可能下降。因此，在大悟采用廉价的乌桕生产生物柴油，地方优势得到充分发挥，原料成本也会随之降低。据报道，美国引种我国的乌桕，产量每英亩超过1万磅①，总的脂肪产量每英亩大于4500磅，超过世界油王树种——油棕树的产油量。

（五）油桐

油桐，大戟科，落叶乔木，喜光，以向阳坡地、土壤深厚肥沃、保温和排水良好的酸性至中性砂壤土生长最好。是我国特有经济林木，它与油茶、核桃、乌桕并称我国四大木本油料植物，以四川、贵州、湖南、湖北四省分布最广。油桐可高达3～8米，4～5月开花，果期在7～10月，花后子房膨大，结球形核果，果顶端有短尖头，果内有种子3～5粒，种子具厚壳状种皮，宽卵形，种仁含油，高达70%。桐油是重要工业用油，制造油漆和涂料，经济价值很高。桐油和木油色泽金黄或棕黄，都是优良的干性油，有光泽，不能食用，具有不透水、不透气、不传电、抗酸碱、防腐蚀、耐冷热等特点。广泛用于制漆、塑料、电器、人造橡胶、人造皮革、人造汽油、油墨等制造业。我国桐油占世界桐油贸易量的60%～80%，其余为南美洲的巴拉圭、阿根廷、巴西等国。桐油自古以来就是我国南方用于点灯照明用的燃料油，在煤油使用之前，南方各省主要以桐油或茶油照明。桐油为三酰甘油的混合物，其脂肪酸组成主要是棕榈酸、硬脂酸、油酸、亚油酸、亚麻酸和桐酸，其中以桐酸含量最高，约为80%。桐酸是桐油中特有的，也是决定桐油性质的主要成分。

二、能源树种经济效益分析

（一）麻风树造林成本效益分析

在亚热带以南地区，小桐子幼苗移植造林可全年进行，不受季节影响。在亚热带以北地区，于落叶后的第二年春季开始进行分栽。亩均用苗量可达200株左右。平原地区的造林用量，可借鉴以上情况，以不低于200株计算，小桐子造林栽植的株行距可采用200厘米×150厘米左右。经分栽造林后的小桐子成苗，不用特殊管理，以后每年可视生长情况给以相应施肥与定型修剪，充足的土壤肥力与良好的树形可大大提高小桐子的长势，还能提早进入挂果期。同时，值得注意的是，小桐子树的生长地应保证足够的光照强度，在光照不足的树荫下，会出现

---

① 1磅＝0.453 5 92千克。

生长不良现象,也会影响其后期的结实率。生长良好的小桐子成苗在第 3~5 年后的高度可达 3~5 米,亩均干果产量可达 600 千克以上,由于该树种可以存活30 年以上,计算期设为 30 年,在第 4~5 年产量为盛产期的 50%。前期 3 年投入中苗木费、化肥、整地等费用相对平均,3 年共需投资 2157.50 元/亩,从第 4年开始有现金流入,投资回收期为 8.51 年,全部投资所得税前财务内部收益率为 16.55%,财务净现值(Ic=12%)为 845 元(表 10-4)。

表 10-4　麻风树种植敏感性分析

变化因素	内部收益率/%	财务净现值/元(Ic=12%)	投资回收期/年
基本方案(单价 1.5 元/千克)	16.55	845	8.51
果实收购价格降低 20%(1.2 元/千克)	11.62	−64.3	10.67
果实收购价格提高 10%(1.65 元/千克)	18.74	1 299.7	7.88
果实受过价格提高 20%(1.8 元/千克)	20.79	1 754.3	7.40

从敏感性分析表看,果实收购价格变化对每亩麻风树的经济的内部收益率、财务净现值和投资回收期的影响都比较大,当果实收购价格下降 20% 时,内部收益率下降到了 11.62%,财务净现值下降到了 −64.3 元,这表明要保证麻风树的效益,果实的收购价格不能低于 1.2 元/千克。当果实收购价格分别提高 10%和 20% 时,内部收益率分别提高到了 18.74% 和 20.79%,但两者的投资回收期变化不大都需要 7 年多。

(二) 黄连木造林成本效益分析

黄连木适宜春季或秋季集中连片栽植,在海拔 800 米以下、土壤深厚、湿润、肥沃,通气良好,无积水,排水灌溉条件良好,pH 为 6.8~7.2 的土壤,按经济林标准,在坡度不大于 35 度的阳坡或半阳坡,进行集约经营管理。整地方式可根据立地条件的不同,分别选用水平阶、鱼鳞坑或穴状整地。造林密度为每亩 100 株左右。采用 1~2 年生苗木,直径为 5 厘米,单价 30 元/株,5~8 年可开花结实,果实产量较高,胸径 15 厘米大树株可产黄连木果 50~70 千克,胸径30 厘米以上大树株可产果 100~150 千克,最高可达 250 千克,盛产期按产果实5000 千克/亩计算,由于黄连木生长周期较长,寿命可达上百年,为了计算方便,我们设定第 6~10 年产量为盛产期的 20%,第 11~15 年为盛产期的 30%,第 16~20 年为盛产期的 60%,之后进入盛产期,总计算年限为 50 年。黄连木前2 年投入成本较高,主要是苗木费用需要 4500 元/亩,之后生长周期需要 5 年,没有现金流入,所以每亩的投资回收期比较长达 11.30 年,全部投资所得税前财务内部收益率为 17.08%,财务净现值(Ic=12%)为 5898.3 元(表 10-5)。

表 10-5　黄连木种植敏感性分析表

变化因素	内部收益率/%	财务净现值/元(Ic = 12%)	投资回收期/年
基本方案（单价1.5元/千克）	17.08	5 898.3	11.30
果实收购价格降低20%（1.2元/千克）	15.01	3 215.2	12.93
果实收购价格提高10%（1.65元/千克）	18.01	7 239.8	10.76
果实受过价格提高20%（1.8元/千克）	18.89	8 581.4	10.34

从敏感性分析表看，果实收购价格变化对每亩黄连木的经济效益影响比较大，尤其是对内部收益率和财务净现值的影响很大，当果实收购价格下降20%时，内部收益率下降到了15.01%，财务净现值下降到了3215.2元，这说明我们要保证黄连木果实的收购价格不能过低或者波动较大。此外收购价格的变化对回收期的影响不大，尤其是当价格上涨20%时，回收期也需要10年，这是由于黄连木生长周期比较长，第6年才开始挂果，之后的5年内产量也不高。

（三）光皮树造林成本效益分析

选择向阳的房前屋后、渠道旁边、溪河两岸、田头地尾、山窝山脚和平原岗地，土层深厚、质地疏松、肥沃湿润、排水良好、pH为5.5～7.5的土壤栽植光皮树。海拔在1100米以下，早春苗木萌动前选择阴天或小雨起苗种植，起苗后要防止风吹日晒，并要做到随起随运随栽，每穴栽1株，要做到苗根舒展，苗干端正，栽深适度，松土培兜，如土壤干燥，要浇定根水。采用大穴整地，穴距为3米×4米，每亩种植约60株，实生苗造林一般第5～7年开始结果，由于人工林分群体分化严重，产量高低不一，嫁接苗造林一般第2～3年始挂结果，12年左右进入盛果期，产量高，树体矮化，便于经营管理。果实千粒重高于70克，其果实（带果皮）含油率为33%～36%，一般条件下盛果期平均每株产油5～15千克。若以每亩60株计，亩产鲜果可达300～600千克，可榨油150千克左右，很适合用作生物柴油的原料油。我们采用实生苗造林，设定第7～8年产量为盛产期的20%，第9～11年为盛产期的60%，第12年进入盛产期，总计算年限为50年。每亩光皮树投资回收期为14.08年，所得税前财务内部收益率为11.19%，财务净现值（Ic = 12%）为 −188.8元。值得注意的是，光皮树还有作为木材和酿蜜的经济用途，没有计算在内（表10-6）。

表 10-6　光皮树种植敏感性分析表

变化因素	内部收益率/%	财务净现值/元(Ic = 12%)	投资回收期/年
基本方案（单价1.5元/千克）	11.19	−188	14.08
果实收购价格降低20%（1.2元/千克）	8.40	−750.4	16.62

变化因素	内部收益率/%	财务净现值/元（Ic＝12%）	投资回收期/年
果实收购价格提高10%（1.65元/千克）	12.37	92	13.34
果实受过价格提高20%（1.8元/千克）	13.45	372.9	12.79

从敏感性分析表看，在基本方案价格为1.5元/千克时，光皮树的内部收益率为11.19%，财务净现值为－188元，不符合经济效益的要求，只有当光皮树果实收购价格提高到1.65元/千克，才能有经济效益，财务净现值为92元，投资回收期为13.34年，相对麻风树和黄连木的经济效益要差一些。

（四）乌桕造林成本效益分析

乌桕对立地条件要求不严，海拔在800米以下，一般山场均可选作造林地，但以坡度小、土壤肥沃、土层深厚、微酸性的阳坡山场为最佳，可获得更大的速生丰产效果。9月初至10月中下旬完成清山及林地清理，12月底完成整地。整地方式可分全垦整地和块状整地2种，可根据造林地立地条件、经营习惯确定不同的整地方式。在坡度大于15度的造林地块，采用块（穴）状整地，即按栽植点进行整地，整地穴规格为60厘米×60厘米×60厘米，在坡度小于或等于15度的造林地块，可采用全垦整地。经济林以采果为主，造林密度宜小，株行距为4米×5米，其栽植密度30株/亩。乌桕1年能发3次梢，主根发达，抗风力强，生长速度中等偏快，寿命较长。一般嫁接苗在第4～5年开始结果，10年后进入盛果期，在第60～70年后逐渐衰老，在良好的立地条件下可生长100年以上。我们设定第4～5年产量为盛产期的20%，第6～7年为盛产期的30%，第8～9年为盛产期的60%，第10年进入盛产期，计算期为50年。乌桕前期投入的苗木费用较大，前三年需要投资共8430元/亩，投资回收期为12.55年，所得税前财务内部收益率为10.98%，财务净现值（Ic＝12%）为－930.1元（表10-7）。

表10-7　乌桕种植敏感性分析表

变化因素	内部收益率/%	财务净现值/元（Ic＝12%）	投资回收期/年
基本方案（单价1.5元/千克）	10.98	－930.1	12.55
果实收购价格降低20%（1.2元/千克）	8.78	－2713.6	14.49
果实收购价格提高10%（1.65元/千克）	11.96	－38.4	11.9
果实受过价格提高20%（1.8元/千克）	12.89	853.3	11.39

从敏感性分析表看，在基本方案价格为1.5元/千克时，乌桕的内部收益率为10.98%，财务净现值为－930.1元，不符合经济效益的要求，只有当光皮树果实收购价格提高到1.80元/千克，才能有经济效益，财务净现值为853.3元，

投资回收期为 11.39 年，相对麻风树和黄连木的经济效益也要差一些。

（五）油桐造林成本效益分析

油桐造林地宜选土层深厚、背风向阳、地势开阔的缓坡地，山地海拔为 300～400 米，采用小平梯带或块。由于其生长迅速，枝条横展，树冠和根幅庞大，一般种植密度为 30 株/亩。油桐生长快、结实早、产量高，第 1 年树高可达 0.8～1.0 米，第 2 年分枝，第 3 年开始结实，第 5～6 年进入盛果期，盛果期可达 20～30 年。采用良种栽培每亩可产桐油 20～30 千克，甚至更高。由此我们可以设定，第 1～2 年为生产期，第 3～4 年油桐产量为盛产期的 50%，第 5 年进入盛产期，计算期为 30 年。油桐前期投入费用不大，但是需要肥沃的土地和施肥，后期管理投入费用比较多，桐油价格波动较大，对油桐种植影响强烈。以每吨桐油价格 13 000 元计算，投资回收期为 11.97 年，所得税前财务内部收益率为 9.32%，财务净现值（Ic = 12%）为 -166.6 元（表 10-8）。

表 10-8　油桐种植敏感性分析表

变化因素	内部收益率/%	财务净现值/元（Ic = 12%）	投资回收期/年
基本方案（桐油价格 13 000 元/吨）	9.32	-166.6	11.97
桐油价格降低 20%（10 400 元/吨）	-0.42	-610	>30
桐油价格提高 10%（14 300 元/吨）	12.84	55.4	9.67
桐油价格提高 20%（15 600 元/吨）	16.04	277.4	8.31

从敏感性分析表看，在基本方案桐油的价格为 13 000 元/吨时，油桐的内部收益率为 9.32%，财务净现值为 -166.6 元，桐油价格降低对油桐的种植影响非常大，当价格下降 10% 的时候，每亩油桐的投资回收期将变的很长，项目没有利润。当油桐价格达到 14 300 元/吨时，种植油桐回收期需要 9.67 年，财务净现值为 55.4 元。

三、能源树种经济效益比较和评价

前面分析了各能源树种每亩的经济效益，麻风树和油桐由于树龄较短计算期为 30 年，其他树种计算期都为 50 年。我们发现黄连木和麻风树的内部收益率最高分别为 17.08%、16.55%，光皮树内部收益率为 11.19%，乌桕最低为 10.98%。其中黄连木的财务净现值最高达 5898.3 元（Ic = 12%），而乌桕是 -930.1 元（Ic = 12%）。在投资回收期方面，麻风树的投资回收期最短为 8.51 年，光皮树投资回收期最长需要 14.08 年。光皮树的经济效益没有考虑到其作为木材和酿蜜的价值，而乌桕主要的成本在于苗木价格比较高，限制了其发展。油桐由于其桐油的价格很高（远高于生物柴油 5850 元/吨），不适于作为生物质柴油原料树种开发种植，但是可以考虑作为其他油料作物推广（表 10-9）。从经济效益比较可以看出，麻风树和黄连木的经济效益比较突出，可以重点选用这两个树种推广。下一节将从新建生物柴油加工厂的角度分析该项目的可行性。

表 10-9　单个能源树种经济效益对比表

树种（果实单价 1.5 元/千克）	内部收益率/%	财务净现值/元（Ic = 12%）	投资回收期/年
每亩麻风树	16.55	845	8.51
每亩黄连木	17.08	5 898.3	11.30
每亩光皮树	11.19	−188	14.08
每亩乌桕	10.98	−930.1	12.55
每亩油桐（桐油价格 13 000 元/吨）	9.32	−166.6	11.97

第四节　生物质能源林加工厂的效益及评价

一、投资估算与资金筹措

（一）估算依据

1）《湖北省建筑工程概（估）算定额》（2002）。
2）《湖北省建筑工程施工机械台时费定额》（2002）。
3）《湖北省建筑工程设计概（估）算编制规定》（2002）。
4）《湖北省建筑安装工程综合定额》（2002）。
5）结合宜昌市建筑工程标准单价进行估算。
6）其他费用按国家有关投资估算的规定，参考同类工程造价计取。

（二）估算说明

1）勘察设计费按工程费用的 2.5% 计算。
2）工程监理费按工程费用的 1.0% 计算。
3）建设单位管理费按工程费用的 3.0% 计算。
4）贷款利率按 6% 计算。
5）基本预备费按按工程费用 3.0% 计算。
6）涨价预备费按按工程费用 1.0% 计算。

（三）投资估算

1. 固定资产投资估算

本项目系新建工程项目，经估算，本项目工程土建投资 1625 万元，固定设备投资 6950 万元，项目前期费用和其他投资 1066.13 万元，不可预见费为 100 万元。

（1）土建投资及构成

土建工程投资共计 1625 万元，其中：征地 20 亩，投资 120 万元；新修厂房 7300 平方米，投资 730 万元；仓库 800 平方米，投资 150 万元；办公综合楼 1500 平方米，投资 325 万元；油罐等基础设施、污水处理及绿化，投资 300 万元。

（2）设备投资及构成

项目设计年产 10 万吨生物柴油，设备投资共 6950 万元。其中：油品生产和储运费 5000 万，运输工具费 800 万，供电供热通风设备投资 600 万元，设备安装调试费投资 50 万元。其他费用 500 万。

（3）项目前期费及其他投资

项目前期费及其他投资共 1166.13 万元，其中：安排前期工作经费 80 万元，勘察设计费 300.13 万元，工程监理费 85.75 万元，建设单位管理费 257.25 万元，基本预备费用 257.25 万元，涨价预备费 85.75 万元，不可预见费 100 万元。

2. 流动资金估算

流动资金按实际原材料价格，存货，在产品、产成品和流动负债等因素估算，共需流动资金 8557.24 万元，从第 4 年投产期开始需要 4243.94 万元，第 6 年需新增 4431.8 万元，到第 14 年新增 184.5 万元，最终达到 8557.24 万元。

3. 总投资估算

本项目估算总投资为 36 297.51 万元，其中固定资产投资 26 840.70 万元，流动资金 8557.24 万元。

（四）资金筹措

作为新兴的生物质能源产业，该项目前期资金投入较大，需要中央和地方财政的扶持，主要用于生物质能源林基地的建设。拟定如下筹资方案：申请中央财政和地方财政对生物质能源林基地建设的补助共 11 000 万元，共占总投资的 30.31%，申请银行贷款和企业自筹资金 25 297.51 万元，占总投资的 69.69%。

（五）资金使用计划

（1）资金分年度使用安排

项目计划从 2010 年 1 月开始筹建，2013 年 1 月建成，建设期为 3 年。由于麻风树挂果期为 3 年，盛产期为 5 年，所以该项目的投产期为 2 年，生产负荷为设计产能的 50%，2015 年开始产能达到设计要求。资金安排 2010 年为 8946.9 万元，2011 年为 8946.9 万元，2012 年为 9546.47 万元。

（2）有偿资金和银行贷款归还措施与归还计划

项目计划从 2010 年 1 月开始筹建，2013 年投产，生产负荷为设计能力的

50%，2015 年达到设计要求正式投产，2013 年开始归还有偿资金和银行贷款，2018 年全部还完。

（六）项目实施风险评价

（1）风险分析

经营风险：项目实施是利用三峡库区宜林荒山荒地、库区退耕还林地种植小桐子、乌桕和黄连木，将其果实转化加工成生物柴油，提高农民收入，缓解人们对石化能源的依赖。生物质能源林进入盛产期后，后期所需资金投入很少，产量稳定。根据资料显示，目前中国 50% 多的石化能源依赖进口，能源缺口甚大，而该项目建成后产能达 10 万吨/年，远远不能满足市场的需求，可见项目实施后，虽然产品数量增加，但仍供不应求。因此，经营风险很小。

市场风险：随着我国国民经济的快速发展，人民生活水平的不断提高，城市汽车的保有量不断提高，农业机械化水平加速，对能源产品的需求成倍增长。当前国际石油价格飙升，人们寻求可替代能源的愿望更加迫切，生物柴油作为绿色的、清洁的替代品，市场需求量将不断放大，呈现一种供不应求的趋势，因此，该项目的市场风险也很小。

政策风险：由于国家政策加强对生物质能源林开发利用的扶持，加大对三峡库区后续发展的投入，保护三峡库区生态环境，该项目所涉及的内容符合我国近期的产业发展政策，所以政策风险相对较小。

（2）降低风险的措施

1）注重苗木的繁育和品种改良、选用高产苗木。

2）合理规划生物质能源林种植区域布局。

3）加强经营管理，进行成本控制，确保产品盈利经营。

4）拓宽销售渠道，保证产品销售顺畅。

（3）项目不确定性分析

为进一步研究项目承受风险的程度和前景，以影响项目效益的主要因素作乐观和悲观估计，其中总成本的提高和产品价格下降，是影响项目效益和项目可行性的主要因素。敏感性分析表中列出了这两种因素变化对投资利润率和投资回收期的影响情况（表 10-10）。

表 10-10　敏感性分析表

变化因素	内部收益率/%	累计净现值/万元	投资回收期/年
基本方案	8.45	42 134.16	12.04
总成本提高 5%	4.05	18 837.99	16.56
产品价格降低 5%	4.89	22 536.64	15.31
总成本增加 5%　产品价格降低 5%	-1.16	-4 945.58	>20

从敏感性分析表看，总成本的变化和产品价格的变化对该项目的影响都比较大，尤其当两个因素同时向不利方向变化的时候，内部收益率成负值，说明该项目在运行过程中要注意成本控制，同时要完善销售渠道，保证产品供应价格的稳定。

该项目生产能力利用率来表示的盈亏平衡点为

BEP = 固定成本/（销售收入—销售税金—可变动成本）×100% = 79.96%

这表明该项目的年生产销量如达到设计水平的 79.96%，能保本经营，即不盈不亏。由于社会对柴油等能源的需求旺盛，所以可以保证此项目年生产销售量达到设计要求。

（七）项目实施计划

项目进展计划见甘特图（GANT）（图 10-1）。

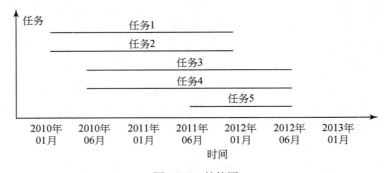

图 10-1 甘特图

任务 1 为在库区两县的荒山荒地种植共 70 万亩的小桐子、乌桕和黄连木；

任务 2 为在库区退耕还林地种植小桐子、乌桕和黄连木共 30 万亩；

任务 3 为厂房选址征地、平整土地 20 亩；

任务 4 为厂房和综合办公楼建设；

任务 5 为炼油设备采购安装调试

（八）财务评价依据

根据国家发改委、建设部发布的《建设项目经济评价方法与参数》（第二版）及杨秋林编著的《农业项目投资评估》（第三版），对该项目的财务状况、经济效益进行分析、预测和评价。

在本财务分析中，按照现行财务制度规定和税务政策，考虑原材料由政府、企业和农户共同出资建设，原材料供应比较稳定，因此不考虑原材料涨价指数，其价格参考国内外同类产品价格核定。不计算资金占用率和银行贷款利率，按贴现率 6% 计算，项目计算期为 20 年。

采用直线法提取折旧，厂房和办公楼等固定资产按 20 年提取，设备固定资产按 10 年提取。流动资金贷款本金于经营期末一次性偿付。

二、销售收入、税金及附加估算

（一）收入计算依据

项目主要设备使用寿命为 17 年，项目建设期 3 年，投产期 17 年，计算期 20 年，生产负荷按第 4 年和第 5 年试运行达到 50%，第 6 年 100% 达到满负荷生产。

（二）销售收入、销售税金及附加

销售收入计算按确定的出厂价格计算如下：

1）满负荷运转，年产 B10 标准生物柴油 85 000 吨 × 5000.00 元/吨 = 42 500 万元。

2）满负荷运转，年产腐残 15 000 吨 × 2500.00 元/吨 = 3750 万元；合计总收入 42 500 + 3750 = 46 250 万元。

按照国家现行税法规定，本项目产品采用生产型增值税，减法计算方法，增值税税率为 17%，城市维护建设税和教育费附加分别按增值税额的 7% 和 3% 计取增值税及附加，共计 1533.4 万元。

（三）总成本成本计算

1）原材料成本 100 万亩 × 300 千克/每亩 × 0.9 元/千克 = 27 000 万元。

2）每吨生物柴油需要甲醇和催化剂原料费用为 585 元。一共为 5850 万元。

3）人工费用按 36 元/吨生物柴油计算，职工福利按工资总额的 2.5% 计算，社会保险费按工资总额的 22% 计算，一共为 36 元/吨 × 10 万吨 × 1.245 = 448.2 万元。

4）燃料动力及水电费用按 80 元/吨生物柴油计算，一共 800 万元。

5）其他费用按销售收入的 6% 计取，一共为 2571 万元。

（四）财务效益分析

本项目的财务效益分析，是根据项目产品成本、销售收入、销售利润及税金进行汇总，从而计算其相对应的增量效益。

1）根据增量全部投资现金流量表计算，增量全部投资所得税后财务内部收益率为 8.45%，财务净现值（Ic = 6%）为 6951.2 万元，增量全部投资所得税前财务内部收益率为 10.45%，财务净现值（Ic = 6%）为 13 969.7 万元。

增量全部投资项目所得税后投资回收期为 12.04 年（自项目 2010 年实施起），所得税前投资回收期为 11.3 年（自项目 2010 年实施起）。

2）清偿能力分析。本项目借款偿还资金来源为未分配利润、折旧、摊销，项目建成后，整个企业借款偿还期为 4.2 年。

（五）财务评价结论

经财务核算得出如下结论：

财务内部收益率为 8.45%，达到规模生产后，年平均获得利润总额为 2744.69 亿元，可缴纳税收总额为 4215.54 万元（含所得税）。

盈亏平衡点按生产能力利用达 42.66% 即可保本经营。

综上所述，本项目的经济效益好，附加值和回报率高。

三、项目社会效益和生态效益分析

（一）项目社会效益分析

第一，本项目直接社会效益十分显著，首先该项目有"不与人争粮、不与粮争地"的优势，因此，实施该项目并不影响农民原有的收入结构，也不改变现有柑橘和茶叶等经济作物种植布局，而是利用荒山、荒地种植能源树种，增加农民的额外收入，提高农民生活水平，为三峡库区失地农民找到了一个新的增加收入的增长点。到项目正常收益年，可产工业原材料 30 万吨，产值可达 2.7 亿元，以人均种植 4 亩能源林计算，可解决 25 万人的增收问题，人均可增加收入 1080元。以深处长江上游的兴山县 2008 年农民人均纯收入 3483 元计算，该项目能使25 万农民增收 31.01%。

第二，农民生活用能主要是通过薪柴直接燃烧的方式获得，不但利用效率低、破坏了大量森林植被，而且使得居民生活环境质量不高、屋内烟熏火燎、疾病发生率较高。现在随着生活水平提高，农民增加了对产品油、汽油的需求，加剧了农村能源供需的矛盾。该项目建成后，年产生物柴油 10 万吨，相当于14.571 万吨标准煤，以兴山县 2008 年生活生产用能消耗总量 79.06 万吨标准煤计算，能满足其 18.61% 的年能耗。

第三，该项目实施后由于森林面积增加，森林资源得到有效保护，全市活立木蓄积由目前的 3985.9 万立方米增加到 4058.9 万立方米，经计算全市木材储备效益将增加 2 亿元，随着时间推移，森林的潜在价值还将不断增加。

第四，该项目的建设能促进产业结构调整和优化，充分发挥本地区资源优势，以市场为导向，促进能源林基地发展壮大，加快林业产业的发展。

第五，形成完整的"林油"一体化新兴产业，加强了农业生态环境建设、市场网络建设和交通通信建设，同时在进行产品更新换代和技术升级时，为宜昌市引进了更多高新技术和科技人才。

第六，生物质能源林项目是一个长期的、技术难度大的产业和生态保护相结合的工程，在缓解农村用能矛盾的同时，可以促进生态环境建设，保护生物多样性，美化人们的生活环境，转变人们的经营观念和生活习惯，提高全民参与保护森林资源、节约能源和利用清洁可再生能源的意识。

第七，宜昌是国务院确定的对外开放城市，是鄂西生态旅游圈的重要旅游城市，通过实施本项目，可以保护环境、改善森林景观，绿化库区，提升三峡旅游品质，带动第三产业发展，进一步解决农村剩余劳动力就业问题。

（二）项目生态效益分析

第一，该项目的生态效益非常显著。宜昌市现有森林面积1705.05万亩，森林覆盖率为55.3%，工程实施后将新增森林面积6.67万公顷，使森林覆盖率提高3.24%，达到58.54%。森林植被的增加将有效地防止水土流失，减少沙土流入河道。如按每亩森林能减少2吨沙土流入河道计，每年可以保持水土200万吨，从而能有效保护库区水源质量，减少清淤费用。

第二，该项目能增加森林涵养水分的能力。如按照林郁闭后，每亩森林蓄水25立方米计，每年能增加蓄水量2500万立方米，从而保障居民饮水和工业用水安全，改善人们的生活环境。

第三，生物质能源林的建设，将增强生态调节能力和抗灾减灾能力，减少干旱、洪涝、塌方、泥石流等灾害发生的频率，改善库区水文环境，保障农业生产增收。

第四，由于该项目不仅在荒山、荒地种植能源树木，也在库区两岸退耕还林区种植，能起到绿化库区景观的作用。同时生物质能源林建设将促进林种结构有效调整，使该林区即是经济林又是能源林。此外活立木蓄积将增加，随时间推移，森林的潜在蓄积将大大增加、林分质量大大提高，防护效能大大增强。这样就起到了经济林、能源林和防护林的三重作用。

第五，生物质能源林建设增强了全社会对生态环境建设重要性的认识，人们将大大减少直接砍伐森林资源获取薪柴的方式，转而种植能源树木，获取更清洁有效的生物柴油，提高能源利用率，减少二氧化硫等污染气体的排放。

（三）综合评价

生物质能源林项目的实施，使全市的森林资源不断增加，林分质量得到显著提高，森林生态功能显著增强。在不断加速发展林业产业的过程中，不仅发挥了林业的经济价值、生态价值，同时赋予了林业作为提供能源原材料的能源价值。

从而为林业快速、健康和可持续发展奠定了坚实的基础。

"林油"一体化新兴产业的形成，将带动宜昌市生态环境建设、市场网络建设和交通通信建设，将成为宜昌市引进高新技术和高科技人才又一个依托主体。

生物质能源林工程是生态效益、经济效益、社会效益和能源效益兼顾的项目，是充分发挥森林综合效益的利国利民的工程，该项目的实施，将会加快宜昌市林业产业的结构调整，促进"林油"一体化新兴产业的发展，增加了农民收入，缓解农村能源供需矛盾，为农村劳动力转移提供新的途径，从而促进宜昌市经济社会的全面发展。

第五节　生物质能源林开发利用的运营模式

一、组织保障

"林油"一体化建设是关系宜昌市经济发展全局的一件大事，关系到库区移民的稳定安置以及库区内生态环境的保护，同时事关国家能源结构战略性调整的成败。认识到位、责任到位，是做好这项工作的重要前提。市委市政府要将"林油"一体化列上重要议事日程，成立专门领导小组，由政府主管领导同志任组长，有关部门负责同志为小组成员，下设办公室，由市发改局或林业局等部门负责同志任办公室主任，主要负责三峡库区"林油"一体化建设的规划布局、组织协调、督促指导、政策研究、对外招商，确保发展措施的落实。努力提高林木生物质产业的组织化程度，抓好林木生物质产业协会和能源林基地的建设，加强企业和农户在信息咨询、规范经营、基地生产、能源流通、技术管理、病虫害防治、市场准入等方面的内部协调，促进林木生物质这一新产业健康快速发展。

（一）政府、企业、农户（重点考虑移民）三方的利益协调

具体在宜昌这个地区，发展生物质能源产业是有诸多优势的，前面已有阐述，此处不再赘述。这里要强调的一点是，宜昌市在后三峡时期会获得政府给予的诸多政策扶持，尤其是在三峡后续发展中移民安置和生态环境保护上。可以说，聚合了生态环境保护与库区移民问题解决的后三峡时代为发展林木生物质能产业提供了一个很好的契机。作为一个社会效益、生态效益更胜于经济效益的产业，在该产业发展的初期政府要发挥主导作用，渐进的将产业引入市场。在这个过程中，政府部门要努力协调好与企业、农户的利益关系。

抓住后三峡发展这样一个机遇，积极地引入优质投资者。在生产、储存运

输、销售各市场准入环节上要高门槛、严要求，同时为避免林木生物质市场混乱，政府以行政许可的方式授权一到两家优质企业来经营，在生产、储存运输、销售环节上可以允许企业之间搞联营，这有利于生物质原材料的归集，满足生产企业充足的原料供应，不仅有利于企业资金的节约，还有利于产业规模的扩大。总之，在生物质产业发展初期，林油产业供产销的一体化经营有利于培植企业的利润增长点，增强涉足企业的信心（图10-2）。

首先，对于苗圃企业而言，在产业发展初期，政府为引导企业进行生物质良种林木的培育，可以考虑良种苗按出售数量给予政策性补贴，对于涉及的赋税也可以考虑不征或者免征。

其次，对生物质原材料的收购，可以考虑由政府牵头，采取让农户与企业签订订单的方式进行，同时做好市内各点上的收购工作。这些举措除了保证生产方的原料工艺外，更为重要的是免除农民的后顾之忧，确保效益的实现。

最后，在成品油的销售上可以租用中石化或者中石油现有的销售网点。借用中石油和中石化的品牌和网点优势，能很快树立企业信誉，扩大生物质柴油的销量，而且这在一定程度上避免了重复建设，缓解了企业资金上的压力。对于中石油和中石化而言，也丰富了销售品种，并能获得租金收入。

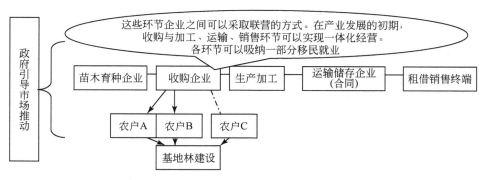

图 10-2　生物质林木种植、生产加工、成品油销售流程图

（1）政府全过程参与其中，承担的就是一个引导、监督者的角色，在产业的各个环节，优先考虑吸纳库区移民就业，并配套的给予企业一定的优惠政策。（2）生产加工企业的原材料、成品的运输储存可以采取与运输储存企业签订合同的方式进行。至于成品（主要是生物柴油）的销售，生产企业为达到资金的节约大可不必建立自己的销售网络，而考虑租借中石油或者中石化的销售平台。（3）收购企业与农户 A、B 进行订单销售，为签订订单的剩余农户 C 也可以在企业的收购点进行销售

（二）政府积极引导农民（重点考虑移民）种植生物质林木

三峡后续发展中，移民的安置是重点需要考虑的问题，而如何引导移民就业、增加移民的收入渠道、促进农民增收是移民安置问题的关键。林木生物质能

源的发展壮大，是我国能源战略的重要内容，其不与农民争地，不与人类争粮，不与工业争原料，又能美化山川、改善生态、促进农民增收，这使国家有关部门将其列为优先发展、优先支持的产业。林木生物质能产业链条的形成，为宜昌市移民问题的解决带来了一条新路子。

为达到引导农民种植生物质能林木的目的，在产业发展初期市委市政府要在以下环节上，为农户做好服务工作：

第一，在林地使用权上做足保障。集体经济组织与农户在签订承包合同时必须严格按照《中共中央国务院关于全面推进集体林权制度改革的意见》的要求。尤其要明确林地产权，规范林地的流通，免除农户的后顾之忧。

第二，在林木种植环节上，可以考虑给予农户良种苗木以及生产资料的购买补贴，对于缺资金的农户还要做好资金支持工作。

第三，在原料的收购环节，政府部门在做好原料市场监管的同时，还要积极地为生产企业与农户牵线搭桥，既保障了生产企业得到足够的原料来组织生产，也为农户打开了销售门路。

二、政策保障

（一）政府引导扶持的几个主要方面

林木生物质能产业作为一个新兴产业，其比较优势不明显，但有着较多的生态效益和社会效益。市委市政府要做好引导、扶持工作，包括以下方面的内容：

政府部门在实际操作上，第一，要提高对开发利用林木生物质能源重要性的认识，做好宣传，加快研究制定宜昌市生物质能源产业（重点包括生物质能源林建设、生物柴油加工企业、良种苗培育基地等）的中长期发展规划及实施意见。

第二，要加快宜昌市内林木生物质资源的调查评价与发展规划工作，研究并完善生物质能源产业发展的布局政策和原则。

第三，注重林木生物质能源林基地培育和利用技术的试点和示范工作。

第四，加强区内人才引进和技术能力建设，鼓励有条件的企业建立企业内部科研机构，逐步提高企业自主科技开发能力。

第五，贯彻执行国家相关产业政策和行业准入政策，组织制定宜昌市生物质能源产业发展的地方性政策法规，规范管理制度，严格市场准入制度。

第六，争取生物质能源林木开发利用的立项，以期得到国家对林木生物质能源产业培育的资金和政策扶持，区内做好配套的生物质柴油生产、运输和销售企业的财政贴息和税收减免工作。按照国家有关规定和要求协调燃料乙醇、生物柴油生产、销售等环节的相关工作和重大问题。

（二）政策措施

生物质能产业要发展壮大，离不开政府的政策支持，包括有科技、金融、财政税收、社会化服务等方面，具体内容如下所述。

（1）基地林建设方面

1）选择重点区域（海拔较高、土地贫瘠、移民问题突出、经济水平落后地区），优先发展。做长远性规划，力争将林木生物质能产业打造成宜昌的一个新兴产业。

2）在区内选择重点区域作为能源林基地，开发种植乌桕、麻风树、黄连木（这些树种均在宜昌市有过种植历史，具有一定的观赏性，更为重要的是这些都是优良的生物质树种，其提炼生物质柴油技术也相对成熟）等品种，以达到集中示范、辐射推广的作用。同时减轻原料林基地建设的税费负担，特别是在荒山、荒滩、荒地上建立的能源林基地，要实行较长期限（8～12年）的税收优惠，免征原料林基地育林基金。可试点发展一家以生物质林木果实为原料，年生产量5万～10万吨的生物柴油加工企业。加大招商引资力度，引导企业积极从事生物柴油成品的储存、运输及销售工作。

3）政府应在支农资金中安排一定数额的专项资金，对能源林基地建设进行扶持。国家开发银行和农村信用合作社、宜昌市商业银行要继续加大对企业和农户的信贷支持，优先为原料林基地建设的林农发放小额信用贷款。

4）加大对农户的宣传，尤其是对居住地在海拔较高、土地贫瘠、移民问题突出、经济水平落后的地区的农户。为了让农户有动力从事生物质林木的种植，在做好生物质能林木的苗木培育、生产加工、销售工作外，更重要的是要多利用补贴、税收等政策攻势，引导农户观念的转变。具体来说，可以考虑减少农户林地的单位承包费用，对试种农户低价供应良种苗木并做好技术咨询，按种植产量给予财政补贴。总之，让农户切身感受到能源林木种植是有效益的。

5）在改变生物质柴油的消费观念上，政府主管的新闻部门可以定时滚动播放公益性的主题广告，教育系统也应同时做好教育宣传，尤其是加强对未成年人的环保与可持续发展的观念教育。

（2）苗木、生产、加工流通、储备销售企业的合理布局

1）生物质能源苗木培育企业的扶持力度要加大。实际操作中，要因地制宜，发挥现有优势，避免重复。可以考虑利用点军区内的高农科技有限公司来做文章，挖掘其培育良种苗木的潜力，利用现有资源积极进行良种化，解决低产低效林改造。

2）生物质的原材料收购企业规模不需要很大，但是要广布点，长拉线。初期，这类企业盈利能力较弱，政府必须做好扶持工作，在具体操作上"对企业进

行税收减免，按照收购数量补贴"能达到较好的效果。

3）目前宜昌市内各区县内已建立起了生态工业园区，区内有大批的高科技企业，具有很强的辐射功能。选择其中优势明显的工业园区，适时的引入生物质能生产加工企业入驻，对整个生物质能产业链条的形成影响重大。生物质能产业作为一种投入大、回收期长的高新产业，政府要做好政策引导，可以在企业进驻时以低价或者无偿方式提供土地，同时在企业发展的最初几年可以按较低利率征收企业所得税，这利于促进企业的不断发展壮大。

（3）市场服务体系建立

引导包括信息咨询、科技服务、金融信贷服务、物流服务等企业进入林油产业，加快林油市场一体化的形成。政府对涉足林油产业的服务组织要严把市场准入关，同时给予必要的政策优惠，强化市场服务企业服务林油市场的积极性。

这些政策性保障措施对林木生物质能产业建设的规模和结构有着决定性的作用，包括美国、芬兰和瑞典在内的欧美发达国家对此早已经达成共识。

三、应急保障

作为一个新的产业，其发展与壮大需要一段过程，这其中会遇到一定的阻力。例如，生产企业原料供给短缺、生产企业的自有资金的不足等。这些因素都会在一定程度上制约林油产业链条的形成和完善。所以在做可行性研究时，需要建立相应的应急保障，以保证林木生物能源产业的持续性发展。

（一）资源上的应急与保障

为了保障生产加工企业的正常运转，原材料供应必须得到保障。在林木生物质产业发展中，应该扩大生物质林木的种植区域，将周边适宜县市纳入林业产业链中。逐步的增加果实（籽）的收购点，扩大覆盖面，同时做好诸如第三方物流等服务组织的工作。

（二）生产加工企业经营的保障

生产加工环节是整个林油产业的中心环节，上连农户的种植，下连市场销售。如何使企业稳定经营，安心扎根宜昌，重要的还是让企业盈利。作为前期回报低、回收期长，但高生态、社会效益的项目，政府做好财政补贴、税收减免的同时，还要积极做好金融扶持与科技保障工作。

（三）销售上的保障

生产企业要在市场上真正站稳住脚跟，扩大自己的影响力，销售环节要跟上。鉴于销售终端的投入成本高，会占用企业大量的流动资金，建议生产企业与销售企业采取联营的形式。通过签订合同，生产企业的成品油进入销售企业的销售柜台，不仅丰富企业的销售品种及形式，还扩大产品的覆盖面。

（四）结论

依照《全国能源林建设规划》、《林业生物柴油原料林基地"十一五"建设方案》、《能源林培育利用示范项目"十一五"实施方案》的精神以及林业局会同有关部门作的关于生物质能源和生物化工财税扶持政策的实施意见，市委、市政府要着重考虑企业与农户的弹性亏损补贴、原料基地补助、示范补助、财政税收优惠、金融扶持等政策与保障措施的实施，协调好政府、企业、农户之间的利益。总之，分步骤、积极稳妥地推进林木生物质产业的建设与利用是一举数得的好事，为国家能源发展、三峡库区生态环境保护、库区人民生产生活的可持续发展提供了一个很好的契合点，符合科学发展观和和谐社会的理念。

主要参考文献

保婷婷．2006-11-14．财政部提出生物能源财税扶持政策．科学时报，A01．

北京土木建筑学会，北京科智成市政设计咨询有限公司．2008．新农村建设生物质能利用．北京：中国电力出版社．

卞一丁．2006．生物质能开发利用概述．农机推广与安全，（7）：10，11．

蔡浩．2006．发展能源农业须解决好三大问题．经济前沿，（7）：15－17．

蔡继业，蔡忆昔．2004．生物质液化燃油的可利用性及转化技术．农机化研究，（4）：221－224．

蔡庆丽．2008．广西发展非粮生物燃料乙醇产业的优势与对策．农业现代化研究，（9）：592－595．

曹振雷．2001．中国纸业大全2001．北京：中国轻工业出版社．

曹稳根，高贵珍，方雪梅等．2007．我国农作物秸秆资源及其利用现状．宿州学院学报，（6）：110－113．

陈德铭．2006．加快生物质能的开发利用．中国投资，（10）：19－21．

陈耕．2004．中国石油安全形势与对策思考，今日中国论坛．（1）：31－34．

陈劲松．2007．2006年中国农村经济形势分析与2007年展望．中国农村经济，（2）：4－10．

陈诗波．2008．循环农业主体行为的理论分析与实证研究．武汉：华中农业大学．

陈锡文．2007．应该认真研究农村现实问题．农业经济问题，（4）：4－8．

陈泽智．2000．生物质沼气发电技术．环境保护，（10）：41－42．

程小琴．2007．生物柴油产业发展相关政策选择分析．中国物流与采购，（2）：74－75．

崔海兴，郑风田，张彩虹．2008．中国生物质利用政策演变与展望．林业经济，（10）：22－25．

崔凯．2007．调控乙醇燃料：石油安全对决粮食安全．http：//finance.people.com.cn．2007-02-07［2008-07-08］．

崔兆杰，张凯．2008．循环经济理论与方法．北京：科学出版社．

戴向荣，蒋立科，罗曼．2006．发展农村生物质能的设想与建议．世界农业，（7）：52－55．

德内拉·梅多斯，乔根·兰德斯，丹尼斯·梅多斯．2006．增长的极限．北京：机械工业出版社．

邓虹．2008．发展甘薯燃料乙醇产业的原料有效供给对策．农业科技管理，（2）：29－31．

丁文斌，王雅鹏．2007．对湖北生物质能源发展的思考．湖北"三农"问题破解——湖北农村发展研究中心2005～2006年报告．北京：中国农业出版社．

丁文斌，王雅鹏．2007．武汉市生物质能源开发利用途径选择．武汉：海峡两岸农业生物质能开发利用与新农村建设学术研讨会.

丁文斌,王雅鹏,徐勇.2007.生物质能源材料——主要农作物秸秆产量潜力分析.中国人口资源与环境,17 (05):84-89.

杜祥琬.2006.生物质能源是最具前景的可再生性能源,应用能源技术,(3):22.

林伯强.2006.对武汉能源消费与经济发展的相关分析.http://www.stats.gov.cn/tjfx/dfxx/t20071129_402448934.htm [2007-06-09].

樊京春,王永刚,秦世平.2003.生物质能利用技术的经济性分析.能源工程,(4):19-23.

樊京春,王永刚,秦世平.2006.生物质能发电电价的敏感因素分析.可再生能源,(2):49–52.

范思立.2007.生物质能发电 如何烧出更多实惠.http://env.people.com.cn/GB/4573964.html [2008-07-08].

方升佐.2005.关于加速发展我国生物质能源的思考.北京林业管理干部学院学报,(2):30–34.

房俊民.2006.生物柴油在世界各国的发展情况.http://www.oilnews.com.cn [2008-07-08].

高岚,李伟.2006.林木生物质能源的发展和我国能源林建设.生物质化学工程,(S1):265–275.

葛如江等.2007-01-09.中国粮食能否承受"能源化"之重.http://www.thebeijingnews.com [2007-10-12].

耿学鹏.2008-02-14.联合国粮食及农业组织:世界谷物储备近底,粮价高企难现拐点.经济参考报,3.

官巧燕,廖福霖,罗栋.2007.国内外生物质能发展综述.农机化研究,(11):20–24.

郭庆海,2007.中国玉米加工发展探析.中国农村经济.(7):16–22.

郭紫纯,王晴.2006-07-21.能源蓝皮书指出:2010年我国石油进口依存度将达50%.中国国土资源报,3.

国家统计局.2006.中国统计年鉴2005.北京:中国统计出版社.

韩鲁佳,闫巧娟,刘向阳等.2002.中国农作物秸秆资源及其利用现状,农业工程学报,18 (3):87–91.

何芳,易维明,孙容峰等.2002.小麦和玉米秸秆热解反应与热解动力学分析.农业工程学报,18 (4):10–14.

何蒲明.2008.基于粮食安全的林业生物质能发展.林业经济问题,(8):314–318.

洪银兴.2000.可持续发展经济学.北京:商务印书馆.

胡锦涛.2007.开发可再生能源实现可持续发展.http://news.xinhuanet.com/politics/2005–11/07/content_3746598.htm [2008-03-02].

胡哲.2010-01-14.新能源:中国轮子上的抉择.经济参考报,5.

湖北省人民政府发展研究中心.2007.关于加快发展湖北省油菜产业的研究//王雅鹏.湖北"三农"问题破解——湖北农村发展研究中心2005~2006年报告.北京:中国农业出版社.

湖北省人民政府发展研究中心.2007.关于加快发展湖北省油菜生物柴油产业的研究//王雅鹏.湖北"三农"问题研究.北京:中国农业出版社.

黄朝武.2009-02-18.可再生能源消费比例向目标靠近.农民日报,7.

黄雷.2008.中国开发林木生物质能源及其产业发展研究.北京:北京林业大学.

黄天香. 2006-04-27. 我国规划新能源未来 15 年三步走，中国改革报，2.

冀星. 2006. 对中国生物柴油产业发展的战略思考. 国际石油经济，(10)：26 – 30.

贾小黎，丁航. 2006. 秸秆直接燃烧供热发电项目上网电价初步测算. 再生能源，(1)：50 – 55.

姜楠，张正. 2005. 生物柴油的现状与发展前景. 世界农业，(3)：50 – 52.

姜雅. 2007. 日本新能源的开发利用现状及对我国的启示. 国土资源情报，(7)：31 – 35.

蒋剑春，应浩. 2005. 中国林业生物质能源转化技术产业化趋势，林产化学与工业，51（增刊第 25 卷）：5-9.

蒋剑春，应浩，孙云娟. 2006. 德国、瑞典林业生物质能源产业发展现状. 生物质化学工程，(5)：31 – 36.

蒋剑春，杨凯华，聂小安等. 2006. 生物柴油研究进展. 中国能源，(2)：18，36 – 39.

匡廷云，马克平，白克智. 2005. 生物质能研发展望，中国科学基金，(6)：326-330.

黎永亮. 2006. 基于可持续发展理论的能源资源价值研究. 哈尔滨：哈尔滨工业大学.

黎雪林. 2007. 我国循环经济的系统分析、评价与管理研究. 广州：暨南大学.

李长江. 2002. 论可再生能源开发利用. 生态经济，(12)：43 – 46.

李京京，张鲁江. 1998. 中国农村地区中长期能源需求预测研究. 农业工程学报，(2)：26 – 31.

李景明，孙玉芳，刘耕. 2008. 我国生物质能政策的基本框架分析. 2008 中国农村生物质能源国际研讨会盛东盟与中日韩生物质能源论坛论文集：206 – 211.

李明亮，杨新笋，雷剑等. 2008. 湖北省甘薯产业发展趋势分析与对策. 湖北农业科学，(1)：119 – 122.

李十中. 2007-01-10. 发展燃料乙醇不会影响粮食安全. http：//www. in – en. com ［2008-08-07］.

李亚玲. 2010-01-06. 农村沼气发展进入新阶段. 农民日报，5.

李雁争. 2007-01-31. 气候恶化发展中国家减排压力增大. 上海证券报.

李永超，王建黎，计建炳等. 2005. 生物柴油工业化生产的现状及其经济可行性评估. 中国油脂，30（5）：59 – 64.

李云. 2008. 我国林业生物质能源林基地建设问题的思考与前瞻. 林业资源管理，(03)：50 – 52.

李志军. 2008. 生物燃料乙醇的发展现状、问题与政策建议. 技术经济，27（6）：50-53.

李志强，韩胜文，王素稚. 2007. 生物质能源发展对粮食安全的影响. 北京：中国农业信息科技创新与学科发展大会.

李忠. 2006. 积极发展核电具有重大战略意义. http：//cccme. bokee. com/viewdiary. 10867714. html ［2007-03-02］.

梁靓. 2008. 生物质能源的成本分析——以燃料乙醇为例. 南京：南京林业大学.

廖福霖. 2007. 海峡西岸发展生物质能产业的机遇与挑战. 林业经济问题，(4)：303 – 306.

林伯强. 中国经济增长中的能源与环境约束. http：//www. eedu. org. cn ［2008-07-08］.

林旭. 2006-11-21. 2020 我国石油对外依存度将超 60%. 证券时报，A02.

刘斌. 2006. 生物柴油应用将催热豆油市场. http：//www. bcotech. org. cn/ news/show. phg. ed = 32959 ［2008-08-07］.

刘丽香，吴承祯，洪伟等. 2005. 农作物秸秆综合利用的进展. 亚热带农业研究，2（1）：75 – 80.

刘荣厚，张春梅．2004．我国生物质热解液化技术的现状．可再生能源，（3）：12－13.

刘荣章，周江梅，陈奇榕等．2008．循环经济框架下农业生物质能源开发的技术策略——以福建圣农集团为例，台湾农业探索，（4）：999－1004.

刘婷婷，司瑞．2007-03-20．发展替代能源也需规划先行．科技日报，11.

刘峥毅．2007-09-19．秸秆等纤维质最适宜颗粒化后就地应用．科学时报，B01.

卢春恒．2004．中国能源统计年鉴．北京：中国统计出版社.

吕薇．2008．可再生能源发展机制与政策．北京：中国财政经济出版社：55－116.

吕文，王春峰，王国胜等．2005．中国林木生物质能源发展潜力研究．中国能源，27（11）：21－26.

罗伯特·N．史蒂文斯，保罗·R．伯特尼．2004．环境保护的公共政策．上海人民出版社.

骆仲泱，周劲松，王树荣等．2004．中国生物质能利用技术评价．中国能源，26（9）：39－42.

米铁，唐汝江，陈汉平等．2004．生物质能利用技术及研究进展．煤气与热力，24（12）：701－705.

欧阳林，周韶辉，张跃等．2008．重庆市甘薯资源调查及其发展燃料乙醇产业潜力分析．中国农学通报，（1）：410－414.

彭水军，赖明勇，包群．2006．环境、贸易与经济增长——理论、模型与实证．上海：上海三联书店.

彭武厚，陆鑫．2005．生物质能的电能转化．上海电力，（6）：584-587.

钱能志，尹国平，陈卓梅．2007．欧洲生物质能源开发利用现状和经验．中外能源，（3）：10－14.

任东明．2003．我国可再生能源发展面临的问题及新机制的建立．可再生能源，（10）：37－41.

阮永华．2005．生物质能源发展的规划与博弈混合多层次模型．淮阴工学院学报，（1）：84－87.

沈亚芳．2008．粮食安全约束下的生物质能源发展路径探讨．经济纵横，（6）：28－30.

沈兆邦．2005．生物质产业发展与林产化工，林产化学与工业，（S1）：1－4.

滕藤，郑玉歆．2004．可持续发展的理念、制度与政策，（4）：5－7.

石磊，赵由才，柴晓利．2005．我国农作物秸秆的综合利用技术进展．中国沼气，23（2）：11－14.

石元春．2005．谈发展生物质产业中的几个问题．中国基础科学（特稿），（6）：3－6.

石元春．2006．发展生物质产业．中国农业科技导报，（8）：1－5.

石元春．2007．一个年产亿吨的生物质油田设想石元春．科学中国人，（4）：33－35.

石元春．2008．中国可再生能源发展战略研究丛书——生物质能源卷．北京：中国电力出版社.

斯泰恩·汉森．1994．发展中国家的环境与贫困危机——发展经济学的展望．北京：商务印书馆.

宋冬林，汤吉军．2004．从代际公平分配角度质疑新古典资源定价模式．经济科学，（6）：112－122.

肃林湘．2006．多种方式开发利用生物质能源．中国林业，（21）：15.

孙凤莲，王雅鹏．2007．我国与欧盟发展生物质能的比较和启示．经济纵横，（5）：52－54.

孙刚．2004．污染、环境保护和可持续发展．世界经济文汇，（5）：47－58.

孙利源．2004．生物质能利用技术比较与分析．能源与信息，20（2）：68－73.

孙玉芳，李景明，刘耕等．2006．国内外可再生能源产业政策比较分析．农业工程学报，（S1）：45-47．

孙振钧．2004．中国生物质产业及发展取向．农业工程学报，20（5）：1-5．

孙振钧，袁振宏，张夫道等．2004．农业废弃物资源化与农村生物质资源战略研究报告．

孙智谋，周旭，刘丽萍．2009．粮食危机与生物质能的发展动态．酿酒科技，（1）：102-104．

孙自铎．2007．生物质开发的前景、约束因素与对策．经济研究参考，（54）：4-11．

唐风．2005．古老能源的青春——记生物质能的新发展．广东科技，（9）：13-15．

唐红英．2008．我国林业生物质能源发展相关政策概述．林业经济，（7）：43-45．

汪瑞清，方美兰，杨国正等．2007．中巴发展生物质能源的比较研究．世界农业，（1）：19-22．

王革华．1999．农村能源建设对减排 SO_2 和 CO_2 贡献分析方法．农业工程学报，15（1）：169-172．

王革华．2005．能源与可持续发展．北京：化学工业出版社．30-56．

王海燕．2007．德国可再生能源的新发展及对我国的启示．科学对社会的影响，（2）：33-36．

王翰林．2007-03-22．生物质能源开发一路走好．科技日报，10．

王卉．2005．火力发电的环保之忧．http：//www.edu.cn.20050317/313400.shtml ［2005-03-16］．

王静波．2006．生物柴油——美国生物柴油的生产情况．http：//www.istis.sh.cn/list/list.asp?id=2241 ［2007-03-02］．

王军，董谦，张桂春．2007．沼气示范村建设与区域循环农业利用评价——以廊坊市安次区为例．中国农学通报，（10）：221-226．

王鹏．2006．日本生物质应用实例和综合战略．洁净煤技术，（3）：21-24．

王伟光．2006．建设社会主义新农村的理论与实践．北京：中央党校出版社．

王向阳．2008．支持农村生物质能源发展的公共政策研究．财会研究，（7）：75-80．

王雅鹏，李桂芳．2007．湖北省生物质能源开发利用应注意的几个问题//王雅鹏．湖北"三农"问题破解——湖北农村发展研究中心2005～2006年报告．北京：中国农业出版社．

王雅鹏．2005．农村能源开发利用与可持续发展问题探析．台北：两岸环境保护永续发展研讨会论文集．

王雅鹏．2007．湖北生物质能开发利用应注意的几个问题//傅素英．湖北三农问题破解．北京：中国农业出版社．

王雅鹏，邓玲．2008．生物质液态燃料开发利用对粮食安全的影响分析．农业技术经济，（4）：4-10．

王亚静，徐晔，祁春节等．2007．关于发展生物质产业的几点思考．中国人口资源与环境，（4）：521-721．

王宇波．2006．基于沼气的生物质能源在湖北社会主义亲农村建设中的地位探析//王雅鹏．湖北"三农"问题研究——湖北农村发展研究中心2004年报告．北京：中国农业出版社．

王宇波，陈兴荣．2006．大陆中部地区农户生物质能利用动力机制分析．台北：发展再生能源之技术创新与政策整合研讨会．

王宇波，王雅鹏，丁文斌等．2007．湖北发展油菜基生物柴油产业的优势研究//王雅鹏．湖北"三农"问题破解——湖北农村发展研究中心2005～2006年报告．北京：中国农业出版社．

王中宇．2007-02-28．从能源看"崛起"——将战略问题放到战略位置上思考．科学时报 A6，A7.

温民能．2007．美国生物质能产业高速发展．生物技术世界，（2）：5 – 9.

吴创之．2005．生物质现代化利用技术．北京：化学工业出版社．

吴创业，马隆龙．2003．生物质能利用技术．北京：化学工业出版社：105 – 107.

吴创之，马隆龙．2003．生物质能现代化利用技术．北京：化学工业出版社．

吴创之，庄新妹，周肇秋等．2007．生物质能利用技术现状分析．可再生能源，（9）：40 – 41.

吴季松．2003．循环经济——全面建设小康社会的必由之路．北京：北京出版社．

吴强华．2005．发展生物质能应兼顾粮食与能源双重安全——访中国农业大学李十中教授．中国高校科技与产业化，（10）：46 – 47.

吴伟烽，刘聿拯．2003．生物质能利用技术介绍．工业锅炉，（5）：11 – 14.

吴映国．2007．品牌建设的6个关键．上海交通大学学报，（S1）：41 – 44.

西奥多·W. 舒尔茨．1987．改造传统农业．北京：商务印书馆．

夏训峰，赵伟，海热提．2008．甘薯燃料乙醇循环经济发展模式研究．环境科学与技术，（9）：154 – 157.

夏芸，徐萍，江洪波等．2007．巴西生物燃料政策及对我国的启示．生命科学，（5）：482 – 485.

小宫山宏，迫田章义，松村幸彦．2005．日本生物综合战略．北京：中国环境科学出版社．

肖波，周英彪，李建芬．2006．生物质能循环经济技术，北京：化学工业出版社．

谢治国．2005．建国以来我国可再生能源政策的发展．中国软科学，（9）：50 – 57.

忻耀年．2005．生物柴油的发展现状和应用前景，中国油脂，30（3）：49 – 53.

许向路．2007．新农村建设与生物质能开发利用．天津科技，（2）：12 – 13.

闫丽珍，闵庆文，成升魁．2005．中国农村生活能源利用与生物质能开发．资源科学，（1）：8 – 13.

杨宏林，田立新，丁占文．2004．再生能源的可持续发展模型．数学的时间与认识，34（9）：15 – 19.

杨明．2006-01-18．我国石油对外依存度下降．中国工业报，A01.

杨希伟，沈羽中．2010-01-18．小沼气引领农村新能源革命．经济参考报，7.

姚润丰．2007-02-04．破解污染严重难题清洁能源掀起农村能源革命．科技日报，7.

叶新晖，王永红，储矩等．2004．生物质燃料．生物学杂志，21（2）：14-17.

于娟．2007．碳税循环政策对中国农村能源结构调整的作用——基于CGE模型的政策讨论．世界经济文汇，（6）：86 – 98.

俞正声．2007．能源统计关系国计民生．http://www. ah. xinhuanet. com/midchina/2006-12/27/content_ 8902534. htm［2008-08-07］.

张百良，丁一．2001．中国生物质能发展中几个问题研究．科学中国人，（4）：38 – 41.

张帆．1998．环境与自然资源经济学．上海：上海人民出版社．

张红宇．2007-12-14．发展现代农业的新形势和新任务．人民日报，9.

张纪庄．2003．生物质能利用方式的分析比较．能源工程，（2）：23 – 25.

张建杰．2007．我国粮价丰年涨升与粮食安全问题研究．农业现代化研究，（4）：429 – 433.

张锦华，吴方卫，沈亚芳．2008．生物质能源发展会带来中国粮食安全问题吗——以玉米燃料乙醇为例的模型及分析框架．中国农村经济，（4）：4–15.

张立伟．2006-12-15. 全球生物柴油产能快速增长未来食用植物油价高位运行．粮油市场报，3.

张全国．2005. 沼气技术及其应用．北京：化学工业出版社．

张无敌，宋洪川．2000. 生物质能源转换技术与前景．新能源，（1）：2–7.

张无敌，董锦艳，宋洪川等．2000. 生物质能利用．太阳能，（1）：6，7.

张希良，岳立，柴麒敏等．2006. 国外生物质能开发利用政策．农业工程学报，（S1）：4–7.

张艳丽．2008. 中美发展生物质能的目的与举措比较．可再生能源，26（5）：3–7.

张颖．2009. 开发利用农村生物质能源实现农业经济良性循环——浅析沼气开发利用的效应，生态经济，（1）：85–87.

张正敏，王革华，高虎．2004. 中国可再生能源发展战略与政策研究．经济研究参考，（84）：26–32.

张忠法．2007. 促进我国生物质能源产业发展的政策措施．国务院发展研究中心调查研究报告．

赵琨．2008. 基于可持续发展理论的我国传统理想人居环境研究．上海：同济大学．

赵向东．2009. 美国纤维素乙醇产业化发展概况．全球科技经济瞭望，（9）：34–38.

钟茂初．2006. 可持续发展经济学．北京：经济科学出版社．

周凤起．2006. 对我国可再生能源发展的战略思考．中国科学院院刊，（4）：287–294.

周光龙，舒常庆，乐义成．2007. 恩施农村沼气开发与收益水平调查分析．恩施职业技术学院学报（综合版），（2）：47–50.

周海林．2001. 经济增长理论与自然资源的可持续利用．经济评论，（2）：35–38.

朱四海．2007. 农村能源软化国家能源约束途径分析．中国农村经济，（11）：52–59，80.

朱玉亮，董泽生，刘世岩．2008. 辽宁省能源林培育与发展的对策．辽宁林业科技，（4）：59–62.

朱增勇．2007. 美国生物质能源开发利用的经验和启示．世界农业，（6）：52–54.

朱志刚．2008. 加快迈向新能源时代——构建有利于新能源发展的财税制度研究．北京：中国环境出版社．

竹俊．2007. 美国能源政策的变化及对我的影响和启示．宝鸡文理学院学报（社会科学版），（1）32–36.

资树荣，雷朝阳．2006. 发展农村沼气产业，建设节约型新农村，（1）：49–50.

左玉辉，孙平，柏益尧．2008. 能源–环境调控．北京：科学出版社．

Connell M G R. 2003. Carbon sequestration and biomass energy offset：theoretical，potential and achievable capacities globally in Europe and the UK．Biomass and Bioenergy，24（2）：97–116.

Daniel G De La Torre Ugarte，Ray D E. 2000. Biomass and bioenergy applications of the POLYSYS modeling framework. Biomass and Bioenergy，（18）：291–308.

Elobeid A，Tokgoz S. 2008. Removing distortions in the U. S. Ethanol market：what does it imply for the United States and Brazil. Amer J Agr Econ 90（4）：918–932.

Gielen D，et al. 2003. Modeling of global biomass policies. Biomass and Bioenergy，（25）：177–195.

Hillring B. 1998. National strategies for stimulating the use of bioenergy：policy instruments in Sweden. Biomass and Bioenergy, (14): 425 –437.

Madlener R, Vogtli S. 2008. Diffusion of bioenergy in urban areas: a socio-economic analysis of the Swiss wood-fired cogeneration plant in Basel. Biomass and Bioenergy, (32): 815 –828.

Mitchell C. 2000. Development of decision support systems for bioen applications. Biomass and Bioenergy, (18): 265 –278.

Tromborg E, Bolkesjo T F, Solberg B. 2008. Biomass market and trade in Norway: status and future prospects. Biomass and Bioenergy, (32): 660 –671.

Walter A, Dolzan P, Piacente E. 2005. Biomass energy and bio-energy trade: historic developments in Brazil and current opportunities. http://www. bioenengytrade. org/downloads/brazilcountryre-port. pdf 〔2008-07-08〕.

主要参考文献